提升专业服务产业发展能力
高职高专系列教材

城市防洪

主　编　李宗尧
副主编　方　敏
参　编　张时珍　张　峰　尹　程

合肥工业大学出版社

内 容 提 要

本书是根据《教育部财政部关于支持高等职业学校提升专业服务产业发展能力的通知》（教职成〔2011〕11号）、《城市水利专业人才培养方案》、《城市水利专业课程教学大纲》等文件精神以及城市水利专业核心能力的培养要求编写的。本书共分3个单元，7个项目，包括城市暴雨与洪水、城市洪水防治措施、城市防洪排涝工程规划、城市防洪排涝工程管理、防汛组织及应急预案编制、险情抢护技术、防汛抢险材料、装备及新技术等内容。本书可作为高等职业院校城市水利及水利类相关专业的教材，也可供广大从事防汛工作的技术人员参考使用。

图书在版编目(CIP)数据

城市防洪/李宗尧主编 .—合肥：合肥工业大学出版社，2013.6
ISBN 978-7-5650-1333-1

Ⅰ.①城…　Ⅱ.①李…　Ⅲ.①城市—防洪工程—中国—高等职业教育—教材　Ⅳ.①TU998.4

中国版本图书馆 CIP 数据核字(2013)第 106171 号

城 市 防 洪

李宗尧　主编　　　　　　　　　　　责任编辑　陆向军

出　版	合肥工业大学出版社	版　次	2013 年 6 月第 1 版
地　址	合肥市屯溪路 193 号	印　次	2013 年 6 月第 1 次印刷
邮　编	230009	开　本	787 毫米×1092 毫米　1/16
电　话	综合编辑部：0551-62903028	印　张	15
	市场营销部：0551-62903198	字　数	355 千字
网　址	www.hfutpress.com.cn	印　刷	安徽省瑞隆印务有限公司
E-mail	hfutpress@163.com	发　行	全国新华书店

ISBN 978-7-5650-1333-1　　　　　　　　　定价：29.80 元

如果有影响阅读的印装质量问题，请与出版社市场营销部联系调换。

前 言

本书是根据《教育部财政部关于支持高等职业学校提升专业服务产业发展能力的通知》（教职成〔2011〕11号）和《城市水利专业人才培养方案》、《城市水利专业课程教学大纲》等文件精神以及城市水利专业核心能力的培养要求编写的。

本书是在总结国内外有关城市防洪工程的经验、资料和文献的基础上，根据城市水利专业的教学计划要求，按照《城市防洪》课程教学大纲编写而成的。本书分为3个单元，7个项目，包括城市暴雨与洪水、城市洪水防治措施、城市防洪排涝工程规划、城市防洪排涝工程管理、防汛组织及应急预案编制、险情抢护技术、防汛抢险材料、装备及新技术等内容。

本书突破了传统的学科教育对学生的专业操作技能和知识运用能力培养的局限，结合高职教育新形势和城市水利工程的实际情况，考虑专业教学改革的新实践和工程学科实践教学的新特点，力求内容的应用性、系统性、新颖性。着重培养学生的综合运用能力和严谨务实的工作作风。

本书由安徽水利水电职业技术学院李宗尧教授担任主编和统稿，并编写项目二城市洪水防治措施；安徽省淠史杭灌区管理总局方敏高级工程师任副主编，编写项目一城市暴雨与洪水和项目七防汛抢险材料、装备及新技术；安徽水利水电职业技术学院张时珍老师编写项目三城市防洪排涝工程规划和项目四城市防洪排涝工程管理；安徽水利水电职业技术学院张峰老师编写项目六险情抢护技术；安徽水利水电职业技术学院尹程老师编写项目五防汛组织及应急预案编制，并协助统稿和内容校核。

本书由合肥市水务局邢崛起高级工程师担任主审，并提出了宝贵的意见和建议，在编写过程中还得到了各有关单位领导及专家们的大力支持，在此致以衷心的感谢。

谨向本书参考文献的作者表示衷心的感谢。

本书是安徽省财政支持省属高等职业院校发展项目。

本书可作为城市水利专业、水利工程专业、水利水电工程管理专业的教材，也可以作为其他水利类专业的教材，同时可供从事防汛工作的技术人员参考使用。

由于编者水平有限，加之时间仓促，书中错误和不足之处在所难免，恳请专家和读者批评指正，以便今后改进。

编者

2013年6月

目　录

单元一　防洪抢险基本知识

单元二　城市防洪排涝规划与管理

单元三　防洪与抢险技术

单元一　防洪抢险基本知识

项目一　城市暴雨与洪水

学习目标：

1. 了解洪水类型和城市发展面临的洪水问题；
2. 了解城市洪涝灾害成因；
3. 了解我国城市防洪现状及防洪的发展趋势；
4. 掌握城市防洪对策；
5. 了解城市洪水类型；
6. 了解城市化的水文效应，掌握城市化对降雨和雨洪径流的影响要素；
7. 了解设计暴雨及洪水推求方法与步骤；
8. 掌握暴雨公式的应用。

重点难点：

1. 城市洪涝灾害成因与防洪对策；
2. 设计暴雨及推求；
3. 设计洪水及推求。

一、城市洪水

1. 城市洪水问题

洪水俗称大水，是由暴雨、急骤融冰化雪、风暴潮等自然因素引起的江河湖海水量迅速增加和水位迅猛上涨的水流现象，常淹没堤岸滩涂，甚至漫堤泛滥成灾。

洪水一般包括河洪、山洪、泥石流、海潮等。流经城市的江河造成的洪水习惯上称为河洪。由于暴雨、冰雪融化或拦洪设施溃决等原因，在山区（包括山地、丘陵、岗地）沿河流及溪沟形成的暴涨暴落的洪水称为山洪（分为暴雨型山洪、融雪型山洪、冰川融化型山洪、拦洪设施溃水型山洪以及由两种或两种以上原因共同引起的混合山洪）。其中暴雨引起的山洪最为常见。泥石流是指山区沟谷中，由暴雨、冰雪融化等水源激发的、含有大量泥沙石块的特殊洪流，其特征往往突然暴发，浑浊的流体沿着陡峻的山沟前推后拥、奔腾咆哮而下，在很短时间内将大量泥沙石块冲出沟外，在宽阔的堆积区横冲直撞、漫流堆积，常常给人类生命财产造成很大危害。临海城市可能遭受潮汐和风暴潮的侵袭，习惯上称为海潮或潮洪。

河流流域上游突降暴雨、冰雪迅速融化、堤坝溃决以及河冰阻塞河道等均可形成洪水，习惯上把这些江河洪水分别称为暴雨洪水、融雪洪水、溃坝洪水和冰凌洪水。

我国大部分地区以暴雨洪水为主。暴雨洪水的特点决定于暴雨所在流域下垫面条件的影响。同一流域不同的暴雨要素、暴雨笼罩面积、历时、降水过程、降水总量以及暴雨中心位置移动的路径等均可以形成大小和峰型不同的洪水。

融雪洪水是指在高纬度严寒地区,冬季积雪较厚,春季气温大幅度升高时,积雪大量融化而形成。融雪洪水一般发生在4~5月份,洪水历时长,涨落缓慢。我国永久性积雪区(现代冰川)面积约5 800 km²以上,主要分布在西藏和新疆境内,占全国冰川面积的90%多,其余分布在青海省和甘肃省等地区。

溃坝洪水是指水库失事时,存蓄的大量水体突然泄放,形成下游河段的水流急剧上涨,甚至漫槽成为立波向下游推进的现象。冰川堵塞河道、壅高水位,然后突然溃决时或者地震或其他原因引起的巨大土体坍滑堵塞河流(形成堰塞湖),使上游的水位急剧上涨,当堵塞坝体被水流冲开时,在下游地区也形成这类洪水。

冰凌洪水是指中高纬度地区内,由较低纬度地区流向较高纬度地区的河流(河段),在冬春季节因上下游封冻期的差异或解冻期差异,可能形成冰塞或冰坝而引起。

由于城市人口密集,建筑物众多,工商业和交通比较发达,城市面临的暴雨洪水问题非常复杂,遭遇洪水后的损失也更为严重。因此,城市地区防洪和排水是一个较为突出的问题,它主要包括以下三个方面:

第一,城市本身暴雨引起的洪水。如前所述,由于城市不断扩张,这一问题会变得愈加尖锐。这是城市排水面临的问题。

第二,城市上游洪水对城区的威胁。这部分洪水可能来自城市上游江河洪水泛滥,山区洪水,上游区域排水,或来自水库的下泄流量,解决这类问题属城市防洪范畴。

第三,城市本身洪水下泄造成的下游地区洪水问题。由于城区不透水面积增加,排水系统管网化,河道治理等使得城市下泄洪峰成数倍至十几倍增长,对下游洪水威胁是逐年增加的,构成了城市下游地区的防洪问题。

2. 洪水要素及等级

(1)洪水要素。洪水要素包括洪峰流量、洪水总量、洪水水位及洪水过程。洪峰流量是指一次暴雨洪水发生的最大流量(也称"峰值",以 m³/s 计);洪水总量是指一次暴雨洪水产生的洪水总量(以亿 m³ 或万 m³ 计);洪水水位是指一次暴雨洪水引起河道或水库水位上涨达到的数值(以海拔高程 m 计),其最大值称为最高洪水水位;洪水过程是指洪峰流量随着时间变化的过程,一般用洪水过程线表示。

影响河道防洪安全的关键在"峰",也就是一次暴雨洪水发生的洪峰流量和最高水位;影响水库安全的关键在"量",也就是一次暴雨洪水发生的洪水总量与最高库水位。防汛中洪水水位主要分为设防水位、警戒水位、保证水位 3 项。

设防水位:当江河洪水漫滩后,堤防开始临水,需要防汛人员巡查防守时的规定水位。

警戒水位:堤防临水到一定深度,有可能出现险情,需要防汛人员上堤巡堤查险,做好抗洪抢险准备的警惕戒备水位。我国主要河道的重要水文站都有警戒水位规定。

保证水位:是经过上级主管部门批准的设计防洪水位或历史上防御过的最高洪水位。当水位接近或达到保证水位时,防汛进入紧急状态,防汛部门要按照紧急防汛期的权限,采取抗洪抢险措施,确保堤防等工程的安全。

(2)洪水等级。河道洪水等级一般以洪峰流量的重现期为标准,水库洪水等级一般以洪水总量的重现期为标准(洪峰流量也是重要数据)。根据《水文情报预报规范》(SL250—2000),洪水等级划分为 4 个:一般洪水 5~10 年一遇;较大洪水 10~20 年一遇;大洪水 20~50 年一遇;特大洪水大于 50 年一遇。发生一般洪水就要注意防范;发生较大洪水以上的洪水更要组织好抗洪抢险,力保防洪安全。

3. 汛、汛期和防汛

汛的含义是指定期涨水,即由于降雨、融雪、融冰,使江河水域在一定的季节或周期性的涨水现象。汛常以出现的季节或形成的原因命名,如春汛、伏汛、潮汛等。春汛(或称桃花汛),是指春季江河流域内降雨、冰雪融化汇流形成的涨水现象,因其适值桃花盛开季节故称桃花汛。伏天或秋天由于降雨汇流形成的江河涨水,称伏汛或秋汛。沿江滨海地区海水周期性上涨,称潮汛。

汛期的含义是指江河水域中的水自始涨到回落的期间。我国各河流所处的地理位置、气候条件和降雨季节不同,汛期有长有短,有早有晚,即使是同一条河流的汛期,各年情况也不尽相同,有早有迟,汛期来水量相差很大,变化过程也是千差万别。为了做好防汛工作,根据主要降水规律和江河涨水情况规定了汛期,如安徽省的汛期确定为 5 月 1 日至 9 月 30 日。

防汛的含义是为防止或减轻洪水灾害,在汛期进行防御洪水的工作,其目的是保证水库、堤防和水库下游的安全。我国防汛的方针是"安全第一,常备不懈,以防为主,全力抢险"16 字方针。基本任务是积极采取有力的防御措施,力求减轻或避免洪水灾害的影响和损失,保障人民生命财产安全和经济建设的顺利发展。

防汛主要工作内容包括:防汛组织、防汛责任制和防汛抢险队伍的建立,防汛物资存储和经费的筹集,江河水库、堤防、水闸等防洪工程的巡查防守,暴雨天气和洪水水情预报,蓄洪、泄洪、分洪、滞洪等防洪设施的调度运用,出现非常情况时采取临时应急措施,发现险情后的紧急抢护和洪灾抢救等。

4. 频率与重现期

(1)频率的概念。频率是指大于或等于某一数值随机变量(如洪水、暴雨或水位等水文要素)出现的次数与全部系列随机变量总数的比值,用符号 P 表示,以百分比(%)为单位。它是用来表示某种洪水、暴雨或水位等随机变量可能出现的机会或机遇(概率)。例如 $P=1\%$,表示平均每 100 年可能会出现一次;$P=5\%$,表示平均每 100 年可能会出现 5 次,或平均每 20 年可能会出现一次。计算频率的公式为:$P=[m/(n+1)]\times100\%$。式中 m 表示等于或大于某一随机变量出现的次数;n 表示所观测的随机变量总次数。

(2)重现期的概念。重现期是洪水或暴雨等随机变量发生频率的另一种表示方法,即通常所讲"多少年一遇"。重现期用 T 表示,一般以年为单位。洪水重现期是指某地区发生的洪水为多少年一遇的洪水,意思是发生这样大小(量级)的洪水在很长时期内平均多少年出现一次。例如,百年一遇的洪水,是指在很长一段时间内,平均一百年才出现一次这样大小的洪水,但不能认为恰好每隔一百年就会出现一次,从频率的概念理解,这样大小的洪水也可能百年内不止出现一次,也许百年中一次也没出现。

(3)重现期与频率的关系。重现期与频率的关系,可用下式表示:1)当所分析的对象是最大洪峰流量或降雨量等,它们出现的频率小于 50% 时,则重现期为:$T=1/P$(年);2)当所分析的对象是较小的枯水流量或较小的降雨量时,其频率一般大于 50%,则重现期为:$T=1/(1-P)$(年)。如当 $P=1\%$ 时,则 $T=100$(年),称为百年一遇。

例如,在某一条河流上发生 10 000 m³/s 的洪峰流量,在 50 年中可能会出现一次,则其频率为 2%,其重现期为 50 年,又称为 50 年一遇的洪水。通常所说的某洪峰流量是多少年一遇,就是指该量级洪水流量的重现期。

二、我国城市洪涝灾害概况

1. 城市化是现代社会发展的必然产物

近几十年来,我国的城市建设发展迅速,城镇化率(城镇人口占总人口的百分比)从 1976 年的 15.4% 上升到 2011 年的 51.27%。据有关资料显示,我国有近 40% 的人口、50% 的国民收入、70% 的工业产值集中在城市,绝大部分科技力量和高等教育设施也集中在城市。据联合国经济和社会事务部人口司 2008 年 2 月 26 日发布的《世界城市化展望》报告指出,到 2050 年,中国的城市人口占总人口的比例将增至 70%。但是,城镇化发展的同时也带来了各种隐患。城市化致使城市内的天然水文、水力特性发生显著变化,接纳城市排洪的中等河流,遇到 2～5 年一遇的常见洪水时,可使河流洪峰流量迅猛增加。城区洪水观测资料表明,城市洪峰流量比天然江河高出几倍甚至几十倍,对人口稠密、工商业发达、建筑物繁多的市区构成了严重的威胁,加之地下空间的不断开发,使城市孕灾环境发生了巨大变化,给防洪安全带来巨大隐患。

2. 我国城市洪涝灾害概况

自古以来,我国的城市几乎都是在江河湖海水域附近或依山傍水而建,受到不同类型洪水的威胁。历史上,我国各大江河洪水泛滥时也给沿岸城市带来过灭顶之灾。近年来,城市城区暴雨洪水或严重积水事件频繁发生,造成的灾害影响极为惊人。目前,我国城市防洪形势仍比较严峻。有防洪任务的城市里,只有 45% 左右的城市达到国家规定的防洪标准,且防洪标准普遍低于日本、美国等发达国家。除了防洪,城市排涝标准更低,不少城市常常一遇暴雨就积水成灾。因此,城市防洪排涝是今后我国防洪排涝的重点。

城市的洪水泛滥有两种不同的类型,第一类可能是由于河流漫溢堤防形成的。第二类是在特殊情况下,经下水道漫溢;或由于高强度的降雨造成低洼区内的街道和财产被淹;地铁以及交通干线低洼处内的财产受淹等。这主要是由于排泄洪水或内涝的设施不足,或是经常堆积的残渣堵塞排水管道和下水道的入口或蓄水池的出口等产生的。

我国城市洪涝灾害主要来自暴雨洪水、台风、风暴潮、山洪等外洪和内涝的威胁,风险最大的是超标准洪水及城市防洪堤漫溃或上游大坝溃决等外洪带来的毁灭性灾害。历次较大的洪水灾害,城市的水灾损失都占有相当的比重。据统计,城市受淹损失占历次洪灾造成的总损失的比例越来越大,一般达到 50%～80%。有经济专家认为,现代化城市不足以承受洪涝、潮灾的打击,一次中等灾害将使一个现代化城市发展进程延缓 20 年。

历史上,我国各大江河洪水泛滥时给沿岸城市带来过灭顶之灾。1870 年,武汉市被洪水沦为泽国。1915 年 7 月,珠江大水,广州市被淹没 7 天,受灾农田 43.2 万 hm²,灾民 378 万人,死亡十余万人,损失达 199 亿元。1931 年,武汉三镇被淹 100 天,最高水位达 28.28 m,创 1865 年建站以来最高纪录,最大水深 6 m 多,市区街道行舟,78 万人受灾,有 3.26 万人死于洪水;从汉口至南京沿江的各城市均遭水灾。1932 年 7 月,松花江大水,哈尔滨市被淹一个月之久,全市 38 万人口中有 24 万人受灾,死亡灾民 2 万余人。1939 年 7、8 月,海河发生 50 年一遇以上的大水,天津被淹长达 1 个半月,水深 17 m,受灾人口 80 万,直接经济损失达 6 亿元。1954 年 7 月淮河流域雨量大而集中,造成了全流域的大洪水。1983 年 7 月,汉江上游发生特大洪水(仅次于 1588 年),安康老城全部被淹,洪水高出城堤 1～2 m,城堤决口 6 处,主要街道水深 7~8 m,城区近 9 万人受灾,死亡 870 人,城市专用设施遭到毁灭性破坏,直接经济损失达 55.3 亿元。

进入 20 世纪 90 年代,我国几乎每年发生一次大的洪涝灾害,年均洪涝灾害损失 1 101 亿元,占同期国民生产总值的 2.38%(美国洪涝灾害损失约占其国民生产总值的 0.03%;日本为 0.22%)。一些大城市屡遭暴雨洪水袭击,损失相当严重。1991 年,江淮地区受洪水袭击,仅苏皖两省 44 个城市就有 30 个城市受灾,受灾人口达 2.2 亿人,直接经济损失达 685 亿元。1994 年,广西、湖南相继发生特大洪灾,直接经济损失分别为 362 亿元和 44.8 亿元。1998 年,夏季南方的长江,北方的嫩江、松花江流域相继发生特大洪灾,受灾面积达 2 587 万 hm^2,受灾人口 2.3 亿,倒塌房屋 566 万间,直接经济损失高达 2 484 亿元。2004 年 7 月 10 日,北京城区内持续了近 2 h 的暴雨,造成十多座立交桥下的积水超过 2 m,致使交通瘫痪。虽是周末,但市内局部地区堵车时间平均达到 5 h 之多。2004 年 9 月 3 日,十年九旱的达州市遭受了百年一遇以上的特大暴雨洪灾,造成 5 个县城进水,水、电、气全部中断,达州城区最深进水 8 m,除一条高速公路外,所有交通中断。2007 年 7 月中旬,重庆、济南遭受有记录以来特大强降雨袭击,两座城市因灾死亡 103 人。2007 年 10 月 8 日,因受北上台风及南下强冷空气的影响,杭州市区遭遇罕见暴雨袭击,城区调用面粉筑堤防内涝。2008 年 5 月至 6 月,深圳连降大雨,暴雨致使宝安部分片区、南山前海片区出现大面积的内涝,最大积水深 1 m 多。2009 年广州暴雨来袭,多处交通要道,均出现了因为水浸街而导致的塞车现象,天河岗顶附近多处水浸,所有高出路面的新修的下水口都被挖开,但排水情况还是不太理想。2010 年入夏以来,南方地区汛情不断,部分城市遭遇强暴雨袭击,引发城市严重内涝,100 多个县级以上城市一度进水,如成都遭遇入汛以来最强降雨侵袭,中心城区及蒲江县、都江堰市、青白江区等地出现短时内涝。2011 年 6~7 月,北京、济南、合肥、重庆、扬州等 14 座城市被淹,如 6 月 18 日武汉市遭受强暴雨袭击,致使低洼路段再次淹水,行人只能涉水而过,交通接近于瘫痪。2012 年 7 月 21 日,北京市遭遇 61 年来最强暴雨,引发山洪泥石流灾害,因灾死亡 97 人,全市平均降雨量 170 mm,城区平均降雨量 215 mm,房山区河北镇为 460 mm,接近 500 年一遇,造成经济损失 116.4 亿元,受灾人口 160.2 万。2012 年的夏天,北京、天津、上海、重庆、广州、武汉、长沙、成都、扬州、南京、保定等大中小城市被暴雨侵袭。

住房和城乡建设部 2010 年对国内 351 个城市排涝能力的专项调研显示,2008 年到 2010 年间,全国有 62% 的城市发生不同程度的内涝,其中发生 3 次以上的是 137 个,有 57 个城市的最大积水超过 12 个小时。城市内涝,除了遭遇强暴雨袭击这个客观情况,也暴露了在城市建设中的一些弊端,甚至违反了自然规律。在一栋栋鲜亮的现代高楼大厦下,不少城市的排涝系统非常落后。在建设之初,并没有科学系统地分析水文气象数据,造成防洪排涝标准与实际不配套;城市中能自由呼吸的土地越来越少,难以渗水的水泥路面越来越多;城市中能自由奔腾的河流越来越少,在有些城市,不但天然河道被硬化,而且在河道里建起了永久性建筑物;城市中能自然生长的湖泊越来越少,许多湖泊被围湖造田、围湖建厂、围湖造屋,造成湖泊蓄水容积减少,削减了湖泊的调蓄功能。

城市洪灾具有损失重、影响大、连发性强、灾害损失与城市发展同步增长的特点。随着城市化的发展,灾害影响面在相对扩大。一方面,灾害常常表现为多种灾害的复杂叠加,另一方面,一些灾害不仅严重影响城市可持续发展,而且影响到社会的稳定。

3. 我国城市洪涝灾害成因

(1)自然因素。我国地处东亚季风区,是世界上最严重的气候脆弱地区之一,特殊的地形、地貌和气候特征决定了洪涝灾害频繁。

我国沿海城市洪灾主要是由台风、风暴潮、天文大潮、江河洪水等因素形成的。我国平均每年有 7～8 个台风登陆,多者 12 个,是世界登陆台风频率最高的国家之一。台风不仅数量多,而且强度大,台风登陆时常伴有暴雨、特大暴雨,或飓风、巨浪、风暴潮等,突发性强、损失大,形成一种破坏力很强的天气系统。据史料记载,广东、珠江三角洲曾多次发生死亡万人以上的台风灾害。深圳市 1993 年 9 月 26 日因受台风影响,连降暴雨,6 h 降水量相当于 25 年一遇标准,直接经济损失达 13.28 亿元。我国城市有一半分布在主要江河中下游两岸的平原地区,其地面一般低于江湖水位,常因江河坡度平缓,洪水峰高量大,蓄泄能力不足,洪水历时长,堤防不易防守而造成灾害。

(2)人为因素。随着全球人口和人口密度的急剧增加,工业生产活动也相应增加,从而加剧了"温室效应"的产生,使得内陆冰川加速融化,雨量分布不均,局部地区发生暴雨和大洪灾的概率增加。

城市化也造成了城市的"热岛"与"雨岛"效应,促成了局部强降雨的形成。突发的降雨在许多城市突破了历史纪录。

城市化改变了城乡土地利用方式与规模,硬化路面的不透水下垫面改变了城市与江河的暴雨洪水特性,加大了相同量级暴雨条件下的洪水强度,使径流总量增大,洪峰流量提高,洪峰出现时间提前。1998 年长江发生大洪水时,武汉市军民严防死守,确保了大堤的安全,但 1998 年 7 月 21 日发生的暴雨,由于城市路面硬化率高,市内湖泊、水域萎缩,蓄水容积减少,洪水汇流加快,加上排水不畅,造成了市区严重内涝,市内交通、电力、通讯等生命线工程瘫痪,损失严重。

城市化也使水环境发生了变化,旧城市周边原有的排水和蓄洪的湖泊、洼地、池塘、河沟不断被填平,河道泄洪排涝能力下降,对洪水的调蓄功能也大为减弱;有的城市开发区不断侵占河道滩地,造成人为设障,加上严重的城市水土流失导致河道淤积,行洪能力大大降低。上海市在城市化进程中,大量河道已经消失,南江区 7 年中填埋河道 321 条,全长 168 km;杨浦区由建国初期的大小河流 130 多条锐减为现在的 26 条。再以济南为例,济南市地势南高北低,但由于北部黄河为地上悬河,因此在黄河南 5 km 地势最低的小清河就成为济南市的唯一排水出路。20 世纪 80 年代以前,沿小清河两岸有大量的藕池、苇塘等自然洼地,这些洼地对调蓄洪水起到过重要作用。然而随着城市的发展,这些洼地逐渐被填平建房,即使在 1996 年的城市总体规划中保留剩余的洼地作为滞洪区,也不能阻止这些洼地被蚕食的厄运。导致最近几年,济南每到汛期便深受水淹之苦,几乎一下大暴雨,北部地区便积水成灾。其次,随着城市化的进程加快,城市人口的增加和社会经济发展,人类活动所排放污染物不仅远远超过水环境的自净能力,而且大部分都是难以降解的物质,这样就不可避免地带来水环境污染。河水流速加大,径流中悬浮固体和污染物含量也增大。在两次暴雨之间,大气中沉降和城市活动产生的尘土、杂质及各类污染物积聚在这些不透水地面上,最后在降雨期被径流冲洗掉,进入雨水管道;即使城市中有山地、绿地、坡地、水泥地面,也能将地表污染物带入城市雨水管道。城市雨水管道中大量污染物排入城市的河沟,造成城市水域污染,环保部门的监测表明水体污染最严重的是久旱后的大暴雨所形成的地表水。据桂林市社会经济统计:1980～2000年桂林市污水量逐年增加。1980年桂林市区污水量为$(62.05 \times 10^4)m^3$,而2000年城市污水量相当于1980年的196倍。1980～1985年城市污水量无变化,1985年后出现了3次小高峰,1995年城市污水量最大为$(1\,3961 \times 10^4)m^3$,相当于桂林水文站多年平均径流量的3.4%。这都充分表明城市化进程加速了水资源的污染。

4.我国城市防洪建设的发展现状

(1)我国城市防洪建设成就。1949年以来,党中央国务院十分重视城市防洪工作,城市防洪工作得到很大发展,主要体现在以下几个方面:

1)城市防洪工程建设迅速发展。1949年,我国城市防洪堤极少。随着城市经济和人口的发展,我国大力开展城市防洪工程建设,兴建了大量的堤防工程。目前,全国已有城市防洪堤长1 6251 km,保护着4.32万km^2的城区面积。现在,不少有条件的城市防外江洪水已有防洪墙或防洪堤形成的圈堤保护,有的由大江大河主要堤防保护着,有的由上游水库保护。为解决市区内涝的问题,很多城市兴建了排涝站,还有的利用洼地建公园等,用于蓄滞涝水。

2)城市防洪排涝能力有了很大提高。不少城市的排涝由天然情况提高到20年一遇,目前全国已有287座城市达到国家防洪标准。1949年前上海市没有堤防,现在已建超过百年一遇的防洪墙,不少地段已达千年一遇标准;北京市由于上游兴建了官厅、密云等水库,并建了蓄滞洪区,使其防洪标准由基本不设防提高到大于千年一遇;哈尔滨在1958年开始兴建了40年一遇的防洪工程,1989年将堤防加高加固,加上蓄滞洪区等措施,该市防洪标准进一步提高到100年一遇;由于修建了北江大堤,广州市的防洪标准达100年一遇。

3)城市防洪规划与城市建设发展规划协调发展。为了协调城市和江河的关系,使城市防洪工程建设服从江河流域规划,也为使城市防洪规划与城市建设发展规划相协调,以达到保护城市防洪安全的目的,需要制订科学、合理的城市防洪标准,安排好涝水的出路,控制城市建设侵占河道,需制订城市防洪规划。目前,全国已有80%的城市完成了防洪规划,并将其纳入江河流域治理规划和城市建设的总体规划。

4)城市防洪管理工作有了很大提高。近年来,城市防洪工程建设和日常管理工作有了长足进展,组织机构进一步健全、完善。防汛抢险责任制进一步建立、健全。城市防洪预案在防洪工作中也发挥了很大作用。另外,城市河段清淤除障、拆除违章建筑及有碍行洪设施、清除河道内的垃圾、恢复河道行洪能力等工作成效显著,这些措施扩大了城区河段行洪能力、降低了城区河段水位,保护了城市防洪安全。在城市防洪工程建设过程中,堤防工程的建筑形式从一般土堤到结构复杂的钢筋砼轻型结构,如上海外滩的防洪墙已成为城市的一道风景线。

(2)我国城市防洪现状。城市防洪是我国防洪工作的重中之重。在城市防洪建设和防汛方面,各地开展了大规模的河道整治,恢复和兴建了大量围堤、闸坝等防洪工程,对残缺不全的防洪设施进行了全面的除险加固,在一定程度上提高了城市防洪能力。各城市在防洪工程建设、管理与清淤、清障等方面都做了大量工作,取得了可观的城市防洪效益和很好的经验。

由于我国城市防洪建设起步较晚,工作还存在不少问题,城市的防灾能力仍然很低,主要表现在:

1)目前有相当数量的城市防洪排涝标准偏低。我国城市排水管道设计标准一般为1至

3 年,与美国、日本、欧盟一般 2 到 10 年的标准相比是偏低的。设计标准越高,投资越大。据专家估算,如果把设计标准从 1 年提升到 3 年,投资将会增加 1.3 到 1.5 倍。有关资料的统计数据表明,在全国 642 座有防洪任务的城市中,有 355 座城市低于国家规定的防洪标准,占总数的 55%。2005 年末,城区非农业人口在 150 万人以上的特大城市有 28 个,只有 2 座达标。在所有具有防洪任务的城市中,防洪标准低于 10 年一遇的城市有 72 座,占防洪城市总数的 11%;防洪标准在 10~20 年(含 10 年)一遇的城市有 136 座,占 21%;防洪标准在 20~50 年(含 20 年)一遇的城市有 232 座,占 36%;防洪标准在 50~100 年(含 50 年)一遇的城市有 157 座,占 24%;防洪标准在 100 年(含 100 年)一遇以上的城市只有 45 座,仅占 7%。此外,我国城市防洪比较重视外水,忽视内水,城市排涝标准普遍较低,一般不足 10 年一遇,一遇大雨,便产生内涝。目前北京中心城区排涝标准普遍为 1 年一遇,个别区域按照 3 年一遇标准设计;武汉地下排水系统的管网、箱涵等也是按照 1 年一遇的标准建设,这种标准已不能适应今天城市发展的需要。

2)城市防洪规划与建设滞后。近期城市建设发展很快,但是防洪规划、建设和管理没有跟上。特别是一些新兴的经济开发区和新建城市,有的还处于无防洪保护的状态。据统计,我国城市数量已从新中国成立前的 132 个增加到 2010 年的 657 个,城市化水平由 10.64%提高到 47.5%。100 万人口以上的城市已从 1949 年的 10 个,发展到 2008 年的 122 个。2012 年社会蓝皮书《2012 年中国社会形势分析与预测》指出,2011 年是中国城市化发展史上具有里程碑意义的一年,城镇人口占总人口比重首次超过 50%,达 51.27%。在城市化的迅猛发展过程中,地方政府更加重视的是把表面上的高楼大厦建起来,排水系统有被忽视的倾向,而且很少有城市制订了系统的排水系统的规划,都是发展一片做一片,缺乏长远的规划。而且,部分城市的规划体制、城市规划队伍、城市规划理念等还带有严重的计划经济色彩,普遍表现为重生产、轻生活,重收益、轻环境,重短期、轻长期,重地面、轻地下,遇到城市暴雨洪水灾害也束手无策。正是由于城市在水利投入上欠账较多,财力支撑不足,排水基础设施建设滞后,才导致城市面对罕见暴雨的袭击显得弱不禁“雨”。

3)滞蓄洪能力低。城市发展用地侵占湖洼,降低了对雨水的调蓄能力;沿岸的房屋挤占河道,降低了河道行洪能力。这些原因造成城市洪涝灾害损失严重。仅以 1998 年为例,在长江、松花江干堤安全的情况下,据初步统计城市洪涝灾害损失 641 亿元,占当年全国洪涝灾害损失的 26%。

4)城市防洪基础研究薄弱。随着城市化程度的提高,城市水文条件进一步复杂化,城市洪涝水量计算及洪水标准确定等不少城市水文的技术问题亟待解决。另外,城市发展与城市防洪工程建设的关系如何协调,城市美化、改善环境与防洪工程怎样结合等问题,都有待进一步深入探讨。

5. 我国城市防洪对策探讨

(1)加强城市防洪规划工作。城市防洪规划要先行。城市防洪思路应该从“尽快排走”向“尽量调蓄”转变。城市防洪是一个长期、预先、整体规划的问题。城市防洪规划与城市所在江河流域规划、城市总体规划、江河航运以及城市给水排水、城市道路桥梁等,有着十分密切的关系。把城市防洪减灾建设作为资源利用、生态建设和国土开发整治的重要组成部分,使城市建设布局、整体规划与流域规划、城市防洪规划相协调、适应。凡有防洪任务的城市应尽快编制和报批防洪规划,按规划建设和完善防洪体系,保障社会安全和可持续发展。同时,在加快城市化的进程中,应避免重地上而轻地下的问题,需切实加强城市地下空间的开发利用,结合城市生态文明建设,源头化收集利用雨水,利用洼地进行调蓄,将区域生态环境的保护与协调,与雨水的资源化利用、源头减排有机结合起来,这是保障未来城市可持续发展的关键。

（2）加大城市防洪工程建设投入。加快对现有城市防洪工程的除险加固和城市防洪工程的建设,提高城市防洪排涝标准。根据规划,到 2015 年我国包括大中城市、省会城市等在内的大部分城市均要达到国家标准。针对我国城市防洪排涝标准普遍偏低的情况,在城市防洪工程建设资金方面要多方筹集,加大筹资力度,建立健全市场经济条件下的城市防洪集资、融资措施,加大国家和各级地方政府对城市防洪的投入,如开展征收河道工程建设管理费,建立城市水利基金,利用银行贷款,通过建防洪工程开发土地等方式筹集资金进行城市防洪工程建设。

（3）尽快形成完善的城市防洪减灾体系。根据我国的洪水灾害特点,防洪减灾体系包括常规防洪工程体系、非常规防洪工程体系和防洪非工程体系以及水情、灾情、工情评价体系和洪水灾害保障体系。常规防洪工程体系指由河道、堤防、水库和城市排水系统等常规工程所组成的防洪排涝工程体系。法国巴黎,在进行城市规划时,就设计了很大的地下排水系统,既能存水又能排水。始建于 19 世纪中期的巴黎下水道,中间是宽约 3 m 的排水道,两旁是宽约 1 m 的供检修人员通行的便道,目前总长达 2 300 多 km,规模远超巴黎地铁,至今每年都有十多万人去参观学习。青岛被公众冠以"中国最不怕淹的城市"之名。1897 年,德国计划将青岛建成在太平洋的最重要的海军基地,当时铺设下水管道尺寸最高 2.5 m,宽 3 m,当时青岛是中国唯一一个雨污分流的城市。非常规防洪工程是一种特殊的防洪措施,主要包括分蓄行洪区的安全、灌溉、排水、生活供水设施,撤退道路设施,电源、通信等各种基础设施以及行政管理、运用损失补偿条例等体系。防洪非工程体系包括:水情监测预测预警系统,防汛指挥调度系统,防洪工程设施管理系统,政策法规体系。加强城市防洪工作是一个综合性问题,不仅是技术,更涉及政策法规等"防洪非工程措施"。在德国,部分城市采取了强制性标准。根据本地区特点在防洪规划中规定城市建筑不透水面积最大不超过 3.3%。在日本,许多城市利用停车场、广场铺设透水路面或碎石路面,使雨水尽快渗入地下。在台湾,很多停车场已改用透水地面,一些新停车场甚至就是一片杂草丛生的草坪。在城市规划时,应留出更多的跟硬化地面配套的透水地面和存水设施。现在世界上很多城市都在发展地下空间,充分利用地下车库和地下交通。

（4）借鉴国外经验采用城市防洪风险管理方法。当前,国外城市防洪管理主要采用三种模式的风险管理方法,即:使洪水远离城市、使城市远离洪水和考虑洪水淹没影响。"使洪水远离城市"这种模式的思路是,减少洪水发生的概率,提高城市的防洪排涝标准。对应的技术手段主要有疏浚河道,修建堤防、分洪道,整治排水沟,兴建泵站等;相关的空间规划措施包括蓄滞洪区建设、堤防退建、城区沟塘水面保护以及公共设施(网球场、操场)滞洪功能建设等等。"使城市远离洪水"这种模式的思路是,为避免洪涝灾害对城市的威胁,在城市规划阶段就对城市的建设发展方向、位置和高程提出明确要求,使城区尽量避开易发洪水的地区。该模式主要适用于新城规划建设,特别是对那些用地紧张、发展空间不足的城市,为防止其向低洼地和河滩地发展,提倡在老城区周边的较安全区域建设卫星城。"考虑洪水淹没影响"这种模式的基本思路是,通过采取预防、调整、改造等措施,使城市在洪水风险地区继续生存和发展。其特点是城市能够面对并做好准备对付偶然的洪水入侵。该模式的主要内容包括早期预警反应能力建设、房屋等基础设施对洪水的适应能力建设等。例如,编制撤退方案、抬高房屋地面高度等等。除撤退道路和地铁防洪设施建设外,这个模式对城市发展的约束和影响基本不大。

(5)加强城市防洪的基础工作。随着城镇人口增长,防洪堤、内河沟网、道路、下水道、地下停车场、排涝(闸)站、人饮工程等市政基础设施投入相应增加。这些基础设施规划设计的一些关键性设计指标完全要靠水文分析和计算才能准确确定。要解决城市化面临的各种水文问题,必须加强城市水文建设。城市水文建设的重要内容是站网布设与城市产汇流模拟方法研究。城市水文站网布设主要考虑雨量站布设密度问题,密度取决于市政基础设施参数中设计高程的容许误差。在技术应用方面,应积极采用先进的自动测流装置,如 ADCP 等,实现无人值守,无线遥测。

城市化使城区地面大部分被房屋、路面铺占,加上热岛现象,城市暴雨频率加大,产汇流条件变化,应当加强城市水文学、综合防洪、排涝规划的研究和城市洪水预报模型及调度模型的研究;利用地理信息系统和数字模拟现代技术,进行洪水风险图的研制;加强风险管理和遥感技术在防洪规划、洪水预报及灾情评估中的应用等。

排水系统建成后,还应注重运行管理;注重管网的巡查养护(防止管网淤积堵塞,管网错接、受挤压变形,偷排漏排等现象发生);建立排水管网事故应急调度机制;部署排水管网在线监测报警系统等。

三、城市暴雨与洪水

1. 降水基本知识

我国大陆受季风的影响,降水季节变化大。淮河、长江上游干流以北、华北、东北等广大地区,多年平均连续 4 个月的最大降水量均发生在 6~9 月份。江西大部、湖南东部、福建西部发生在 3~6 月。长江中游、四川、广东以及广西大部为 5~8 月。黄河中游渭河和泾河一带以及海南岛东部为 7~10 月。北方地区 4 个月的最大降雨量占多年平均年降水量的80%,降水程度较集中的地区在 7~8 月两个月的降水可占全年的 50%~60%。我国年平均降水量自东南向西北变化显著,离海岸线越远年降水量越小,华北平原和淮河下游地区一般为 500~700 mm;淮河流域和秦岭山区、昆明至贵阳一线至四川的广大地区,一般年降水量800~1 000 mm;长江中下游两岸地区年降水量 1 000~1 200 mm;东北鸭绿江流域约 1 200 mm;云南西部、西藏东南部因受西南季风影响年降水量超过 1 400 mm;东南沿海地区年降水量超过 1 600 mm。我国绝大多数城市的洪水是由暴雨产生的。暴雨洪水的特点决定于暴雨,也受流域下垫面条件的影响。一般情况下,城市地面硬化程度高,入渗水量少,汇流速度快,所形成的径流量和洪峰流量较市郊和农村大。

(1)降雨的等级。

小　　雨:指 24 小时内降雨量小于 10.0 mm;或 12 小时内降雨量小于 5.0 mm;

中　　雨:指 24 小时内降雨量 10.1~25.0 mm;或 12 小时内降雨量 5.0~9.9 mm;

大　　雨:指 24 小时内降雨量 25.1~50.0 mm;或 12 小时内降雨量 10.0~29.9 mm;

暴　　雨:指 24 小时内降雨量 50.1~100.0 mm;或 12 小时内降雨量 30.0~69.9 mm;

大暴雨:指 24 小时内降雨量 100.1~200.0 mm;或 12 小时内降雨量 70.0~139.9 mm;

特大暴雨：指 24 小时内降雨量大于 200.0 mm，或 12 小时内降雨量大于 140.0 mm。

（2）台风、热带风暴与热带气旋。热带气旋是发生在热带或副热带洋面上的低压涡旋，是一种强大而深厚的热带天气系统。登陆我国的热带气旋（或台风）生成于西太平洋热带洋面，是一个直径为 100～200 km 的暖性涡旋。世界气象组织规定：涡旋中心附近最大风力<8 级时称热带低压，风力达 8～9 级时称热带风暴，10～11 级时称强热带风暴，当风力≥12 级时称台风。2006 年 6 月，我国发布《热带气旋等级》(GB/T19201－2006)国家标准，将热带气旋分为热带低压、热带风暴、强热带风暴、台风、强台风和超强台风六个等级。具体标准为：热带气旋底层中心附近最大风速达到 10.8 m/s～17.1 m/s（风力 6～7 级）为热带低压；达到 17.2 m/s～24.4 m/s（风力 8～9 级）为热带风暴；达到 24.5 m/s～32.6 m/s（风力 10～11 级）为强热带风暴；达到 32.7 m/s～41.4 m/s（风力 12～13 级）为台风；达到 41.5 m/s～50.9 m/s（风力 14～15 级）为强台风；达到或超过 51.0 m/s（风力 16 级或以上）为超强台风。

我国是多台风的国家（平均每年约有 6～9 个台风在我国登陆），每年 5 月至次年 2 月份都有台风登陆。在我国东、南部沿海至辽宁海岸都有台风登陆或受影响，其中以广东、海南、福建和台湾登陆次数最多，约占台风登陆次数 85%。一般 7 至 9 月份登陆的次数最多，约占总数的 77%。

2. 城市化对降水的影响

（1）城市化影响降水的结果。城市化对降水量的影响，不仅是城市水文学，而且也是城市气候学中的一个重要课题。在城乡降水观测资料的基础上，可通过对比分析的方法，研究城市化对城区降水的影响。

随着城市的扩大和下垫面因素的改变，城市的生活、生产活动和特殊的地面结构共同作用于大气，使大气边界层的特性发生变化，从而影响城区的气流、温度、降雨等，形成与邻近乡村不同的气候特征。由于城市的热岛中心上升气流，加上空气中凝结核极多，因此云量比郊区多，故市区降水量相应要比郊区多。利用桂林市城北区气象局降水资料作为城市降水资料、郊区渡头村桂林水文站的降水资料作为郊区降水量资料进行对比分析，采用 1954～2000 年同期降水资料比较，见表 1-1 所列。

表 1-1　桂林市区与郊区多年平均年降水量　　　　　单位：mm

年　　份	1954～1960	1961～1970	1971～1980	1981～1990	1991～2000
气象局	1 860.6	1 819.6	1 964.2	1 891.3	2 000.5
水文站	1 851.5	1 779.4	1 900.2	1 728.4	1 970.9
城郊差/%	0.5	2.3	3.4	9.4	1.5

桂林市气象局与桂林水文站相距 10 km 左右，在上世纪 50 年代，城区面积不足 8 km²，人口 9～15 万，主要集中在旧城中心区。从表 1-1 看出，1954～1960 年城市郊区差别并不明显，说明当时城市对大气降水作用不大。上世纪 70 年代人口与面积较上世纪 50 年代增加了一倍，两站多年平均降水量的差异明显增大。随着城市的扩大，城郊降水量差别逐年增大，特别是随着城市化进程的加快，上世纪 80 年代新城区（如高新区）建设使城区面积达 36 km²，人口 42 万，1981～1990 年城郊降水差别增加到 9.40%，到 1992 年，气象局年降水量为 2 023.5 mm，而水文站年降水量为 1 686.4 mm，相差达 20%，成为有资料记载之最。1991～

2000年城郊降水量相差仅为1.5％,主要是由于城区的扩展使渡头村接近城市边缘,因此城郊降水量的差别逐年减小。

(2)城市化影响降水的机理。城市规模的不断扩大,在一定程度上改变了城市地区的局部气候条件,又进一步影响到城市的降水条件。在城市建设过程中,地表的改变使其上的辐射平衡发生了变化,空气动力糙率的改变影响了空气的运动。工业和民用供热、制冷以及机动车量增加了大气中的热量,而且燃烧把水汽连同各种各样的化学物质送入大气层中。建筑物能够引起机械湍流,城市作为热源也导致热湍流。因此城市建筑对空气运动能产生相当大的影响。一般来说,强风在市区减弱而微风可得到加强,城市与其郊区相比很少有无风的时候。而城市上空形成的凝结核、热湍流以及机械湍流可以影响当地的云量和降雨量。城市化影响降水形成过程的物理机制有以下几种。

1)城市热岛效应。城市空气中二氧化碳等气体和微粒含量要比乡村高得多,必然会减弱空气的透明度、减少日照时数和降低太阳辐射强度。但是,城市空气中的二氧化碳和烟雾会在夜间阻碍并吸收地面长波辐射,加上城市的特殊下垫面具有较高的热传导率和热容量,又有大量的人工热源,其结果使得城市的气温明显高于附近郊区。这种温度的异常被称作"城市热岛效应"。

城市热岛形成的主要原因有以下几个方面:

①城市中由于下垫面特殊,如高大建设群、砖石、水泥、柏油铺筑的路面,因其反射率小,能吸收较多的太阳辐射。再加上墙壁和墙壁间,墙壁与地面之间多次的反射和吸收,在其他条件相同的情况下,能够比郊区获得更多的太阳辐射能,为城市热岛的形成奠定了能量基础。

②城市下垫面的建筑物和构筑物的材料比郊区自然下垫面的热容量 C 大,导热率 K 高。因而,白天城市下垫面吸收的辐射能,即储存在下垫面中的热量 Q,也比郊区多。使得日落后城市下垫面降温速度比郊区慢,并使城市热岛强度夜晚大于白昼。

③城市因下垫面储热量多,夜晚下垫面温度比郊区高,通过长波辐射提供给空气的热量比郊区多。这就使得城市夜晚气温比郊区高,地面不易冷却。

④城市下垫面有参差不齐的建筑物,在城市覆盖层内部街道"峡谷"中天穹可见度小,大大减小了地面长波辐射热的损失。

⑤城市中有较多人为的热能进入大气,在冬季对中高纬度的城市影响很大,故许多城市的热岛强度冷季比暖季大。

⑥城市中因不透水面积大,降水之后雨水很快从人工排水管道流失,地面蒸发量小,再加上植被面积比郊区农村小,蒸发量小,城市下垫面消耗于蒸散发的热量远较郊区为小。而通过湍流输送给空气的湿热却比郊区大,这对城市空气增温起着相当重要的作用。

⑦城市建筑物密度大,通风不良,不利于热量向外扩散。由于有热岛效应,城市空气层结构不稳定,有利于产生热力对流,当城市中水汽充足时,容易形成对流云和对流雨。

2)城市阻碍效应。城市因有高低不一的建筑物,其粗糙度比附近郊区平原大。这不仅引起湍流,而且对稳动滞缓的降水系统(静止锋、静止切变、缓进冷锋等)有阻碍效应,使其移动速度减慢,在城区滞留的时间加长,因而导致城区的降水强度增大,降水时间延长。

1977年,鲁斯和伯恩斯坦观测到纽约上空由于城市阻碍效应使锋面移动速度减慢,而导致了城区降水时间增长。他们还发现当有较强的城市热岛情况时,在迎风面的半个城区锋面被阻滞减速,而在下风面的另半个城区,则出现锋面移动加速的现象,风速可达上风面的一倍。这显然对降水量的地区分布有很大的影响。

3)城市凝结核效应。城市空气中的凝结核比郊区多,这是众所周知的。米(Mee)曾就北大西洋波多黎各岛附近大洋表面洁净空气层对流云底部的空气进行取样分析,发现其凝结核数目为 50 粒/cm^3。在未受污染的郊区空气中凝结核为 200 粒/cm^3,而在该岛北岸的圣胡安城区下风侧空气中凝结核数目剧增至 1 000～1 500 粒/cm^3。不少研究者还发现,城市工业区是冰核的良好源地。

这些凝结核和冰核对降水的形成起什么作用,是一个有争议的问题。从冷云一降水的机制来讲,城市有一定数量的冰核排放到空气中,促使过冷云滴中的水分凝结到冰核上,冰粒逐渐增大,可以促进降水的形成。但在暖云中降水的形成,主要依靠小云滴的碰撞作用,使小云滴逐渐增大,直至以降水形式降落。如果城市中排放的微小凝结核甚多,这些微小凝结核善于吸收水汽形成大小均匀的云滴。那么按照有些研究者的意见,这些凝结核反而不利于降水的形成。

城市化影响降水的机制,以城市热岛和城市阻碍效应最为重要。至于城市空气中凝结核丰富对降水的影响,一般认为有促进降水增多的作用。城市降水量增多,很可能是这二者共同作用的结果。

如上所述,根据现有资料分析,城市地区降水量比其他地区将会有所增加,一般平均为10%左右。当然,考虑到随着烟尘的治理,绿化面积扩大,城市化增加降雨的热岛效应和凝结核因素将会受到抑制,降水增量将会有所减少。此外城市化使降水量增加的地区范围并不大,不可能造成广大地区的降水量增加。从一个地区来分析,可以看出城市对地区降水量再分配的作用,而且这种作用要明显大于提高地区降水总量的作用。

3. 城市化对径流的影响

(1)城市化对径流形成的影响。城市化程度的提高,直接改变了城市的暴雨径流形成条件,使其水文情势发生变化。主要表现在:城市污水增多、径流量变大和流速增大,使洪峰增高及峰现时间提前,加剧了洪水的威胁,也是近年来各大城市洪灾频繁的原因之一。

当土地开发为城市用地时,这个地区便从自然状态转化为完全人工状态,使流域中的不透水面积增加、汇流速度加大且蓄水能力减弱。当建筑物覆盖面积达到100%时,地表的天然植被和下渗接近于零。在城市化流域内,因填洼和下渗几乎减少到零。相对来说,地表径流产生得较快,降到城市流域的雨水很快填满洼地而后形成地表径流,所有超渗水增大了河流流量。

很多研究者用实验室模拟的方法,证实了不透水面积对洪水过程线有显著的影响。伯兹和克宁曼作过实验研究,实验了透水面积为0%、50%及100%在相同降雨强度情况下流量过程线的变化。其结果表明,随着透水面积的减少,涨洪段变陡,洪峰滞时缩短,退水段历时亦有所减少。

如图1-1所示是两个极端的例子:一个是自然流域,另一个是完全城市化流域。在自然流域内,部分降水被植被拦截,而其余部分经填洼、下渗,在植被和土壤含水量达到饱和时,超渗雨就形成地表径流,壤中流也就开始流动。由于壤中流比地表径流慢,所以壤中流汇入河道的时间较长。

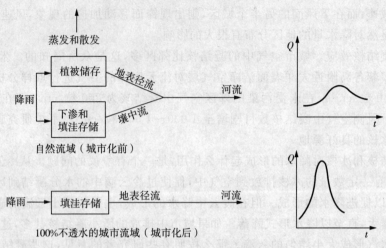

图 1-1　自然流域与城市化流域比较图

根据桂林水文站实测雨洪资料分析,20 世纪 90 年代几乎每 2 年出现 1 次 147.00 m 以上水位的大洪水。如果将该站 1999 年 4 月 26 日与 1965 年 4 月 26 日两次雨洪过程进行比较,两次洪水的流域平均降水量十分接近,见表 1-2 所列,但 990424 洪峰流量比 650426 洪峰流量大 1 080 m³/s。650426 从降雨到洪峰出现时间超过 40 h,而 990424 峰现历时为 24 h 左右,随着流域内城市化面积增加,降雨径流量增大。

表 1-2　桂林水文站两次雨洪情况表

洪水编号	流域平均降水量 /mm	最大 24h 降水量 /mm	峰现时间 /h	洪峰流量 /(m³·s⁻¹)
650426	210.4	180.1		3 110
990424	208.9	151.4		4 190

从表 1-3 和图 1-2 中也可以看出,北京城区上世纪 70 年代后,暴雨径流系数增大了。北京通惠河乐家花园水文站以上流域,在相同暴雨情况下地表径流量和径流系数均有增加。

表 1-3　北京通惠河乐家花园水文站产汇流规律变化统计表

乐家花园 水文站	降雨量/mm	径流深/mm	洪峰流量/(m³·s⁻¹)	峰现时间/h	径流系数
21/7/1959	121.3	50.3	166	8	0.41
10/8/1984	98.7	54.1	320	7	0.55
12/7/1996	121.5	72.9	203	5	0.60

从北京通惠河乐家花园水文站资料分析来看(表 1-3 和图 1-3):对比 1959 年 7 月 21 日、1984 年 8 月 10 日和 1996 年 7 月 12 日 3 场洪水过程,在相同暴雨情况下洪水峰现时间提前,洪峰流量加大。峰现时间提前原因,一是城市化对径流形成的影响,流域部分地区为不透水层所覆盖,如屋顶、街道、停车场等,不透水层的下渗率几乎为零,降低地下水位而增加雨季径流和减少基流;二是城市中的天然河道往往被裁弯取直、疏浚整治,并设置道路边沟、雨水管网和排洪沟,使河槽流速增大,导致径流量和洪峰流量增加、洪峰流量提前出现。

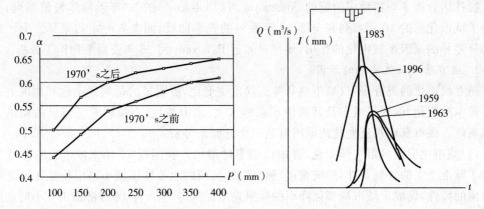

图 1-2 北京城区暴雨径流系数的变化图　　图 1-3 通惠河乐家花园水文站洪水过程对比图

（2）城市化对径流水量平衡的影响。城市化对降雨情势的影响也很强烈。现代化工业城市和它的下风侧，年总降雨量一般比非城市地区天然总降雨量偏高 5%～10%，有时这种差别可能达到 30%。大城市对降雨影响主要是降雨量的再分配。在一些地区出现增大降雨量的同时，而在另一些地区减小，可谓此涨彼消。

在城市化条件下，蒸发的变化相当复杂。由于较大的受热量和蒸发表面积造成了城市蒸发能力提高（高 5%～20%）。另一方面，由于汇流迅速，城区可供蒸发的水量较少。

城市地区的年径流比同一地区天然条件下的年径流要大。如果水循环不包括从外流域引进的水量，那么现代化工业发达的大城市，年径流量的增加为 10%～15%。

一般情况下，年径流量和水流情势主要取决于降水量的地区，城市地区的年径流可能是天然流域的 2～2.5 倍。如果城市供水系统包括深层地下水或从外流域引进的水，那么年径流的额外增量等于引入量减去引水和用水系统的损失量。但是，由于通过下水道排水可能将部分水量输送到流域以外或直接排入海洋，从而也可能造成城市径流量的减小。

（3）城市化对洪水的影响。洪水对城市化程度很敏感。如图 1-4（a）所示，是位于英国东南部面积为 47 km² （包括 Grawley 新城部分）Hazelwick Roundabout 流域 Granters Brook站的年最大洪峰流量。图 1-4（b）表示在相应资料记录年限内，随着城市化的发展，其不透水面积的增长情况，最大的一些年份洪峰比较明显地集中在记录时段后半段，即当不透水面积所占比例超过 20% 以后。

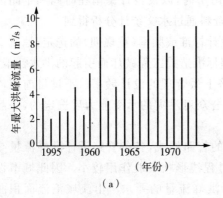

（a）

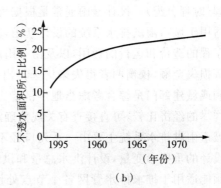

（b）

图 1-4　GrantersBrook 站的年最大洪峰流量和不透水面积

拉扎诺分析了华盛顿市附近的 Anacostia 河(73.8 km²)的 32 年洪峰年极值系列,分别绘制了城市化前的 16 年系列和全部 32 年系列的频率曲线,两者有一定的差异。为了确证这部分差异的原因是城市化的作用,他又对邻近 Patuxent 河 26 年资料系列作了分析。

4. 城市暴雨径流变化的原因

随着城市化的进程,不仅城市热岛等气候发生变化,更明显的是城区土地利用的方式发生了根本的变化,改变了城市及其周围水系的水文、水力特性,直接影响了当地的雨洪径流形成条件。城市暴雨径流变化的原因可从三个方面来分析:

(1)城市化引起城市气候变化,暴雨极端事件增加。我国近 20 年来城市化的快速发展改变了城市上空的气候条件,形成城市"热岛"效应,同时也改变了城市降雨特性尤其是突发性暴雨的特性,促成了城市局部强降雨的频繁发生。2007 年 7 月 18 日济南市 3 小时的降雨量达 180 mm,是济南市有气象记录以来的最高值;2007 年 7 月 16～21 日重庆市发生了 115 年来的最大暴雨,突发的降雨在许多城市突破了历史纪录。由于城市化发展,城区和郊区的降水量差异也同步增长。根据北京城区雨量站与近郊区雨量站 20 世纪 60 年代以来的资料对比分析,城郊年降水量差值是与城市房屋和高级道路竣工总面积增加成正比的,到 20 世纪 90 年代初,城区平均年降水量要比近郊区平均年降水量多 60.6 mm(相当于一个暴雨日的雨量)。

(2)城市化使得城区面积不断扩大,不透水面积增加。城市化的进程,增加了城市的不透水表面,使相当部分的流域为不透水表面所覆盖,如屋顶、街道、人行道、车站、停车场等。不透水区域的下渗几乎为零,洼地蓄水大量减少,造成产流速度和径流量都大大增加。近 50 年内,我国城市人口比例增加近 30%。有关资料显示,1949 年新中国成立初期北京城的城区面积为 18 km²,而今天北京城区已扩大到了 490.1 km²。

(3)城市排水管渠系统的完善,增加了汇流的水力效率。城市为了迅速排走地表雨水,保证城市公共设施在降雨时和降雨后能尽快恢复正常功能,而必然不断完善雨水管网。兴建大量地下排水管道与抽水泵站,加快了城市雨水的排泄,增大了河道洪水强度,导致径流量和洪峰流量加大,出现洪峰流量的时间提前。此外,河道中流速的增大,增加了悬浮固体和污染物的输送量,亦加剧了对河床的冲刷。

5. 设 计 暴 雨

设计暴雨是决定排水设计或与水有关的其他系统设计的主要依据。一般包含下列各种要素:设计标准或频率(重现期)、设计雨量与暴雨历时,以及设计暴雨在时间和空间上的分配过程(时程分配)。设计暴雨通常是根据历史资料通过水文统计分析得到。

适用于城市雨洪排水系统的设计暴雨,其设计标准或频率(重现期)的选定,原则上可以根据工程的造价和运行的费用,以及由于雨洪超标准造成工程破坏而引起的洪水泛滥、交通中断等损失金额,权衡两者得失来优选得出经济上最合理的设计频率。不过目前国内外多数水利或城建部门是综合考虑当地经济能力和公众对洪灾的承受能力后选定的,一般并不进行详尽的经济比较,可直接查有关规范确定。

城市雨洪排水系统主要由一系列口径不同的管路构成,各条管路设计洪峰流量是控制工程设计的重要参变量,设计洪水总量和洪水过程线形状一般作用较小。因此城市设计暴雨必须能适用于推求排水管网各个节点处设计洪峰流量的要求。由流域汇流面积曲线概念,可以知道参与形成洪峰的暴雨核心部分,即"成峰暴雨",其历时为汇流时间,即自管路负责排水面积最远点流入管路入口处的时间。各节点处负担的排水面积不同,其成峰暴雨历时长短也不同,为适应设计计算的需要,就必须计算相应各种历时的设计暴雨量。

城市设计暴雨一般不考虑雨量在空间分布的不均匀性。主要原因是城市排水管网所负担的地面排水区面积不大,可以忽略点雨量与排水区面平均雨量的差别,以点带面,即用排水区中心点的设计雨量代替排水区平均设计雨量。

目前国内外城市水文部门在暴雨频率分析时,是以日历年划分为基本事件,选取逐年的降雨量过程中最大的时段雨量作为样本进行统计的。显然这种选样方法有一定的缺点,它只考虑年内最大的时段雨量,忽略其他各次暴雨对频率分析的作用。年极值选样方法的主要优点是简便易行,而且成果一致,不受主观因素影响。

(1)年最大 24 h 设计暴雨的计算。城市设计暴雨计算的要求,是推求各节点处符合设计频率的成峰暴雨。在计算时,一般不考虑暴雨在空间分布上的不均匀性,以中心点的设计暴雨量代替设计面雨量。城市排水区成峰暴雨历时,一般都比较短,从几十分钟到若干小时,一般都小于 1 d。不过各个排水区并不相同。目前的方法是分成两步走:先求中心点年最大 24 h 设计雨量 $X_{24,p}$,再由雨量—频率—历时关系来推求任意历时 t 的设计成峰雨量 $X_{t,p}$。

推求年最大 24 h 设计雨量的常用方法有两种,可根据当地资料条件而定。

1)由年最大一日设计雨量 $X_{(1),p}$ 间接推求

若排水区中心附近具有足够长的人工观测资料系列,可以求得符合设计标准的年最大一日设计雨量 $X_{(1),p}$。由于人工观读雨量是固定以 8:00 为日分界,因此年最大一日雨量不大于年最大 24 h 雨量,即 $X_{(1)} \leqslant X_{24}$。

可按下式计算年最大 24 h 设计雨量 $X_{24,p}$:

$$X_{24,p} = \alpha X_{(1),p} \qquad (1-1)$$

式中:α——年最大 24 h 雨量与年最大一日雨量的比值。

由各地分析所得 α 值变化不大,一般都在 1.1~1.2 之间,常取 $\alpha = 1.1$。

2)由等值线图直接查用

如果当地无资料,可查用《地区水文手册》或《雨洪图集》年最大 24 h 雨量统计参数 $\overline{X_{24}}$,C_V 等值线图。

我国各省、市、自治区的水文部门已绘制了上述暴雨参数的等值线图。根据工程所在地点的地理位置,可从图上求得当地年最大 24 h 雨量均值和离差系数,偏态系数一般取 3~4 倍 C_V。根据皮尔逊Ⅲ型曲线表,通过查算可以得出中心点年最大 24 h 设计雨量 $X_{24,p}$。

3)由暴雨公式确定

我国水利部门习惯采用的暴雨公式形式为:

$$\overline{i_{t,p}} = \frac{S_P}{t^n} \qquad (1-2)$$

当需要计算时段设计雨量 $X_{t,p}$ 时,采用下式:

$$X_{t,p} = S_P \cdot t^{1-n} \qquad (1-3)$$

式中:$\overline{i_{t,p}}$——历时为 t 时段的平均暴雨强度,mm/h;

$X_{t,p}$——历时为 t 时段的设计雨量,mm;

S_P——单位历时的暴雨平均强度或称雨力,表示 $t=1\text{h}$ 时最大暴雨平均强度,mm/h;

n——暴雨衰减指数,一般为 $0.5\sim0.7$;一般将 n 分成两段,以 $t=1\text{h}$ 分界,即 $t\leqslant1\text{h},n=n_1$;$1<t\leqslant24\text{h},n=n_2$;

t——暴雨历时,h。

利用暴雨公式可以由 24h 雨量 $X_{24,p}$ 换算成任意时段雨量,以解决无资料流域的移用问题。换算公式如下:

因为当 $t=24\text{h}$ 时,$\overline{i_{24,p}}=\dfrac{S_p}{24^{n_2}}$

即 $\qquad X_{24,p}=\overline{i_{24,p}}\cdot24=S_P\cdot24^{1-n_2}$

$$S_p=X_{24,p}\cdot24^{n_2-1} \tag{1-4}$$

由此可得,当 $t=1\sim24\text{h}$ 时,有:

$$X_{t,p}=S_p\cdot t^{1-n_2}=X_{24,p}\cdot24^{n_2-1}\cdot t^{1-n_2} \tag{1-5}$$

当 $t<1\text{h}$ 时,有:

$$X_{t,p}=S_p\cdot t^{1-n_1}=X_{24,p}\cdot24^{n_2-1}\cdot t^{1-n_1} \tag{1-6}$$

但需说明,在有些地区,用 1h 分界的两段折线不一定能够适合各站的暴雨资料,故有采用多段折线的,且其转折点不一定在 1h 处。这样,可以根据情况分别给出各自的长短历时雨量折算公式。

暴雨公式 $\overline{i_{t,p}}=\dfrac{S_p}{t^n}$ 的结构简单,只有两个待定参数 S_p 和 n。一般根据图解分析法确定。现简要说明如下:

将公式 $\overline{i_{t,p}}=\dfrac{S_p}{t^n}$ 两边取对数得:

$$\lg\overline{i_{t,p}}=\lg S_p-n\lg t$$

以上公式为直线公式,显然,在双对数纸上 S_P 为此直线的截距,当 t 以小时计,S_P 即相当于 $t=1\text{h}$ 的暴雨强度,在图上表示为 $t=1\text{h}$ 的纵坐标读数。而参数 n 是直线 $\lg\overline{i_{t,p}}\sim\lg t$ 的斜率。

暴雨参数 n 是反映地区暴雨强度集中程度的特性参数,随气候、地形条件不同而呈现出一定规律。例如:沿海各地的 n 值要小于内陆地区;平原地区多阵雨,暴雨历时相对较短,n 值较山区要大些;迎风坡山区,因天气系统受地形阻挡的影响,暴雨历时相对较长,n 值较平原地区要小些。如 n 值变化较大,结合地区气候条件分析,发现在地区上有一定变化规律时,可在地形图上勾绘参数的等值线图。当参数 n_1、n_2 值在地区上差别不大,变化又无规律时,可取各站平均值,作为地区代表参数。

在各省市区的水文手册内,都给出了暴雨参数的等值线图或分区的暴雨参数值,应用时,设计流域只需根据当地符合设计频率的年最大一日雨量 $X_{(1),p}$,代入由分区参数得出的暴雨公式,即可算出任意历时的设计雨量 $X_{t,p}$。

(2)设计暴雨的时程分配。一般情况下,设计暴雨在设计历时时段内的降雨总量的时程分配或雨量过程线,对洪峰流量有显著的影响。我国拟订设计暴雨的时程分配的方法,一般是采取当地实测雨型,以不同时段的同频率设计雨量控制,分时段放大。

要求设计暴雨过程的各种时段的雨量都达到同一设计频率。选取典型暴雨的原则是:一方面典型的暴雨时程分配要能反映本地区大暴雨的特点,又要照顾到工程设计的要求,如短历时暴雨包括在长历时暴雨中,数量上服从统计规律的同频率控制,分配上采用中间偏后的典型暴雨等。

设计暴雨时程分配一般是将设计雨型用各时段雨量占最大 24 h 雨量 X_{24} 的百分比表示。考虑到最大 3 h 或 6 h 对小流域洪峰流量的计算影响较大,时程分配可以最大 3 h、6 h 或 24 h 雨量为控制。

6. 城市的暴雨径流推求

城市化的发展直接或间接地改变着水环境,从水文学的观点,表现为三个城市水文问题,即城市水资源短缺、城市水资源污染和城市雨洪灾害问题,如图 1-5 所示。具体地说,城市化地区径流过程的变化,是由于两项基本因素所造成的。第一,城市化流域内不透水面积(如屋顶、停车场、街道、人行道等)的增加,导致这些面积内的下渗量基本为零,洼地渗蓄量也大为减小,使得整个流域内洪量、洪峰增大,径流系数提高。第二,在城市化流域,为使市区免遭洪涝,往往要设置雨水管网和排水沟;同时,对天然河道进行疏浚、裁弯取直等整治,这些措施加快了汇流速度,使洪峰增高和峰现时间提前,加剧了洪水的威胁。

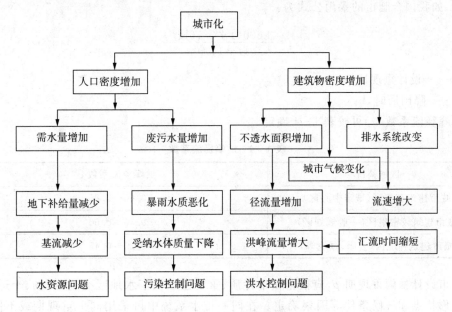

图 1-5　城市水文效应

城市化带来的这些影响往往是巨大的,并且对城市防洪和水质保护极为不利。例如,城市雨洪径流的增加、流速的加快以及水位的抬高,常会冲毁道路、桥梁,导致市内低洼地区的淹没和交通运输及通讯等中断,由此造成的经济和社会损失是不可估量的。其次,降雨径流所携带的大量难于降解的污染物质逐年积存下来,使水环境日趋恶化,并对城市居民的健康构成极大的威胁。为解决以上城市化引起的诸多问题,就必须首先了解城市化前后产流、汇流机制的变化,并给以定性定量描述,从而提出合理的防治措施。因此,必须采用合理的计算方法,以满足城市地区防洪和环保的要求。

城市雨洪的产流和汇流,其计算原理和一般流域雨洪径流的计算没有多大区别,仅因城市的下垫面有其特殊性(如不透水面积所占比例很大以及下水管道汇流等),致使城市地区雨洪过程的计算方法,有一定的特色。例如,城市排水系统中的雨洪过程,绝大部分为地面流,过程线的历时短和涨落幅度大,且基流很小。因此,城市地区的产流计算应着重于地表径流部分,对于壤中流等成分可不予考虑,即把地下径流当作损失来处理。城市汇流的情况是:从屋顶、路面和一些铺砌面上产生的径流,进入人工砌筑的边沟、渠道,再汇入下水道系统或受纳水体,这与天然流域有较大区别。具体计算有以下几种方法:

(1)推理公式法。计算公式为:

$$Q_m = \varphi i F \qquad (1-7)$$

式中:Q_m——最大洪峰流量,m^3/s;

φ——洪峰径流系数;

F——流域面积,km^2;

i——平均降雨强度,mm/h。

城市暴雨强度计算应采用当地的城市暴雨强度公式。当规划城市无上述资料时,可采用地理环境及气候相似的邻近城市的暴雨强度公式。不同城市暴雨强度公式不同,可查相关手册,如我国合肥市的暴雨公式为:

$$i = \frac{3\,600(1+0.76\lg p)}{(t+14)^{0.84}} \qquad (1-8)$$

式中:p——设计重现期,a;

t——降雨历时,h。

洪峰径流系数(φ)可按表 1-4 确定。

表 1-4 洪峰径流系数

区域情况	洪峰径流系数 φ
城市建筑密集区(城市中心区)	0.60~0.85
城市建筑较密集区(一般规划区)	0.45~0.60
城市建筑稀疏区(公园、绿地等)	0.20~0.45

城市设计暴雨重现期 p,应根据城市性质、重要性以及汇水地区类型(广场、干道、居住区)、地形特点和气候条件等因素确定。在同一排水系统中可采用同一重现期或不同重现期。重要干道、重要地区或短期积水可能引起严重后果的地区,重现期宜采用 3~5 年,其他地区重现期宜采用 1~3 年。特别重要地区和次要地区或排水条件好的地区规划重现期可酌情增减。当生产废水排入雨水系统时,应将其水量计入雨水量中。

在城市暴雨径流计算方法中,推理公式(合理化)法是世界上应用最广泛的方法,它本质上是推求洪峰流量的方法。由于推理公式法比较简单,所需资料不多,而且对于较小的城市流域,往往是能满足精度要求的,因而一直是雨水径流计算的主要方法,但也存在很多问题:

1)仅采用径流系数描述流域产流状况,与产流的空间和时间分布不完全相符,未能反映雨强和雨量的影响过程,方法过于粗糙。

2)地面汇流时间取值任意性较大,这往往是造成洪峰误差的主要原因。

3)无法得出合乎实际的径流过程线。

(2)单位线法。单位线是指某一时段内,时空均匀分布的单位净雨深,在流域出口断面处形成的地表径流过程线。利用单位线来推求洪水汇流过程线,称单位线法。包括经验单位线和瞬时单位线两种方法。它的主要问题在于:

1)单位线法是个"黑箱"模型,并不联系流域上实际的水力状态,使用时必须有水文实测资料。要处理汇流非线性变化及降雨面上不均匀,都不能通过成因的途径解决。

2)若想在无资料地区使用,必须有相当数量的资料综合成经验公式。但目前我国城市管网的实测径流资料很少,难于综合。因而,该法在城市流域的应用具有很大的局限性。

(3)等流时线法。等流时线法根据流量是由流域上的降雨形成的概念,把汇流过程与流域形态相联系,并可处理降雨空间分布的不均匀性,做法是对各块等流时面积按实际的净雨计算。而且等流时线法中的参数可根据流域状况直接估算,不一定需要实测径流资料。但由于等流时线实际上并不存在,尤其对城市地面汇流来说,由于各子区域形状复杂,局部分水岭很多,流域汇流速度在洪水汇流过程中随坡地、河网的特性而变,因此,等流时面积实际上是很难划分的,从而使该法在城区的应用受到很大限制。

由以上分析可以看出,常见的几种城市雨洪计算方法基本上是集总型的黑箱子模型,用以计算出口断面的洪峰或流量过程。这些方法一般适用于具有以下特性的简单城市排水系统:①流域面积在 $2\sim3\ \mathrm{km}^2$ 以下;②具有树枝状管网系统;③具有简单的出水口。

(4)城市雨洪模型模拟法。随着城市化水平的不断提高,下垫面条件的日趋复杂,城市防洪和水环境保护的问题更加突出。城市地区空间和时间的尺度都较小,要求城市水文研究更精细,且需考虑雨洪过程中所涉及的各项影响要素及其相互之间的作用。同时,城市化的过程是一个不断发展的过程,水及其环境都处在动态变化中,分析城市地区的径流量、水质及雨洪过程都需要考虑这种动态性。因而,城市水文学的研究应能够分析大型城市化地区的产、汇流特性,具有模拟有压流、回水、超载、倒流等复杂的水力现象及环状管网系统的排水能力,以便为城市下水道和各种水工建筑物的布置、设计、安装提供依据,这就迫切需要一种更为先进和完善的手段。因此,美、英、法、德等发达国家从上世纪 60 年代起,开始研制城市雨洪模型,以满足城市排水、防洪、环境治理、交通运输、工程管理等多方面的要求,并且取得较大的进展。目前研究成果主要为对雨水管网模拟的扩散波简化和运动波简化及对地表径流系统模拟技术,包括城市雨水径流计算推理公式法、等流时线法、瞬时单位线法等。较为成熟的城市雨洪模型主要有:美国环保署的暴雨雨水管理模型(SWMM),美国陆军工程兵团的蓄水、处理与溢流模型(STORM),水文计算模型(HSP),美国地质勘察局的扩散式雨水径流模型(DR3—UQAL),伊利诺城市排水区域模拟模型(ILLUDAS),辛辛那提大学城市径流模型(UCURM),英国的沃林福特模型(WALLINGFORD)和公路研究所法(TRRL)等,其中主要的一些模型特点如下:

1)SWMM 模型。SWMM 是由美国环保署(USEPA)在 20 世纪 70 年代开始开发的一个比较完善的城市暴雨水量水质预测和管理模型。经过不断地完善和升级,目前已经发展到 SWMM 5.0.022 版本。SWMM 5.0 系列版本是由美国 EPA 国家风险管理研究实验机构下属的供水和水资源部门与 CDM 咨询有限公司在 2004 年 10 月发布的。该版本以 Windows 为运行平台,能够提供输入数据编辑、水文和水力过程模拟、水质模拟以及丰富的结果表达形式等功能。最新的 SWMM 5 具有良好的可视化界面和方便的前后处理功能,能够用颜色标记汇流区域,导入导出系统地图,输出时间系列图、表格、管道剖面图和统计数据。SWMM 模型是大型的 FORTRAN 程序,可模拟完整的城市降雨径流循环,其中包括地表径流和排水网络中水流、管路中串联或非串联的蓄水池、暴雨径流的处理设施以及受纳水体的水质变化。根据降雨输入(雨量过程线)和系统特性(流域、泄水、蓄水和处理等)模拟暴雨的径流与径流水质过程,计算时段长度是可变的,既可以模拟单场降雨,也可以模拟连续的降雨,适用性强。

2)蓄水、处理与溢流模型(STORM)。该程序可以计算径流过程、污染物的浓度变化过程,适用于工程规划阶段对流域长期径流过程的模拟。该模型根据土壤类别、土地利用情况这些较易确定的资料,便可通过综合指标号(CN)计算出净雨过程,但径流曲线是根据日降雨量——径流量记录经验型确定的,用来估算一次暴雨中净雨增量是有问题的,另外,对于中、低径流事件,此法预报偏低。

3)公路研究所法(TRRL)。这是英国公路研究所根据时间——面积径流演算方法提出的一种城市径流模型,是一种恒定流流量过程线演算方法,该模型在美国称为 RRL 法。这一方法认为只有与雨水排水系统直接连接的不透水地表产生径流,因此忽略全部透水地表和不与排水系统直接连接的不透水地表面积。实践证明,RRL 模型估算的洪峰流量和径流流量偏低。

4)沃林福特模型(WALLINGFORD)。该模型由沃林福特水力学研究所、水文学会和气象局于 1974~1981 年在英国推行。它是在上世纪 60 年代的过程线方法—RRL 程序的基础上发展起来的,可用于复杂径流过程的水量计算和模拟、管理设计优化,并含有修正的推理方法。早期的版本采用 WALLRUS 作为水力计算基础,采用 MOSQITO 管道水质模型模拟污染物。1998 年,用 Hydroworks QM 模型取代了早期的 WALLRUS 和 MOSQITO 集成到 InfoWorks CS 中,最新版本已经发展到了 InfoWorks CS 11 版本。InfoWorks CS 为市政给排水提供了别具一格的、完整的系统模拟工具,可以仿真模拟城市水文循环,进行管网局限性分析和方案优化,准确、快速地进行网络模拟。

我国对城市雨洪模型的研究起步较晚,目前已有一些研究成果。针对流域产流,先后提出了蓄满产流模型(该模型主要适用于湿润和半湿润地区,其基本理论是认为在土壤满足田间持水量以前不产流,所有的降雨都被土壤吸收,而在土湿满足田间持水量以后,所有的降雨扣除蒸发后都产流)、三水源模型、超渗产流模型以及蓄满产流模型和超渗产流模型相结合的方法等。20 世纪 80 年代后期,铁道科学研究院西南研究所进行的城市化对降雨径流影响的研究;河海大学和上海市政工程设计研究院合作,进行了城市雨水管道计算模型的研究;岑国平在 20 世纪 80 年代根据北京市百万庄小区的实测资料,引用 ILLUDAS 模型做了一些检验,并于 1990 年提出了城市雨水径流计算模型,这是我国最早自己开发程序对城市雨水径流进行比较精确的模拟模型;1998 河海大学徐向阳教授等人提出了平原城市雨洪过程模拟模型;1999 年河海大学刘俊教授利用美国暴雨管理模型(SWMM)建立了天津市暴雨管理模型;周玉文、赵洪宾教授对城市排水管网进行了研究,提出了城市雨水径流模型(CSYJM),该模型根据城市雨水径流特点,把径流过程分为地表径流和管内汇流两个阶段。降雨经过地面径流从雨水口进入雨水管网,模型可以计算出雨水口流量过程线,并作为管网的输入。在管网各雨水口输入已知的条件下,采用非线性运动波演算管网的汇流过程。该模型为雨水管网的设计、模拟和工况分析提供了有效工具。

目前,世界上已有适宜不同用途的城市暴雨模型上百种,其中许多著名模型都来自美国的公共研究机构,其次是英国、澳大利亚和德国等发达国家。这些模型主要在暴雨设施规划、设计及改扩建领域广泛应用,因为运行管理需要考虑的因素比较复杂,并且难于收集实时资料和大量详细的基础资料,所以真正适用于管理的模型很少。

复习思考题:

1. 城市发展面临哪些洪水问题？洪水类型有哪些？

2. 简述城市洪涝灾害成因。

3. 简述我国城市防洪现状及防洪发展趋势。

4. 城市化对降雨的影响机制是什么？

5. 目前城市雨洪常用计算方法主要有哪几种？

6. 某城市上游集雨面积 $F = 92 \text{ km}^2$,由当地《水文手册》查得流域中心处 $\overline{X_{24}} = 100.0$ mm, $C_V = 0.57$, $n_2 = 0.75$。

(1)求百年一遇($P = 1\%$)24 h 设计暴雨及平均暴雨强度;

(2)若 $t_0 = 6$ h,算得 $X_{24,p} = 260.0$ mm, $n_1 = 0.40$, $n_2 = 0.75$,求设计暴雨历时 $t = 3$ h 及 12 h 百年一遇($P = 1\%$)的暴雨量(已知: $C_s = 3.5C_v$)。

项目二　城市洪水防治措施

学习目标：

1. 掌握防洪工程措施及作用，蓄洪工程、分洪工程、泄洪工程的选择及分洪闸、泄洪闸运用原则，城市排水网的布置，城市河道整治的原则、整治规划内容、整治规划主要设计参数；防洪墙的型式及堤防类型；
2. 掌握蓄水工程调洪原理、分洪方式、分洪道线路的选择及分洪道断面尺寸的确定；
3. 掌握防洪堤线路的选择及断面尺寸的确定，了解排洪渠的布置及断面尺寸的确定；
4. 掌握城市河道整治的主要措施；
5. 了解城市防洪非工程措施作用及类型。

重点难点：

1. 防洪工程措施及作用；
2. 蓄水工程调洪原理及方法；
3. 分洪道线路的选择及分洪道断面尺寸的确定；
4. 防洪堤线路的选择及断面尺寸的确定。

城市洪水防治措施包括工程措施和非工程措施。防洪工程措施是为了防御洪水、减免洪水灾害而修建的水利工程，包括蓄洪工程、分洪工程、泄洪工程，对洪水的主要作用就是蓄、泄、挡。蓄水如水库、滞蓄洪区、分洪区（包括改造利用湖洼工程）等，泄水如修建分洪道、整治河道（扩大行洪断面、裁弯取直）、修建排水河沟、排水管网等，挡水如修建防洪墙、堤防、圩堤等，限制淹没范围。防洪非工程措施是指通过法律、政策、经济和防洪工程以外的技术等手段，以减轻洪水灾害损失的措施，统称为防洪非工程措施。防洪非工程措施一般包括洪水预报、洪水警报、洪泛区及蓄滞洪区管理、河道清障、洪水保险、超标准洪水防御措施、洪灾救济等。

一、城市防洪工程措施——蓄水工程

蓄水工程包括水库、湖泊洼地、行滞蓄洪区等。

1. 水库工程

（1）水库基本知识。

1）水库及其作用。水库是指在河道、山谷等处修建水坝等挡水建筑物形成蓄积水的人工湖泊。如图 2-1 所示为重力坝挡水的水库，在世界坝工史上是最古老，也是采用最多的坝型之一。

水库的作用是拦蓄洪水，调节河川径流和集中落差。一般来说，坝筑得越高，水库的容积（简称库容）就越

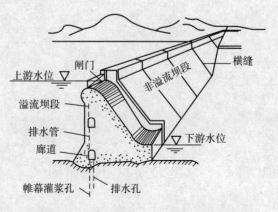

图 2-1　水库示意图——重力式混凝土坝

大。但在不同的河流上,即使坝高相同,其库容相差也很大,这主要是因为库区内的地形不同造成的。如库区内地形开阔,则库容较大;如为一峡谷,则库容较小。此外,河流的坡降对库容大小也有影响,坡降小的库容较大,坡降大的库容较小。根据库区河谷形状,水库有河道型和湖泊型两种。水库有山谷水库、平原水库、地下水库等,以山谷水库,特别是其中的堤坝式水库,为数最多。通常所称的水库工程多指这一类型。它一般都由挡水、泄洪、放水等水工建筑物组成。这些建筑物各自具有不同作用,在运行中,又相互配合形成水利枢纽。

在被保护城镇的河道上游适当地点修建水库,调蓄洪水,削减洪峰,保护城镇的安全。同时还可利用水库拦蓄的水量满足灌溉、发电、供水等发展经济的需要,达到兴利除害的目的。

在河道上游修建水库,洪水通过水库时,受到水库调洪库容的滞蓄作用,由水库下泄到下游河道去的洪水历时增加,最大流量减小,洪水过程线变得比较平缓,洪水对下游的威胁就可以减小。水库的防洪调节就是利用水库的防洪库容来滞蓄洪水,削减洪峰,防止和减轻洪水的灾害,达到保护下游防护区安全度汛的目的。

2)水库工程等别。水库枢纽工程及其水工建筑物,主要根据其所属枢纽工程的等别、作用和重要性分为五级,其级别根据国家《防洪标准》(GB50201—94)按表2-1、表2-2的规定确定。水库工程水工建筑物的防洪标准,应根据其级别按表2-3的规定确定。当山区、丘陵区的水库枢纽挡水高度低于15 m,上下游水头差小于10 m时,其防洪标准可按平原区、滨海区的规定确定;当平原区、滨海区的水库枢纽的挡水高度大于15 m,上下游水头差大于10 m时,其防洪标准可按山区、丘陵区的规定确定。土石坝一旦失事将对下游造成特别重大的灾害时,1级建筑物的校核防洪标准,应采用可能最大洪水(PMF)或10000年一遇;2～4级建筑物的校核防洪标准,可提高一级。混凝土坝和浆砌石坝,如果洪水漫顶可能造成极其严重的损失时,1级建筑物的校核防洪标准,经过专门论证,并报主管部门批准,可采用可能最大洪水(PMF)或10000年一遇。低水头或失事后损失不大的水库枢纽工程的挡水和泄水建筑物,经过专门论证,并报主管部门批准,其校核防洪标准可降低一级。

表2-1　水利水电枢纽工程的等别

工程等别	水库		防洪		治涝	灌溉	供水	水电站
	工程规模	总库容 $(10^8\,\mathrm{m}^3)$	城镇及工矿企业的重要性	保护面积 (万亩)	治涝面积 (万亩)	灌溉面积 (万亩)	城镇及工矿企业的重要性	装机容量 $(10^4\,\mathrm{kW})$
Ⅰ	大(1)型	≥10	特别重要	≥500	≥200	≥150	特别重要	≥120
Ⅱ	大(2)型	10～1.0	重要	500～100	200～60	150～50	重要	120～30
Ⅲ	中型	1.0～0.10	中等	100～30	60～15	50～5	中等	30～5
Ⅳ	小(1)型	0.10～0.01	一般	30～5	15～3	5～0.5	一般	5～1
Ⅴ	小(2)型	0.01～0.001		≤5	≤3	≤0.5		≤1

表 2-2　水工建筑物的级别

工程等别	永久水工建筑物的级别		临时性水工建筑物级别
	主要建筑物	次要建筑物	
I	1	3	4
II	2	3	4
III	3	4	5
IV	4	5	5
V	5	5	

表 2-3　水库工程水工建筑物的防洪标准

水工建筑物级别	防洪标准[重现期(年)]				
	山区、丘陵			平原区、海滨区	
	设计	校核		设计	校核
		混凝土坝、浆砌石坝及其他水工建筑物	土坝、堆石坝		
1	1 000～500	5 000～2 000	可能最大洪水或 10 000～5 000	300～100	2 000～1 000
2	500～100	2 000～1 000	5 000～2 000	100～50	1 000～300
3	100～50	1 000～500	2 000～1 000	50～20	300～100
4	50～30	500～200	1 000～300	20～10	100～50
5	30～20	200～100	300～200	10	50～20

　　3)水库的特征水位及其相应库容。表示水库工程规模及运用要求的各种水库水位,称为水库特征水位。它们是根据河流的水文条件、坝址的地形地质条件和各用水部门的需水要求,通过调节计算,并从政治、技术、经济等因素进行全面综合分析论证来确定的。这些特征水位和库容有其特定的意义和作用,也是规划设计阶段,确定主要水工建筑物尺寸(如坝高和溢洪道大小)、估算工程投资、效益的基本依据。这些特征水位和相应的库容,通常有下列几种,如图 2-2 所示。

　　①死水位($Z_死$)和死库容或垫底库容($V_死$)——水库在正常运用情况下,允许消落的最低水位,称为死水位。死水位以下的水库容积称为死库容或垫底库容。水库正常运行时蓄水位一般不能低于死水位。除非特殊干旱年份,为保证紧急用水,或其他特殊情况,如战备、地震等要求,经慎重研究,才允许临时泄放或动用死库容中的部分存水。确定死水位应考虑的主要因素是:保证水库有足够的能发挥正常效用的使用年限,特别应考虑部分库容供泥沙淤积;保证水电站所需要的最低水头和自流灌溉必要的引水高程;库区航运和渔业的要求;旅游和生态用水要求等。

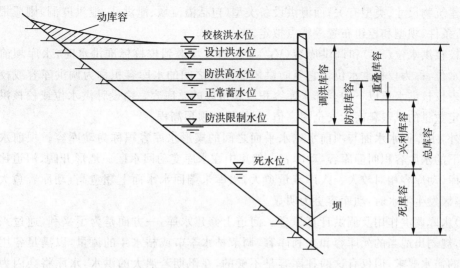

图 2-2　水库特征水位及其相应库容示意图

②正常蓄水位（$Z_{蓄}$）和兴利库容（$V_{兴}$）——在正常运用条件下，水库为了满足设计的兴利要求，在开始供水时应蓄到的水位，称为正常蓄水位。正常蓄水位到死水位之间的库容，是水库可用于灌溉、发电、航运等兴利调节的库容，称为兴利库容，又称调节库容或有效库容。正常蓄水位与死水位之间的深度，称为消落深度或工作深度。

溢洪道无闸门时，正常蓄水位就是溢洪道堰顶高程；当溢洪道有闸门控制时，多数情况下正常蓄水位也就是闸门关闭时的门顶高程。

正常蓄水位是水库最重要的特征水位之一，它是一个重要的设计数据。因为它直接关系到一些主要水工建筑物的尺寸、投资、淹没、综合利用效益及其他工作指标；大坝的结构设计、强度和稳定性计算，也主要以它为依据。因此，大中型水库正常蓄水位的选择是一个重要问题，往往牵涉到技术、经济、政治、社会、环境等方面的影响，需要全面考虑，综合分析确定。

③防洪限制水位（$Z_{限}$）和结合库容或重叠库容（$V_{重}$）——水库在汛期为兴利蓄水允许达到的上限水位称为防洪限制水位，又称为汛期限制水位，或简称为汛限水位。它是在设计条件下，水库防洪的起调水位。该水位以上的库容可作为滞蓄洪水的容积。当出现洪水时，才允许水库水位超过该水位。一旦洪水消退，应尽快使水库水位回落到防洪限制水位。兴建水库后，为了汛期安全泄洪和减少泄洪设备，常要求有一部分库容作为拦蓄洪水和削减洪峰之用。防洪限制水位或是低于正常蓄水位，或是与正常蓄水位齐平。若防洪限制水位低于正常蓄水位，则将这两个水位之间的水库容积称为结合库容，也称共用库容或重叠库容。汛期它是防洪库容的一部分，汛后又可用来兴利蓄水，成为兴利库容的组成部分。

④防洪高水位（$Z_{防}$）和防洪库容（$V_{防}$）——为保护下游防护对象而允许水库坝前蓄到的最高水位称为防洪高水位，该水位由水库下游防护对象的设计洪水标准确定。此水位至防洪限制水位间的容积称为防洪库容。

⑤设计洪水位（$Z_{设}$）和设计调洪库容（$V_{设}$）——当遇到大坝设计标准洪水时，水库坝前达到的最高水位，称为设计洪水位。它至防洪限制水位之间的水库容积称为设计调洪库容。设计洪水位是水库的重要参数之一，它决定了设计洪水情况下的上游洪水淹没范围，同时又

与泄洪建筑物尺寸、类型有关;而泄洪设备类型(包括溢流堰、泄洪孔、泄洪隧洞)则应根据地形、地质条件、坝型和枢纽布置等特点拟定。

⑥校核洪水位($Z_校$)和调洪库容($V_校$)——当大坝遇到校核标准洪水时,水库坝前达到的最高水位,称为校核洪水位。它至防洪限制水位之间的水库容积称为调洪库容或校核调洪库容。校核洪水位以下的全部水库容积就是水库的总库容。由设计洪水位或校核洪水位加上一定数量的风浪爬高和安全超高值,就能得到坝顶高程。

此外,水库回水水面与坝前水位水平面之间的楔形水库容积称为动库容。坝前水位水平面以下的水库容积叫静库容,动库容一般集中在水库变动回水区。地形开阔、河道比降较小的水库,动库容相对较大。入库流量愈大,水库末端回水水面上翘愈高,动库容愈大。因此,当库区发生洪水时,动库容更为明显。

(2)水库调洪作用及调洪计算原理。河道上修建水库,一方面是为了兴利,通过兴利调节计算,规划出适当的死库容和兴利库容,调节枯水季节或枯水年的流量,以满足各用水部门设计的需水要求,但仅有这两种库容是不够的,在汛期若遇大的洪水,水库将会因为没有泄洪设施而使大坝失事,非但不能兴利,反而会给下游地区带来危害,为保证水工建筑物的安全,还必须设置调洪库容和修建泄洪建筑物;其次,为了减轻下游洪水灾害,要求水库对下游承担一定的防洪任务,例如对于某一标准的洪水,要求水库的下泄流量不大于规定的允许泄量,以保证下游防护区的安全。

为使水工建筑物和下游防护地区能抵御规定的洪水,要求水库设置一定的调洪库容和泄洪建筑物,使洪水经过调节后,安全通过大坝;对于下游防洪标准的洪水,还要求下泄流量不超过规定的允许泄量,以保证下游防护地区的流量不超过安全泄量。水库是如何为实现这些目标而发挥其调洪作用的? 主要在于对入库洪水的滞蓄。一般情况下,入库洪水过程峰高、量大,通过水库滞蓄使出库洪水过程变平缓,洪水历时延长,洪峰流量减小,从而达到减轻下游防洪负担、提高下游防洪标准的目的,如图2-3所示。因此,水库调洪作用是:拦蓄洪水,削减洪峰,延长泄洪时间,使下泄流量能安全地通过下游河道。而影响水库洪水调节的因素主要是入库洪水、泄洪建筑物型式与尺寸、汛期水库的控制运用方式和下游防护对象的防洪要求。若泄洪建筑物尺寸减小,同一水位的下泄流量也就减小,所需调洪库容则将加大;反之,则相反。因此,入库洪水、泄洪建筑物类型与尺寸、调洪方式和调洪库容之间是相互关联、相互影响的。水库防洪调节计算,就是要定量地分析计算它们之间的关系。

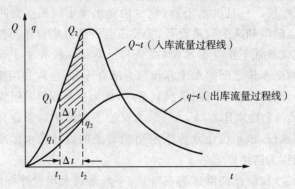

图2-3 入库洪水过程和出库洪水过程示意图

水库调洪计算的基本原理是逐时段联立求解水库的水量平衡方程和水库的蓄泄方程。水库的水量平衡方程表示为,在计算时段 Δt 内,入库水量与出库水量之差等于该时段内水库蓄水量的变化值,即:

$$\frac{Q_1+Q_2}{2}\Delta t - \frac{q_1+q_2}{2}\Delta t = V_2 - V_1 = \Delta V \tag{2-1}$$

式中:Q_1、Q_2——计算时段初、末的入库流量,m^3/s;

q_1、q_2——计算时段初、末的水库的下泄流量,m^3/s;

V_1、V_2——计算时段初、末的水库的库容,m^3;

ΔV——计算时段中水库蓄水量的变化值,m^3;

Δt——计算时段,h。

当已知水库入库洪水过程线时,Q_1、Q_2 均为已知。计算时段 Δt 的选择,应以能较准确反应洪水过程线的形状为原则,陡涨陡落时,Δt 取短些;反之,取长些。时段初的水库蓄水量 V_1 和泄流量 q_1 可由前一时段求得,而第一个时段的 V_1、q_1 为已知的起始条件,未知的只有 V_2、q_2。但由于一个方程存在两个未知数,为了求解,需再建立第二个方程,即水库的蓄泄方程。由水库的泄洪建筑物型式决定。

水库的泄洪建筑主要是指溢洪道和泄洪洞,水库的泄流量就是它们的过水流量。在溢洪道无闸门控制或闸门全开的情况下,其泄流量可按堰流公式计算,即:$q_溢 = M_1 B H^{\frac{3}{2}}$,式中的 M 为流量系数;B 为溢洪道堰顶宽度,m;H 为溢洪道堰上水头,m。而泄洪洞的泄流量可按有压管流计算,即:$q_洞 = M_2 F H_洞^{\frac{1}{2}}$,式中 M_2 为流量系数;F 为泄洪洞洞口的断面面积,m^2;$H_洞$ 为泄洪洞的计算水头,m。

可见,当水库的泄洪建筑物型式和尺寸一定的情况下,其泄流量只取决于水头 H。根据水库的水位库容曲线 $Z \sim V$ 可知,下泄洪水的水头 H 是水库蓄水量 V 的函数,所以泄流量 q 也是水库蓄水量 V 的函数,即水库的蓄泄方程为:

$$q = f(V) \tag{2-2}$$

联立方程式(2-1)和式(2-2)求解,就可求得时段末的水库蓄水量 V_2 和泄流量 q_2。而逐时段联解方程式(2-1)和式(2-2),即可求得与入库洪水过程相应的水库蓄水过程和泄流过程。

当水库拟定不同的泄洪建筑物尺寸,通过计算,就可得到水库泄洪建筑物尺寸与水库洪水位、调洪库容、最大泄流量之间的关系,为最终确定水库调洪库容、最高洪水位、最大泄流量、大坝高度和泄洪建筑物尺寸提供依据。

水库调洪计算,在水利工程规划、设计、施工、管理诸阶段的水文水利计算中都有应用,是水利计算与水库调度的基础内容之一。由于各个阶段,或同一阶段所遇到的具体情况不同其计算课题也有所不同。例如运用管理阶段,库容和泄洪建筑物类型、尺寸已是定值,此时,多是由入库洪水预报相应的最高库水位及最大下泄流量;相反,要求将实测的出库洪水反演为设计标准的洪水、校核标准的相应的入库洪水。又如规划设计阶段,往往是入库洪水或符合下游防洪标准的洪水已定,要求拟定若干泄洪措施方案,通过调洪计算,分析推求其下泄洪水过程、防洪特征库容、特征水位、坝高以及投资、损失、效益等等,然后通过综合比较,按最优化原则,选择一个最优的防洪措施方案,这是设计中最常遇到的情况。除此之外,有时还会遇到有些条件受到限制,如水库上游的淹没不能超过某一范围,即设计最高洪水位、调洪库容大体已定,需通过调洪计算,确定最大下泄流量和泄洪建筑物尺寸,诸如此类的情况还很多,但其计算原理和方法都是相同的。

水库防洪调节计算的主要任务是:规划设计阶段,主要根据水文计算提供的设计洪水资料,通过调节计算和工程的效益投资分析,确定水库的调洪库容、最高洪水位、最大泄流量、坝高和泄洪建筑物尺寸;运行管理阶段,主要根据某种标准的洪水(或预报洪水),在不同防洪限制水位时,水库洪水位与最大下泄流量的定量关系,为编制防洪调度规程、制订防洪措施提供科学依据。

水库防洪调节计算主要分三个步骤:

①拟定比较方案:根据地形、地质、施工条件和洪水特性,拟定若干个泄洪建筑物型式、位置、尺寸以及起调水位方案。

②调洪计算:求得每个方案相应于各种安全标准设计洪水的最大泄流量、调洪库容和最高洪水位。

③方案选择:根据调洪计算成果,计算各方案的大坝造价、上游淹没损失、泄洪建筑物投资、下游堤防造价及下游受淹损失等,通过技术经济分析与比较,选择最优的方案。

由于水库容积曲线 $Z \sim V$ 没有具体的函数形式,故很难列出式(2-2)水库蓄泄方程 $q = f(V)$ 的具体函数式。所以,水库的蓄泄方程只能用列表试算或图示的方式表示出来。故,水库调洪计算的基本方法有三个:

①列表试算法。为了求解式(2-1)和式(2-2)两式,通过列表试算,逐时段求出水库的蓄水量和下泄流量工程,这种方法称列表试算法。该法适合无闸门控制和有闸门控制、定时段和变时段等各种情况的调洪计算。

②半图解法。式(2-1)和式(2-2)也可以用图解和计算相结合的方式求解,这种方法称为半图解法。常用的有双辅助曲线法和单辅助曲线法两种。

③简化三角形解法。对于无实测洪水资料的中小型水库,可以根据概化的三角形洪水过程,用简化三角形求解水库的最大调洪库容 V_m 和最大下泄流量 q_{max}。

具体的计算方法此处不再赘述,可参阅专业书籍。

(3)水库防洪调度。水库防洪调度就是确保水库安全,实现水库防洪任务,使水库充分发挥综合效益而采用的一种控制运用方式。由于它涉及水库上下游的安全和综合效益的发挥,对国民经济产生很大的影响,所以水库运行管理机构和各级政府都十分重视。

1)水库的防洪调度任务。主要是:确保工程安全,有效地利用防洪库容拦蓄洪水、削减洪峰、减免洪水灾害,正确处理防洪与兴利的矛盾,充分发挥水库的综合效益。水库防洪调度需事先制订防洪调度方案和防洪调度图。

2)水库的防洪调度方案。水库防洪调度方案在设计阶段就已拟定,主要目的是为了检验水库主要参数的合理性,估算防洪效益。由于规划设计时的资料相对较少,对水库实际调度中的影响因素考虑不够,所以在设计阶段拟定的防洪调度方案,一般难以完全实施。水库投入运行以后,水库的规模及设备的主要参数已定,随着运行年限的增长,各种资料的增加,水库特性及下游防洪要求的变化,每年都要结合现时的具体要求和来水情况,制订防洪调度的方案和措施,以满足国民经济发展的要求。

3)水库的防洪调度图。是由水库在汛期各个时刻的蓄水指示线所组成,如图2-4所示。它是反映汛期内不同时刻,为了拦蓄洪水,水库所必须留出的防洪库容。它包括:防洪限制水位、防洪调度线、防洪高水位及由这些线所划分的调洪区。在防洪调度图中的校核洪水位、设计洪水位、防洪高水位,都是以防洪限制水位为起调水位,分别对水库的校核洪水、设计洪水及相应于下游防洪标准的洪水进行调洪计算推求而来的。防洪调度线是根据下游防洪标准的设计洪水过程线,从防洪限制水位开始,进行调洪计算而得出的水库蓄水指示线。

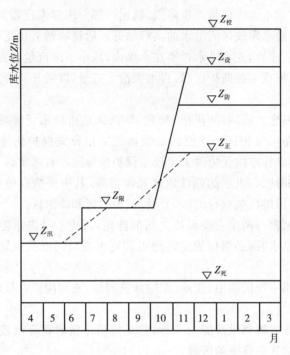

图2-4 水库防洪调度图

4)水库的防洪调度方式。水库的防洪调度方式取决于水库所承担的防洪任务、洪水的特性和其他影响因素,因此调度方式多种多样,但概括起来可分为自由泄流和控制泄流两种,其中控制泄流又可分为固定泄流、变动泄流和错峰调节三种方式。

①自由泄流方式。对于溢洪道不设闸门的水库,当水库水位超过溢洪道的溢流堰堰顶高程时,水库中的水即从溢洪道自由泄流。对于溢洪道设置闸门的水库,当入库洪水超过水库的设计洪水位时,为了保证水库的安全,将溢洪道闸门全部开启,采取自由泄流。在自由泄流的情况下,水库的防洪调度比较简单,水库的下泄流量取决于入库洪水的大小和水库泄水设备的泄水能力。

②固定泄流方式。水库在调洪过程中根据下游防洪保护区的重要性,水库和下游防洪设施的防洪能力,按某一个(一级)或几个(多级)固定流量用闸门控制泄流时,即为固定泄流方式。这种泄流方式适用于对下游承担防洪任务,水库距下游防洪保护区较近,区间集水面积较小的情况。采用固定泄流方式必须规定明确的判别条件,以便按此条件调节洪水。通常,对于防洪库容较小的水库,以入库流量作为判别条件;对于防洪库容较大的水库,则以入库流量结合调洪库容(水位)来判别下泄流量。

③变动泄流方式。对于调节性能较好,用闸门控制泄流的水库,通常采用变动泄量的泄流方式。在洪峰进入水库之前,水库的泄量逐渐增大,在洪峰进入水库时,水库的泄量加大到相应频率洪水的最大泄量,然后用变动泄量的方式逐渐减小泄量,使水库水位缓慢下降,或者是关闭泄水道闸门,或通过发电来消落水位。

④错峰调节方式。错峰调节是水库在进行洪水调节时,使水库的最大泄量与下游水库或下游区间的洪峰流量在时间上错开,以减轻下游水库或下游河道的防洪负担,这是承担下游防洪任务的水库的一种调节方式。错峰调节一般有两种方式,即前错峰调节和后错峰调节。前错峰调节是在洪水入库前将水位降低,腾出一部分库容来拦蓄洪水,以便经水库调节后的最大泄量能与下游水库或区间洪水的洪峰错开。后错峰调节也是在洪水入库前先腾出一部分库容,在洪水入库后,先将洪水拦蓄在水库内,减小下泄流量或完全不泄水,以便下游区间洪峰通过下游水库或下游防护区后,再加大泄水流量,以错开两者在下游出现的时间。

2. 蓄滞洪区

(1)蓄滞洪区的概念。我国《防洪法》规定:防洪区是指洪水泛滥可能淹及的地区,分为洪泛区、蓄滞洪区和防洪保护区。洪泛区是指尚无工程设施保护的洪水泛滥所及的地区。防洪保护区是指在防洪标准内受防洪工程设施保护的地区。蓄滞洪区是指包括分洪口在内的河堤背水面以外临时贮存洪水的低洼地区及湖泊等,其中多数在历史上就是江河洪水淹没和蓄洪的场所。蓄滞洪区包括行洪区、分洪区、蓄洪区和滞洪区。

行洪区:是指主河槽与两岸主要堤防之间的洼地,历史上是洪水走廊,现有低标准堤防保护的区域,遇较大洪水时,必须按规定的地点和宽度开口门或按规定漫堤作为泄洪通道,此区域称行洪区。

分洪区:是指利用平原区湖泊、洼地、淀泊修筑围堤,或利用原有低洼圩垸分泄河段超额洪水的区域。

蓄洪区:是分洪区发挥调洪性能的一种,它是指用于暂时蓄存河段分泄的超额洪水,待防洪情况许可时,再向区外排泄的区域。

滞洪区:也是分洪区起调洪性能的一种,这种区域具有"上吞下吐"的能力,其容量只能对河段分泄的洪水起到削减洪峰,或短期阻滞洪水的作用。

蓄滞洪区是江河防洪体系中的重要组成部分,是保障重点防洪安全,减轻洪水灾害的有效措施。为了保证重点地区的防洪安全,将有条件地区开辟为蓄滞洪区,有计划地蓄滞洪水,是流域或区域防洪规划现实与经济合理的需要,也是为保全大局,而不得不牺牲局部利益的全局考虑。从总体上衡量,保住重点地区的防洪安全,使局部受到损失,有计划地分洪是必要的,也是合理的。目前,我国现有蓄滞洪区 97 处,主要分布在长江、黄河、淮河、海河四大河流两岸的中下游平原地区,总面积约 3.5 万 km²,蓄洪总容量 970 亿 m³,耕地约 200万 hm²,人口 1 700 万。这些蓄滞洪区大致分两种类型,一是洪水发生时首当其冲、运用频率较高的,如淮河大堤间的行洪区;二是为防御特大洪水,保护重要地区预留的,如长江的荆江分洪区、洪湖分蓄洪区,黄河的北金堤分洪区等。

淮河流域原有 21 个行蓄洪区,现减为 13 个。由于历史原因,淮河干流上原有的行蓄洪区存在着启用标准低、使用频繁、人水争地矛盾突出等问题,难以及时有效地启用和分泄洪水。新的《淮河干流行蓄洪区调整规划》主要包括以下内容:淮河干流姜唐湖、寿西湖、董峰湖、汤渔湖、荆山湖、花园湖等 6 处行洪区调整为有闸控制的行洪区,不再依靠爆破分洪,以有效控制启用时间和行洪流量。南润段、邱家湖（含何家圩）2 处人烟稀少的行洪区调整为蓄洪区。石姚湾、洛河洼、方邱湖、临北段、香浮段、潘村洼等 6 处行洪区调整为防洪保护区，一般情况下不再启用。上六坊堤、下六坊堤 2 处目前已基本没有居民的行洪区废弃还给河道，使行洪更畅。同时，通过河道拓浚，扩大中等洪水通道，减少行蓄洪区的启用几率，提高行蓄洪区的启用标准。这也就意味着上六坊堤、下六坊堤、石姚湾、洛河洼、方邱湖、临北段、香浮段、潘村洼等 8 处不再列入国家蓄滞洪区。

淮河流域上比较大的蓄滞洪区为蒙洼蓄洪区。它位于安徽省阜阳市的阜南、颍上两县境内，总面积 180.4 km²。涉及 4 个乡镇，75 个行政村，131 座庄台，15 万余人，耕地面积 1.2 万 hm²。是淮河流域于 1953 年设立的第一座行蓄洪区。蒙洼蓄洪区的王家坝分洪闸设计分洪流量 1 626 m³/s，设计蓄洪水位 27.66 m，相应蓄洪量 7.2 亿 m³。自建成以来，先后于1954 年、1956 年、1960 年、1968 年、1969 年、1971 年、1975 年、1982 年、1983 年、1991 年、2003 年、2007 年 12 年共 15 次蓄滞洪水。根据国务院的《淮河洪水调度方案》规定，当王家坝水位达到 29 m，且有继续上涨趋势时，可开启王家坝闸分洪。目前，王家坝的分洪水位由29 m 调整到 29.3 m。

(2) 蓄滞洪区的安全、建设和管理。1988 年，国务院批转了水利部《关于蓄滞洪区安全与建设指导纲要》(国发[1988]74 号)，对合理和有效地运用蓄滞洪区，指导区内居民的生活和经济建设，适应防洪要求等作了原则规定。2000 年国务院发布了《蓄滞洪区运用补偿暂行办法》(中华人民共和国国务院令第 286 号)，对因蓄滞洪水遭受损失进行合理补偿的对象、范围、标准和补偿程序等作了明确规定。

蓄滞洪区的安全、建设和管理，实行所在地各级人民政府行政首长负责制。蓄滞洪区的日常管理工作，由所在地各级人民政府水行政主管部门负责。所在地政府可根据需要成立蓄滞洪区管理机构和蓄滞洪区管理委员会。管理委员会可由当地水利、财政、税务、交通、公安、农业、计划生育、邮电通信、土地管理等部门组成。管委会的日常工作由蓄滞洪区管理机构负责。蓄滞洪区的分洪、滞洪命令分别由国务院防汛抗旱总指挥部和省防汛抗旱指挥部按规定权限发布。管理内容主要有：①建立健全管理机构；②制定蓄滞洪区总体规划和安全建设规划，并监督实施；③编制防洪调度运用准备和群众撤离安置措施；④分洪后救助、补偿和善后工作；⑤进行日常管理，加强安全设施建设与管理，控制人口增长和限制经济发展；⑥制定法律、法规，依法管理蓄滞洪区。

蓄滞洪区安全建设规划是区内居民生产生活建设和指导社会经济发展的基本依据。规划的原则是："因地制宜、突出重点、平战结合、分期实施。"规划应依据已有的防洪规划进行，根据已有工程设施情况、洪水调度原则等对区内避洪（撤退）设施建设、通信预警系统建设与撤离设施建设、工程管理等作出规划。避洪与撤离设施建设，应密切结合居民住房建设及乡村公共设施建设等统筹安排。规划标准应与当地经济发展水平相适应，并确保居民生命财产安全。

蓄滞洪区土地开发利用和各项经济建设要符合防洪要求，并保持蓄洪能力，减少洪灾损失：①蓄滞洪区应根据运用特点，调整产业结构，种植耐水作物；②严禁在分洪口附近和洪水主流区内修建或设置阻碍行洪的各种建筑物，堆放弃土及种植阻水的高秆作物，已有的要限期清除；③严禁在蓄滞洪区内发展污染严重的企业和生产，储存危险品；④在蓄滞洪区内建设油田、铁路、公路、矿山、电厂、通信设施及光缆、管道等非防洪工程项目，应当编制洪水影响评价报告,并提出自保防御措施。

蓄滞洪区应建立洪水调度运用与预警、预报系统,且需符合下列要求:①蓄滞洪区要根据流域或区域防洪规划,制定洪水调度运用方案,包括蓄滞洪区运用标准、运用措施及调度权限。洪水调度运用方案须按照国务院规定的权限报请省(自治区、直辖市)级以上政府批准。②建设洪水预报与预警系统。洪水预报包括预报洪水位、洪水量、分洪时间和允许撤离的时限等。预警是指利用广播、电视、电话、报警器、汽笛、锣鼓、火把等方式,将信息传播到需要分洪的整个地区,包括与外界隔绝的孤立地区。通信预警系统在任何情况下都要畅通无阻,并应建设有线与无线两套系统。③按照国务院批准的和省级政府制定的防御大洪水方案的程序,由防汛指挥部门统一发布分蓄洪警报。分蓄洪指令一旦发出,所在地县级政府要立即组织实施,强制执行,任何单位和个人不得阻拦、拖延。

二、城市防洪工程措施——分洪工程

将超过河道安全泄量的洪水分走或进行滞蓄,以减轻洪水对原河道两岸防护区的威胁,减免洪水灾害,所采取的措施称为分洪工程。

1. 分洪工程的类型

根据分洪方式的不同,分洪工程可分为分洪道式、滞蓄式和综合式三类。

(1)分洪道式分洪工程。分洪道又称减河,在河岸一侧选定适当地点,利用天然河道、或开挖新河,并两侧筑堤,将超过河道所能容纳的洪水分泄入海、入分洪区或其他河流,也可绕过保护区再返回原河道,以保证防护区的安全。分洪道的布置方式一般分为:

1)分洪绕过防护区复归原河道或入邻近河流。当河道某一河段排洪能力与其上下游不相适应,采取其他措施有困难时,可将超过安全泄量的洪水,通过分洪道绕过卡口河段保护区,再回归原河道,如图 2-5(a)所示。如美国密西西比河中游比尔茨角—新马德里(The Birds point NewMadrid)河段的马德里分洪道,下游的河道狭窄难以通过设计洪水,为保证开罗(Cairo)的安全和减轻洪水对保护区的威胁,在河的右岸河堤外约 8 km 修建堤防,两堤之间作为分洪道,设计分洪 15 600 m^3/s。分洪水流经自溃堤漫流入分洪道,在新马德里上游回归原河道。当两条河流邻近洪水出现不相遭遇时,在河段的保护区上游建闸,经分洪道排入其他河流,如图 2-5(b)所示。如汉江杜家台分洪工程,江苏南京市的滁河马叉河分洪道工程等。

2)分洪入邻近湖泊、洼地。利用分洪道将超过防护标准的部分洪水泄入邻近湖泊、洼地。如怀洪新河,全长 127 km,是淮河中游自安徽省怀远县至洪泽湖开辟的一条综合利用的分洪河道,其主要任务是把淮河中游洪水分泄到下游的洪泽湖。2003 年,淮河发生了1954 年以来最大的流域性洪水,怀洪新河首次投入防汛抗洪。7 月 4 日开启怀洪新河何巷闸,最大分洪流量 1 540 m^3/s,共分淮河干流洪水 16.7 亿 m^3,降低蚌埠闸上水位 0.3~0.5 m,大大减轻了淮河干流和蚌埠市的防洪压力。

3)直接分洪入海。在近海排洪不畅,泄洪能力不足的河段,开辟分洪道,把超过河道安全泄量的洪水直接分泄入海或分洪区,如图 2-5(c)所示。如我国河北省的海河下游滨海地区,开辟独流减河分流入渤海。

(2)滞蓄式分洪工程。如防护区附近有洼地、坑塘、废墟、民垸、湖泊等承泄区(分洪区),能够容纳部分洪水时,可利用上述承泄区临时滞蓄洪水,当河道洪水消退后或在汛末,再将承泄区中的部分洪水排入原河道。如图2-6所示为荆江分洪工程,它是利用被保护区的右侧,荆江与虎渡河之间的低洼地带作为分洪区,在分洪区的上游处设置进洪闸,将荆江洪水分流入分洪区(承泄区),同时还在分洪区下游(防护区下游)处设置泄洪闸和临时扒口泄洪设施,当荆江洪水消退后,再将分洪区洪水排入荆江原河道。分洪区中还应设有安全岛(安全台)或安全区,作为分洪区人民群众及财产的临时安全撤离地带。

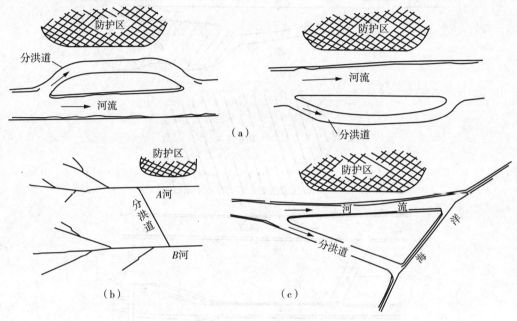

图2-5 分洪道式分洪工程

(a)分流入下游河道;(b)分流入相邻河流;(c)分流入海洋

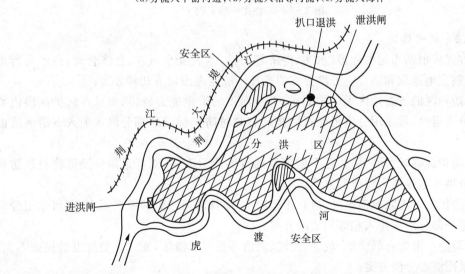

图2-6 荆江分洪工程

(3)综合式分洪工程。如果防护区附近无洼地、民垸、坑塘、湖泊等分洪区,但在防护区下游不远处有适合的分洪区,则可在防护区上游的适当地点修建分洪道,直达上述分洪区,将超标准的部分洪水泄入防护区下游的分洪区,如图2-7(a)所示。也可利用临近的河沟筑坝形成水库作为分洪区,并修建分洪道将河道超标准洪水引入水库滞蓄,如图 2-7(b)所示。

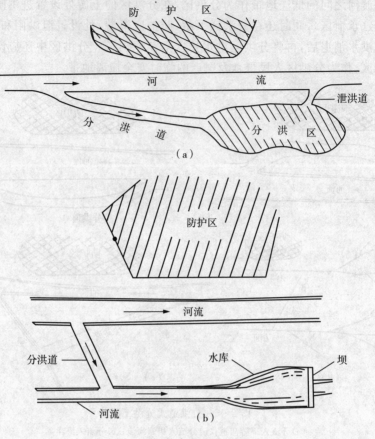

图 2-7　综合式分洪工程

2. 分洪方式的选择

分洪方式应根据当地的地形、水文、经济等条件,本着安全可靠,经济合理,技术可行的原则,因地制宜地选取和确定。分洪方式的选择一般应考虑以下几种方案:

(1)如防护区的下游地区无防护要求,下游河道的泄洪能力较强,而且在防护区段内有条件修建分洪道时,可采用分洪道绕过防护区将超过防护标准的部分洪水泄入下游河道的方案。

(2)如防护区临近大海,防护区下游河道的行洪能力不高,则可采用分洪道将超过防护标准的部分洪水直接泄入海洋的方案。

(3)如防护区附近除原河道外,尚有相邻河流,而且两河相隔的距离不大,则可采用分洪道将原河道的部分洪水排入相邻河道的方案。

(4)如防护区附近有低洼地、坑塘、民垸、湖泊等临时承泄区,而且短期淹没的损失不大,则可考虑采用滞蓄分洪方案。

(5)如承泄区(分洪区)位于防护区下游不远处,则可考虑采用分洪道和滞蓄区综合防洪的方案。

3. 分洪道线路的选择

分洪道线路,应按照地形、地质、洪水流向以及社会经济情况等因素,选定分洪道堤线,

堤线要大致与河流平行,在靠溜处采用块石护岸、护坡、护堤脚等措施加以防护。选择时应考虑以下几点:

(1)分洪道的线路应根据地形、地质、水文条件来确定,尽可能利用原有的沟汉拓宽加深,少占耕地,减小开挖工程量。

(2)分洪道应距防护区和防护堤有一定距离,以保证安全。

(3)分洪道的进口应选择在靠近防护区上游的河道一侧,河岸稳定,无回流及泥沙淤积等影响。

(4)对于直接分洪入下游河道和相邻河道的分洪道,分洪道的出口位置除应考虑到河岸稳定,无回流和泥沙淤积等影响外,还应考虑到出口处河道水位的变化、分洪的效果和工程量等的影响。

(5)分洪道的纵坡应根据分洪道进、出口高程及沿线地形情况来确定,在地形及土质条件允许的情况下,应选择适宜的纵坡,以减小分洪道的开挖量。

如图 2-8 所示为某市水系及支流洪水分洪的工程规划布置图,该分洪工程是通过开挖分洪道,将支流板桥河洪水分泄到保护区外的二十铺河,工程包括分洪道、拦河坝、泄洪闸和分洪闸。其运行规程是:一般年份不分洪,以避免对二十铺河沿线造成危害;超过 20 年一遇洪水时,视分洪口下游区间洪水情况分泄部分洪水;遇到规划标准 100 年一遇洪水时,分洪道错峰运行;遇超过 100 年一遇洪水时,分洪道分洪闸与泄洪闸联合运行,确保拦河坝安全。此外,该市于 2012 年在南淝河马家渡处新开直通巢湖的分洪河道,分洪道中心线长 880 m,底宽 20 m,底高程 5 m,遇 50 年一遇洪水时可分洪 800 m^3/s。工程建成后,可有效降低上游河道洪水位,对该市当涂路桥以上的老城区的防洪安全极为有利。

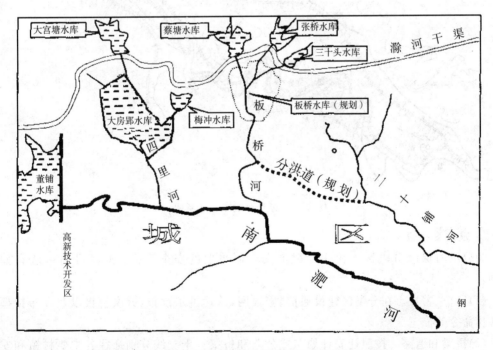

图 2-8 某市水系及支流分洪的工程规划布置示意图

4. 分洪区的选择及布置

分洪区是指利用湖泊、洼地及修筑围堤或利用老的圩垸加高加固,以滞蓄洪水的区域。

(1)分洪区的选择。在有条件的地方,最好选在人口稀少荒芜地区或不宜种植的盐碱地或湖泊,并筑围堤,以限制洪水蔓延,增加蓄滞能力。但在我国,由于平原区人口稠密,荒地少,有时不得不选用有相当数量的人口与耕地的低洼地带修建为分洪区。在长江中下游已先后开辟荆江分洪区、洪湖、西凉湖、华阳河等蓄洪区;淮河兴建蒙洼、城西湖、城东湖等分洪区;黄河下游建成东平湖、北金堤分洪区;海河下游有宁晋泊、白洋淀分洪区、东淀等分洪蓄洪区。

(2)分洪区的布置。分洪区一般位于河流一侧,进口建分洪闸,出口修建泄水闸,周围沿着分洪区的边缘修筑围堤(坝),把洪水约束在规定范围内,围堤线应尽量沿分洪区较高地带修筑,区内修建各种避洪设施和排水系统,如修建排水泄洪闸、站等设施。排水设施选在分洪区的较低处,以利排泄。排水方式采用自流排水或抽水排水两种办法配合运用。淮河蒙洼分洪区为淮河流域比较大的蓄滞洪区,工程布置如图2-9所示。

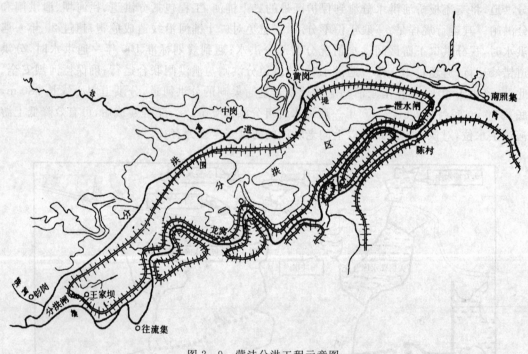

图2-9 蒙洼分洪工程示意图

5. 避洪安全设施

为分洪时保障分洪区人民生命财产安全而采取的安全设施。避洪设施一般有如下几种:

(1)通信、警报。在分洪区建设通信、警报网,传达洪水预报、分洪警报以及发布指挥有关转移命令等。

(2)桥梁和道路。按照迁安计划布置公路和桥梁。干支线分别通往各主要村镇和安全台区,确保风雨无阻。

(3)庄台工程。亦称避水台或村台。在应用上,有的是当作中转站,供分洪时区内移民暂时停留,然后组织转移;有的则是永久性的安全台,供居民常住和临时转移。安全台宜选在分洪区地势较高、浅水区或圩堤两侧筑成。台点的分布既考虑区内居民原分布情况,同时考虑内外水位及风浪与安全台内外水流对台基安危的影响等,并要求交通方便,供应便利。临时中转台,房屋可以少建,临时提供帐篷,及其他临时性设施,要求对外交通方便;台面大小按规划转移人口而定。永久性庄台,主要是建设永久性的房屋,及部分临时房屋以及生活活动场所、仓库建设、牲畜养殖、公用设施、学校、卫生所等。

(4)安全区。属于永久性的工程,选择地势较高,靠近分洪区围堤人口比较集中的村镇、居民点或者规划分洪区时作为永久性集中安置的移民点,加作围堤、形成封闭圈,要求与干堤基本相同,必要时加强防护以保证安全。安全区面积,不仅考虑现状,还要考虑发展的可能、有条件的要包括部分生产面积,如蔬菜及其他经济作物生产用地,及一些公共建设,如学校、医院、仓库、机关、工厂和内外交通;还有排水设施及必要的灌溉设施;并为分洪临时转移,准备必要的条件等。

(5)避水楼房。房屋必须避开行洪急流区顶冲点。建筑应是耐水防冲的高层楼房,其安全层在分洪区设计水位加风浪超高以上,分洪时居民搬至安全层居住,并把主要物资搬到楼上,尽量减少损失。

(6)船只与救生设备。在平原湖区,船只平时作运输、分洪时临时转移之用;特别紧急情况时,编制木竹排自救,或投放救生衣和救生圈进行临时抢救等。

各种避洪设施的修建配备,除通讯、警报、道路、桥梁要因地制宜设置外,其他如庄台、安全区、避水楼房等,则要根据不同情况研究选定。船只避洪主要是为了抢救来不及转移的居民,一般多为临时调集的船舶或冲锋舟,在各分洪区都要有这方面的准备。在我国分洪区内,因大部居民仍居住在区内,从事正常的农、副业生产活动,为了保障居民安全,除国家投资或补助修建避洪安全设施外,每年汛期一般由当地政府专门机构汛前拟定迁安计划,以利分洪时适时转移运用。

6. 分洪闸和泄洪闸闸址的选择

分洪闸和泄洪闸的闸址应根据地形、地质、水文、水力、施工、管理和经济等条件,因地制宜地综合分析后确定。

(1)分洪闸的闸址应选择在防护区上游的适当地点,应有利于分洪,保证下游河道安全泄洪和防护区的安全。

(2)分洪闸应选择在稳定的河岸上,如必须选择在河流弯道上时,应尽可能设置在弯道的凹岸,以防河水的淘刷。

(3)分洪闸的闸址最好选择在岩石地基上,如必须设置在土基上时,应选择土质均匀,压缩性小,承载力较大的土基,以防产生过大的沉降和不均匀沉降。同时地基的透水性也不应过大,以便于闸基的防渗处理。

(4)分洪闸的闸孔轴线与河道的水流流向应成锐角,以使水流顺畅,便利分洪,并防止闸前产生回流,影响分洪效果和闸前水流对闸基的淘刷。

(5)为了节约投资,可增设临时扒口分洪口门,在大洪水期间配合分洪闸同时分洪,以满足最大洪峰流量通过时能迅速分洪,降低河道洪水位的要求。

(6)根据分洪区地形和排水的要求来确定泄洪闸(排水闸)的位置,一般泄洪闸应设置在分洪区下游,距下游河道较近的地方,闸址土质均匀,压缩性小,承载力较大。

(7)为了加快汛后分洪区内洪水的排泄,以满足农业和生产的要求,可根据排水时间的要求和泄洪量的大小,在分洪区靠近原河道的适当位置增设扒口泄洪入原河道的临时性排洪口门,配合排水闸联合泄洪。

7. 分洪工程的运用

根据江河分洪运用的经验,为准确及时分洪,都以控制站洪水位为准进行运用。若为多项工程联合运用,则应根据洪水大小,洪水组成,运用的安全性和经济损失程度等条件,统筹兼顾,权衡利弊,综合考虑分洪工程的运用方式和程序。并随时根据水情变化调整分洪流量,若遇更大洪水需增加分洪量时,应选择适当地点,临时扒口分洪,满足分蓄洪的要求。分洪时,分洪闸的运用原则如下:

(1)当河道洪水超过防护区设计洪水标准时,分洪闸开闸分洪,以保证河道安全泄洪。

(2)分洪闸应以闸前水位(河道安全泄量时相应水位)或安全泄量作为闸门启闭的条件。

(3)分洪闸应根据闸前水位确定所需要的分洪流量及闸门开启高度,并应根据闸前及分洪区内水位的变化情况,及时调整闸门的开启高度。

(4)当河道洪水超过设计洪水标准,在分洪区容量允许的情况下,除分洪闸进行分洪外,还可选择适当地点扒口临时分洪,以保证防护区的安全。

如怀洪新河何巷分洪闸,为怀洪新河进口控制工程,设计分洪流量 2 000 m³/s(含船闸),相应闸上水位 22.87 m,闸下水位 22.37 m,共 14 孔,孔径 8 m,底板为筏式结构。国家防总下发了《怀洪新河洪水调度方案(暂行)》(办河[2002]26 号),规定如下:

1)淮河干流发生洪水,当吴家渡水位达到 22.6 m(废黄河高程,下同)时,启用怀洪新河分洪。何巷枢纽最大分洪流量 2 000 m³/s。

2)当吴家渡水位低于 22.6 m,但淮北大堤或淮南、蚌埠城市圈堤发生重大险情时,启用怀洪新河分洪。

3)怀洪新河的分洪调度由淮河水利委员会负责,安徽、江苏两省防汛抗旱指挥部组织实施。怀洪新河于 2000 年全线竣工后,分别于 2003 年和 2007 年进行两次分洪。2003 年 7 月 4 日上午 10 时,怀洪新河何巷闸首次开闸分洪,分洪流量 1 000 m³/s,相当于同期蚌埠闸上淮河干流流量 7 450 m³/s 的 13%。2007 年 7 月 29 日,鉴于淮河干流长期处于高水位,为减轻堤防防守压力,决定启用怀洪新河分洪,淮河防总 29 日零时 30 分左右发出关于做好怀洪新河分洪准备的通知,要求安徽和江苏两省防汛抗旱指挥部于 29 日 11 时前做好怀洪新河分洪的准备工作。分洪期间,安徽防指要求关闭沿线涵闸,限制安徽省境内向怀洪新河排涝,保证淮河峰山站下泄流量不超过 1 800 m³/s。怀洪新河何巷闸第二次开启,控制最大分洪流量 1 000 m³/s,何巷闸 14 孔闸门全部开启,开启高度 1.5 m,流量 886 m³/s。

8. 泄洪

分洪区根据主要河道洪水下降情况,应适时开启泄水闸,尽快将分入的洪水排出,以利恢复生产和重建家园,或者为后续洪水提供滞蓄库容。分洪区应根据自然条件和防洪与兴利要求,其运用方式可分为滞洪与蓄洪两种,一般的分洪区滞蓄两者兼有,即在分洪运用到达设计蓄洪水位前,则为蓄洪;当超过设计蓄洪水位时,采用"上吞下吐"的运用方式,则为滞洪或行洪的运用方式。在上中游有水库的情况,应考虑进行统一联合调度运用,以取得更好的效益。

分洪作为防洪重要措施之一,早为世界各国普遍采用。随着社会经济的发展和人口增多,分洪损失也越来越大。要进一步研究在短时间内转移大量居民并减少财产损失的途径和方法,以及分洪区的建设、管理、淹没损失补偿措施和有关规定。特别是对运用频繁的分洪区,应考虑移民建镇,减少损失。

三、城市防洪工程措施——泄洪工程

扩大行洪断面、筑堤、保护河岸和堤坝、加强城市内涝排除等均属于泄洪工程措施,包括河道整治、护岸工程、排水管网和排水闸站建设等。

1. 河道整治

河道整治是按照河道演变规律,因势利导,调整、稳定河道主流位置,改善水流、泥沙运动和河床冲淤部位,以适应防洪、航运、供水、排水、生态等国民经济建设要求的措施。河道整治包括控制和调整河势,裁弯取直,河道展宽,疏浚等。城市河道作为城市的重要基础设施,既是城市防洪排涝和引水、供水的通道,又是城市景观和市民休闲的场所。随着经济的发展和人们对生活环境质量要求的不断提高,对于河道的治理在满足行洪排涝基本功能的基础上,应重视其生态、景观、休闲、娱乐等功能。

(1)城市河道整治原则。城市河道整治必须综合考虑自然条件、治河技术与社会因素的影响,随着国民经济的发展和治河技术水平的提高,河道整治的原则也不断得到修改、补充和完善,概括起来有以下几点:

1)全面规划、综合治理。城市河道整治涉及国民经济多个部门以及沿岸众多的单位、个人。河道治理要科学的规划,系统的、可持续地考虑流域内存在的问题。从沿岸产业布局、沿岸小区的开发、工业用地、水资源保护利用、水环境综合治理、防洪抗旱、生态修复系统建设等进行系统规划。综合治理的同时,需进行污水截流,雨水的收集与利用,道路与景观规划,生态河道修复等。通过在坡面上种植植物,减少地表径流,达到护坡作用,以此减少对水体污染的影响,进行自然生态护岸。同时所形成的"多孔隙"空间又可为水生动物、鸟类提供栖息场所,使得人工水景成为有生命活力的水生生态系统。因此,进行城市河道整治时,应合理协调上下游、左右岸关系,统筹考虑各方面要求,做到全面规划,并使近期规划与远期规划相结合,城市河道整治规划与城市建设总体规划、流域总体规划相结合。

城市河道整治的主要目的各不相同,有的以防洪为主,有的以航运为主或防洪、航运并重,有的则以岸线利用或土地开发为主等。综合治理是指根据河道的具体特点,既要满足整治的主要目的,又要统筹兼顾城市经济的发展、人居环境的改善、相关的国民经济各部门以及沿岸的单位、个人的利益和要求,尽可能达到综合效益最大。

2)因势利导、重点整治。因势利导是指通过对河道实测资料的分析,找出河道演变规律,掌握有利时机,及时整治,以做到事半功倍的效果。另外,设置的河工建筑物也应顺应河势,适应水沙变化规律。

城市河道整治的工程量一般较大,难以在短期内完成,因此,在实施过程中应根据城市实际情况、投资力度等,分轻重缓急,突出重点,注意远近结合,合理安排实施。对河势变化剧烈,不及时整治将会引起上、下游河势连锁反应,造成重大影响与不良后果的河段,应优先安排;对国民经济发展有重大作用的整治工程,应优先安排;对远期开发整治有显著作用的部分工程也应适当优先考虑。

3)因地制宜、就地取材。由于城市河道整治工程量大面广,因此,在整治措施、整治建筑

物的布置和结构形式上,要因地制宜地选择,并注意新技术、新工艺的应用。在工程建设上,尽量就地取材,降低造价。例如,四川的都江堰,就是利用当地的竹木、卵石等材料做成榪槎、卵石竹笼去修建整治建筑物。另外,对于先进技术或新材料,如适应本地的情况,就尽量吸收,并加以改进。

4)以人为本、生态治河。城市河道整治要先分析河流自然规律,结合城市特有风貌特点、文化特点和经济特点等确定整治方案。生态治理的原则,除满足河道宣泄洪水要求外,还要尽量保持河道的自然特点及水流的多样性。宽窄交替、深浅交错、急流缓流并存,偶有弯道与回水,岸边有水草,为各类水生物提供栖息繁衍的空间,是生物多样性的景观基础。一条自然的河流,必然有凹岸、凸岸、深潭、浅滩和沙洲,减低河水流速,蓄洪涵水,可削弱洪水的破坏力。在堤防建设的同时,尽量保持沿河湿地、沼泽地的水源补给。

将生态的理念应用于河道的综合治理中,是城市河流整治的发展趋势。利用生态修复技术使受到污染的城市河流重新恢复水生态环境功能,可以使河流在发挥防洪排涝的基本水利功能的同时,也具有景观和休闲的功能,有助于改善城市环境。"以人为本、生态治河"就是要做到人与自然的融合。为此,在城市河道整治中必须要保持滨水空间与城市整体空间结构的联结;延续城市历史文化和城市记忆;维护河流的连续性;维持水流的横向扩展功能和与河岸的循环交换能力;保护生态平衡,充分发挥河道在防洪、资源利用、生态保护等方面的作用。

(2)城市河道整治规划的内容。城市河道整治的首要任务是拟定整治规划,规划范围可根据城市发展要求,结合河道除害兴利,并考虑河道本身的特点具体确定。编制规划时要根据整治任务和要求,进行河势查勘,收集和整理相关资料,分析河道的演变规律。当资料缺乏时,应根据需要进行观测,对尚不十分明确的问题,还需通过模型试验来研究解决。在充分了解河道特性和城市经济、历史、文化特点等基础上,提出包括河道整治工程措施、水环境保护和水景观设计等在内的整治方案,并作技术经济分析,选择技术上可行、经济上合理的方案。

城市河道整治规划的主要内容包括:整治任务和要求、整治规划的基本原则、河道特性分析、整治方案及预算的编制、方案比较及论证等。

必须指出,城市河道整治与传统意义上的河道整治大相径庭,河道功能被大大扩展,因此,城市河道整治涉及水利、城市设计、生态环境、园林景观等多方面,需多专业协作,采用立体化设计,才能达到河道综合利用、城市可持续发展等目的。

(3)城市河道整治规划的设计依据。整治规划设计的主要依据有:设计流量及设计水位、设计断面和治导线等,所涉及的特征流量和相应的特征水位有3个,如图2-10所示。

1)设计流量及设计水位。在整治规划中,相应于不同整治河槽对应有不同的设计流量和设计水位。洪水设计流量由相应的防洪标准确定,习惯上用某一频率的流量或重现期来确定。防洪标准根据被保护对象的重要程度及财产的价值来确定。城市的防洪标准按表2-4确定。目前我国城市的防洪标准尚未达到表列的要求,需加大投入,尽快达到要求。洪水超过防洪标准时,要有分洪区和湖泊围垦的区域分蓄洪水。通过保证率或重现期算得设计洪水流量后,再根据河槽断面情况求得相应的设计洪水位。在规划中,要考虑工程的使用期,确定规划水平年。对于多沙河流,河道冲淤迅速,尚需计算至规划水平年时的冲淤值。除此之外,设计洪水流量和设计洪水位还用来校核各种整治建筑物的安全,包括结构强度和地基可能冲刷深度等。为此,还需要确定发生洪水时整治建筑物附近的水流流速。

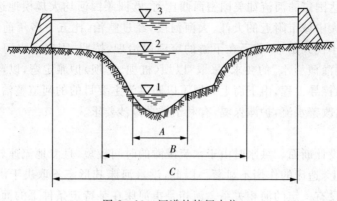

图 2-10 河道的特征水位

1—枯水位;2—中水位;3—最高洪水位;

A—枯水河槽;B—中水河槽;C—洪水河槽

①洪水河槽的设计流量及设计水位。洪水河槽主要从宣泄洪水的角度来考虑,设计流量根据某一频率的洪峰流量来确定,其频率的大小根据保护区的重要程度而定(见表 2-4 所列)。相应于设计流量下的水位即为洪水河槽的设计水位。

表 2-4 城市的等级及防洪标准

等级	重要性	非农业人口 (万人)	防洪标准 [重现期(年)]
I	特别重要城镇	≥150	≥200
II	重要城镇	150~50	200~100
III	中等城镇	50~20	100~50
IV	一般城镇	≤20	50~20

②中水河槽的设计流量(或造床流量)及设计水位(或中水位)。造床流量是指造床作用最持久、影响程度最大的特征流量,或者说它对塑造河床形态所起的作用最大的特征流量,其造床作用与多年流量过程的综合造床作用相当。河道中一般两侧为洪水河滩,中间为河槽。在设计中,常采用平滩流量作为造床流量,相应的水位称为造床水位或中水位,一般用来设计中水河槽断面和相应的治导线。在河道整治中,造床流量和中水位有特别重要的意义。

③枯水河槽的设计流量及相应的水位。枯水河槽的治理是为了解决航运、取水和水环境等问题,确保枯水期的航运和取水所需的水深或最小安全流量。一般确定这一河槽整治相应的设计流量、水位的方法有:由某一保证率的流量来确定,保证率一般采用 90%~95%,或采用多年平均枯水流量为枯水设计流量,其相应水位作为枯水设计水位。

例如黄河下游是取接近造床流量的平滩时流量(中水流量)作为整治流量。因为河流塑造河床形态的造床作用,在水量相对较大、作用时间较长的综合条件下,其效应最为显著。中水流量与相应的治导线在河道整治中有重要意义。但有些以航运为主进行整治的河流实施较大规模的整治,则多着眼于低水或枯水选定整治流量,力求使低水期的河道状况得到改善,以利航运。低水河槽趋于稳定,泄流畅通,也在一定程度上对防洪有利。

　　近代世界发达国家的河流如美国密西西比河、欧洲莱因河均大规模地进行过河道整治,颇有效益。中国大中城市附近的大江、大河河段,经过整治,比五十多年前已大为改观。黄河自 20 世纪 50 年代开始,即着手在下游的窄河段治理,按照"固定中水河槽,稳定流路,有利泄洪排沙,有利灌溉引水"的要求,采取"以坝(桩坝、丁坝)护滩定弯,以弯导流"的工程措施,大力修建护滩导工程,由下而上开展了以防洪为主要目的的河道整治,从下而上,逐步发展,已基本达到改善水流,护滩保堤,有利于排洪排沙要求。

　　2)设计断面。

　　①洪水河槽设计断面。洪水时由于水流漫滩的时间较短,且滩地流速较小,水流挟带的泥沙淤积在滩地上,造床的作用不显著。因此,洪水河床其形态不取决于洪水流量,即河床宽度和深度之间没有一定的河相关系。河相是指河床在某特定条件下的面貌。通常把处于冲淤相对平衡状态河流的河床形态与来水来沙及河床边界条件间最适应(稳定)的关系称为河相关系。设计洪水河床断面主要从能宣泄洪水流量来考虑,其断面形状如图 2-10 所示。

　　②中水河槽设计断面。中水河槽主要是在造床流量作用下形成的,取决于来水来沙条件及河床地质组成,即服从河相关系。中水河槽的宽(B)、深(h)可采用河相关系计算。即 $B = \xi^2 h^2$,其中,ξ 为河相系数,可根据水文观测资料整理得出。

　　③枯水河槽设计断面。枯水河槽断面设计一般只考虑过渡段即浅滩段横断面的设计,设计断面只是为满足航运要求。所需的河宽和通航水深按航运部门的要求确定。给定通航水深后,已知枯水流量、糙率、水面坡降等即可求得过渡段应该控制的河宽。值得注意的是,由于枯水河槽是在造床流量作用下形成的,枯水流量对河槽的改造不显著,不能引用相应的河相关系式。

　　3)治导线。治导线又称整治线,是河道经过整治后,在设计流量下的平面轮廓线,通常用两条平行线表示。对于分汊河段,以主汊为主,欲保留的支汊也可用两条平行线表示。在同一边界条件下,弯道段河宽小于顺直河段河宽,且两者之比也是一个变数。目前,河道整治还是以经验为主,用两条平行线组成的治导线来表示控导的中水流路和枯水流路,既可满足河道整治的实际需要,又便于确定整治建筑物的位置,在河道整治中被广为采用。

　　设计流量不同,治导线也不同。对应有洪水、中水、枯水治导线。由于洪水漫滩时滩地水浅流缓,水边线的位置如何,对河床演变和水流形态的影响不大,所以一般不绘制洪水治导线。按照整治目的和要求在整治规划中要绘制中水治导线及枯水治导线(如图 2-11 所示)。中水治导线必须保证能通过设计中的造床流量,其流路大体与洪水流路一致,以免发生严重的滩地水流横截中水河槽现象。这样的现象会使局部的河道发生很大变形,对河道稳定很不利。因此,中水治导线在河道整治中最为重要,它是与造床流量相对应的中水河槽整治的治导线,此时造床作用最强烈,如能控制这一时期的水流,不仅能控制中水河槽,而且能控制整个河势的发展,达到稳定河道的目的。

　　在整治流量、设计水位、设计河宽确定之后,治导线的形式取决于河湾形态关系。在一般情况下,通过弯曲半径 R,中心角 φ,直河段长 l,河湾间距 L,弯曲幅度 P 及河湾跨度 T 来描述河湾形态。各符号的意义如图 2-12 所示(图中近似以中心线代替主流路)。

　　河道流量愈大,河湾曲率半径愈大。当缺少规范的河湾资料时,可取河湾曲率半径值为:

$$R = KB \qquad (2-3)$$

式中：B——直段河宽，m；

　　　K——系数，一般可取 3～9。

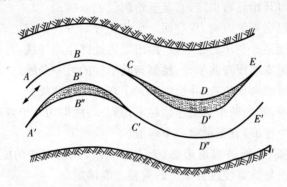

图 2-11　治导线

$ABCDE$，$A'B''C'D''E'$——中水治导线

$ABCD'E$，$A'B'C'D''E'$——枯水治导线

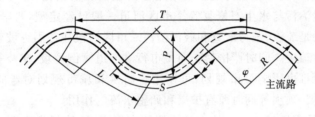

图 2-12　河湾形态符号示意图

治导线两反向曲线之间的直线段不能过短，以免在过渡段断面产生反向环流；也不能过长，以免加重过渡段的淤积，甚至产生犬牙交错状的边滩。一般可取直线长 l 为：

$$l = (1-3)B \qquad (2-4)$$

治导线两个同向弯顶点之间距离 T 为：

$$T = (12-14)B \qquad (2-5)$$

在黄河下游以防洪为主要目的，对中水河槽进行整治时的河湾形态关系为：河湾间距 L 是平槽河宽 B 的 5～8 倍，弯曲幅度 P 是平槽河宽 B 的 1～5 倍，河湾跨度 T 为平槽河宽 B 的 9～15 倍，直河段长度 l 是平槽河宽 B 的 1～13 倍，弯曲半径 R 一般为河宽 B 的 3～6 倍。

确定河道治导线时，应注意以下几点：

①尽量利用已有的整治工程。枯水治导线还应尽量利用边滩和河心洲。

②布置治导线，特别是枯水治导线，要避免洪水漫滩以后河滩水流方向与河槽成较大交角，以免枯水河槽在洪水时淤积。

③尽量利用河道自然发展趋势加以引导。

④布置治导线时力求左右岸兼顾，上下游呼应。

⑤应尽量满足各经济部门对河道整治的要求。当各部门的要求相互矛盾时，按整治的主要目的确定。

确定治导线在河道整治中是很重要的,涉及整治建筑物的规模和造价。治导线的拟定是一项相当复杂的工作,没有丰富的治河经验很难拟定出一条符合实际情况的治导线。其拟定的一般方法和步骤如下:

①由整治河段进口开始逐弯拟定,直至整治河段的末端。

②第一个弯道要根据来流方向、现有河岸形状及导流方向拟定。若凹岸有工程,可根据来流及导流方向选取能充分利用的工程段,给出弯道处凹岸治导线,并尽可能地利用现有工程或滩岸线。按设计河宽缩短弯曲半径,绘制与其平行的另一条线。

③拟定第二个弯道的弯顶位置,并绘出第二个弯道的治导线。

④用公切线把第一、第二两个弯道连接起来,其公切线即为两个弯道间的直线段。

⑤依次作出第三个弯道,直至最后一个弯道。

⑥进行修改。检查、分析各弯道形态,上下弯关系,控制河势的能力等,并进行必要修改。一条切实可行的治导线需经过若干次的调整才能确定。

⑦初步拟定治导线后,还要与天然河道进行对比分析,通过比较弯道个数、河湾形态、弯曲系数、导流能力、已有工程的利用程度等来论证治导线的合理性。

4)城市河道整治措施。城市河道整治措施主要包括疏浚拓宽、裁弯取直、护岸工程、河道清理(清障)、截污治污与水生态修复等。市区河道一般已经定型,两岸建筑物密集,拓宽困难,河道整治主要是疏浚、裁弯取直和截污治污。市区河段往往因纵坡较缓而淤积影响行洪,因此要经常性的疏浚。同时严格禁止向城市行洪河道倾倒垃圾、矿渣等。过分弯曲的河道不仅影响行洪,而且也影响城市规划,可以结合防洪和城市规划对弯曲河段进行裁弯取直。坝式护岸的丁坝、顺坝等同时兼有护岸和调整水流的作用。

①疏浚。疏浚是用机械或人工的方法浚深拓宽河道、清除污染底泥,增加泄洪能力、降低洪水位、减轻洪水对城市的威胁、维持航道标准尺寸以及改善水环境。

以增加泄洪能力、维持航道标准尺寸为目的的疏浚,挖槽定线应按照河道和浅滩的演变规律,因势利导地进行,同时也要考虑施工技术的可能性和经济上的合理性。在挖槽定线时还应注意:挖槽方向应尽量与主流方向一致以利于泥沙向下运行;挖槽应位于主流线上,底部与上、下游河床平顺连接,以保证水流畅通;挖槽在平面上应为直线,当因其他原因必须设计成折线时,应将曲率半径尽量放大,以利于航行和施工;挖槽断面宜窄深,以便得到较大的单宽流量和流速,增加挖槽的输沙能力,有利于挖槽稳定;挖槽定线要考虑挖泥机械的施工条件。抛泥区位置的选择直接关系到疏浚工程的成败和效果,按照既不能影响挖槽的稳定性和泄流通航,又要求尽可能地利用所挖出泥沙的原则来选择抛泥区。在选择抛泥区位置时,应尽可能利用抛泥加高边滩、抛填土堤及堵塞有害的倒套、串沟等,尽量利用河道附近的低洼、荒废土地,把疏浚与改土结合起来,并注意挖泥船或排泥管的施工条件与工效。

以清除污染底泥,改善水环境为目的的疏浚,至少应将污染层的底泥全部挖除,挖泥时应采取措施减小底泥搅动后的扩散范围,防止底泥中的污染物释放到河水中,造成二次污染;底泥运输过程中应设专人巡视排泥管线、检查运输泥驳的密封性,避免因泄漏造成污染;底泥脱水过程中,应对渗滤水进行处理,防止渗滤水进入水体和土壤,污染自然水体和地下水。底泥的最终处置方法有综合利用、填埋、焚烧等多种方式,无论采用哪一种方法,都要防止对水体、空气、人群健康产生危害。

疏浚河段应包括保护区附近河段及其下游的一段河道。如果疏浚河段长度 L 太短,由于下游的壅水作用,保护区范围河段水位不能降到预期水位。因此河道疏浚要根据疏浚后水面曲线计算,通过技术经济分析比较,合理选择疏浚长度,使疏浚后保护区河段洪水位降到安全水位以下,如图 2-13 所示。

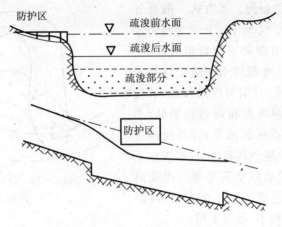

图 2-13 河道疏浚示意图

②清障。河道内的各种堆积物和围墙、围堤或建筑物等,占据了部分河槽,束窄了河道的过水断面面积,在洪水时期将会在上游河道形成壅水,从而对上游河道的防洪造成威胁,必须及时清除。河道清障的范围包括:河道内的堆积物,如矿石、矿渣、石碴、碎砖、各种建筑材料和生活垃圾等;为了扩大建筑用地和农田而修建的围墙或围堤;在河滩上修建的各种建筑物,滩地上生长的灌木丛和杂草等。河道清障,同样需要有足够的长度,以保证扩宽和清障后,城市范围内的设计洪水位能够降到安全水位以下。

根据《中华人民共和国河道管理条例》及《防洪法》等要求,对河道管理范围内的阻水障碍物,按照"谁设障,谁清除"的原则,由河道主管机关提出清障计划和实施方案,由防汛指挥部责令设障者在规定的期限内清除。逾期不清除的,由防汛指挥部组织强行清除,并由设障者负担全部清障费用。对壅水、阻水严重的桥梁、引道、码头和其他跨河工程设施,根据国家规定的防洪标准,由河道主管机关提出意见并报经人民政府批准,责成原建设单位在规定的期限内改建或者拆除。汛期影响防洪安全的,必须服从防汛指挥部的紧急处理决定。

如 2002 年 3 月 30 日,坐拥长江和黄鹤楼胜景的武汉外滩花园小区曾以"我把长江送给你!"这句广告词风光一时。这一住宅小区开发项目经有关部门立项、审批历经 4 年建成,却被定性为"违反国家防洪法规"并被强制爆破,造成直接经济损失达 2 亿多元,拆除和江滩治理等方面的费用更让政府付出了数倍于其投资的代价。2010 年 7 月 29 日上午 10 时,湖北恩施鹤峰县白族乡隔子河旁,被网友称为"湖北最牛违建"的七层小楼被爆破拆除。

③裁弯取直。弯曲型河段,凹岸冲刷,凸岸淤积,随着凹岸的冲刷崩塌,将毁坏大片农田、房屋和工厂,河势也蜿蜒曲折,造成水流不畅,壅高上游洪水位,威胁河弯附近城镇的防洪安全,必须予以整治。弯曲型河段的整治通常采用坝式护岸。但当河道过度弯曲形成河环时,河环处水流与河床的矛盾严重激化,这时要顺应河势的发展趋势,在河环狭颈处,采取人工裁弯的措施,以加速河道由曲变直的转化过程。这个转化过程是在严密的人工控制下进行的,可以避免随机性的自然裁弯时可能出现的种种弊端。

裁弯的位置要考虑对上下游、左右岸可能产生的有利和不利影响,尽可能满足防洪、航运、引水及工农业生产需要。必须注意因势利导,保证进口迎流,出口顺畅的原则。

裁弯取直时,一般先沿选定的引河线路开挖出一条断面较小的引河,再利用水力冲成符合最终断面设计要求的新河。其方式一般有外裁和内裁两种,如图2-14所示。外裁是将引河的进出口设在上游弯道前和下游弯道后,与上下游形成一个大弯道。外裁时引河进出口很难与上下游弯道平顺衔接,且引河线路较长,故较少采用。内裁是将引河布置在河弯狭颈处,引河进口布设在上游弯道顶点稍下方,并使得引河与老河水流的交角θ越小越好,出口布置在下游弯道顶点的上方,使出口水流平顺。内裁时引河与上下游弯道可连成三个平缓弯道,线路较短,对上下游影响也较小,故多采用。

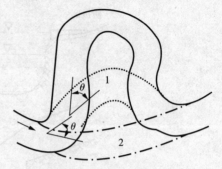

图2-14　裁弯取直示意图
1—内裁;2—外裁

河段裁弯后由于边界条件发生了变化,老河和引河以及裁弯段以上和以下的河段将发生变化。引河发展过程可分为普遍冲刷阶段、弯道形成阶段和弯道正常演变阶段。引河的演变与一般弯道演变规律相似,过水断面不再继续扩大,河床平行向凹岸方向位移。

老河的淤积过程发展也相当快。在初期由于流量减少,比降减缓,流速变小,沿途将发生淤积,但还保持弯道洪冲枯淤的规律。当老河分流比小于0.5时,进入中期,此时水流挟沙能力进一步降低,老河由原有的冲淤规律转向单向淤积的过程。在末期由于老河的上下口门淤积断流而形成牛轭湖。

④稳定河岸,塞支强干。对于分汊型河段,当分汊河段处于相对稳定时,可采取措施把现状汊道的平面形态固定下来,维持各种水位下良好的分流比,使江心洲得以稳定,可在分汊河段上游节点处、汊道入口处、弯曲汊道中局部冲刷段以及江心洲首部和尾部分别修建整治建筑物,工程平面布置如图2-15所示,以稳定河岸,保护江心洲。

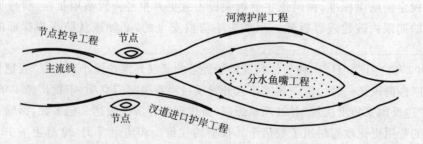

图2-15　分汊型河段整治工程措施——护岸工程

对一些多汊河段或两汊道流量相差较大时,则往往采取塞支强干的办法。堵塞汊道时,应分析该河道的演变规律,尽可能选择逐渐衰退的汊道加以堵塞。一汊堵塞后,另一汊将逐渐展宽与刷深。堵塞汊道的措施视具体情况不同,可修建挑水坝、锁坝等。对于主、支汊有明显兴衰趋势的分汊河段,宜修建挑水坝,如图2-16(a)所示;在中小河流上,为取得较好的整治效果通常修建锁坝堵汊。在含沙量较大的河流上,锁坝也可用沉树编篱等透水块体代替,起缓流落淤的作用,如图 2-16(b)所示。在含沙量较小的河流上,宜采用实体锁坝堵塞,如图 2-16(c)所示。

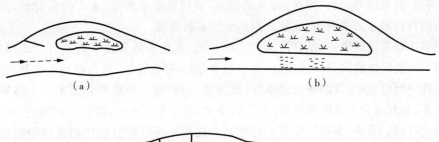

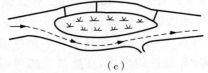

图 2-16 分汊型河段整治工程措施——挑水坝与锁坝

(a)挑水坝堵汊;(b)透水锁坝堵汊;(c)实体锁坝堵汊

⑤截污与治污。城市人口集聚,产业集中,污染源多,城市河道往往成为纳污的容器,致使水质恶化、生态系统破坏。因此,要恢复城市河道的自然生态和生物多样性,就必须截污治污,引水冲污改善水质。截污治污的主要措施有:提高污水的接管率和处理率、推行中水回用、倡导节约用水、划分水功能区域等。

合肥市从 2007 年下半年起,沿南淝河及其支流四里河、板桥河、二十埠河等河岸埋设截污管网,将排往河道的污水全部收集起来,就近输送到污水处理厂,累计建成截污管 117 km,截污泵站 8 座(其中地埋式泵站 4 座)、强曝池 2 座、河道清淤 67 万 m³、人工湿地 2 万 m²,工程投资近 2 亿元。此外,为完善污水管网,确保污水"收得到、能处理",合肥市在污水处理厂建设中坚持"厂网并举、管网优先",共建成污水管网 1 600 多 km,仅 2008 年就建成污水管网 567 km,超过了过去 16 年所建管网总长。2012 年底,合肥计划再投入 1.8 亿元,对南淝河主城区段建设截污和水质改善工程。

合肥市南淝河经过多年治理,污染得到较好控制,但主城区段的水质离水环境综合治理规划要求仍有较大差距。一方面需加强点源污染治理,加强截污治污,配套建设污水管网,保证管网和污水处理厂的沟通,加快对现有污水处理厂的提标改造步伐;在河道两侧管网覆盖不到或建设成本太高的地方,布局建设小型污水处理设施,实现生活污水就地处理,并开展"中水回用"。其次,在面源污染治理上,加快雨污分流改造步伐,逐步消灭历史遗留的雨污不分问题,规范混凝土搅拌场、农家乐等排水户的污水直排行为。实施人工湿地示范工程,加快推进沿线村庄污水生态处理技术的运用,对南淝河中下游进行清淤,控制河道内污染底泥,逐步恢复河道生态系统。

⑥水生态修复。水生态修复技术是生态工程技术的一个分支,其基本含义是根据水生生态学及恢复生态学基本原理,对受损的水生态系统的结构进行修复,促进良性的生态演替,达到恢复受损生态系统生态完整性的一种技术措施。根据水生态系统所受胁迫的主要类型,水生态修复技术大体可划分为两类。第一类是利用生物生态方法治理和修复受污染水体的技术。如人工湿地技术,是人工建造的、可控制的和工程化的湿地系统,可以进行污水处理,调节气候,补充地下水,改观生态景观,作为教育科研基地,形成水体植被生态网络,

实现人与自然高度和谐。第二类是采用生态友好的水利工程技术。如河道修复技术,是对人类活动引起河道空间结构的不利改变而进行的修复,使河道在基本满足行洪需求的基础上,宜宽则宽、宜弯则弯、宜深则深、宜浅则浅,形成河道的多形态,水流的多样性,满足不同生物在不同阶段对水流的需要,满足人们对水景观的渴求。

按照水生态系统的理论,结合河道的实际状况,水生态修复技术措施有:(a)两岸造林。河岸上应尽可能留出空间,种植树冠较大的树木,逐步形成林带,地面则栽上草坪,贴岸的树冠还可以伸向河道上空。(b)坡上植草坪(或灌木)。护坡上的草坪和灌木与土壤形成的土壤生物体系,起到减少有机物对河道、湖泊的冲击,防止水土流失,改变了护坡硬、直、光的形象,给人们以绿色、柔和、多彩的享受。有些灌木的根须还能够直接伸到水体中吸收水中的营养成份。(c)上攀绿藤。城市化地区的部分河道,由于整个地区水面积的严重不足,为了确保水安全,提高河道汛期的蓄水量,不得已加高加固了防洪墙。弥补的办法是,在墙的陆域一侧种植绿色的爬藤植物;有条件的地区,在防洪墙的两面墙上,可依墙分层建一些条式和点式的花坛,种上灌木或花草;硬质结构的直立或斜坡式护坡,宜种植一些垂枝灌木。(d)水边栽植物。水边是水生态系统里一个非常重要的组成部分,要尽可能构建挺水植物多样性的环境。在种植方法上,一般可以直接栽在河边的滩地上、斜坡上,也可栽在盆、缸及竹木框之类的容器做成的定床上;直立式防洪墙的下面,在不影响河道断面的基础上,利用河底淤泥在墙边构筑一定宽度,并有斜坡的湿地带,创造水生植物生长的条件。(e)水中建湿地。河流、湖泊中的湿地,是修复水生态系统的一项重要手段。在河道与湖泊的治理中,应尽可能因地制宜地保留和建设一些湿地。湿地是水景观中不可多得的重要一环,它充满了野趣和自然气息,是人们回归自然的一种象征。(f)水下种水草。实践证明,水草茂盛的水体,往往水质很好,而且与众不同的是清澈见底。人工种植水草,是修复河道、湖泊水生态系统的重要一环。(g)水里养鱼虾。在放养鱼虾时,要注意食草性、食杂性、食肉性之间的搭配。鱼虾在水里自由洄游,在水面泛起阵阵涟漪,使河道、湖泊显得生机蓬勃。(h)河道曝气。河流受到污染后会缺氧,人工向水体中连续或间歇式充入空气(或纯氧),加速水体复氧过程,以提高水体的溶解氧水平,恢复和增强水体中好氧微生物的活力,使水体中的污染物质得以净化,从而改善河流的水质。河道曝气技术已在英国的泰晤士河,美国的圣克鲁斯港和 Homewood 运河,韩国的釜山港湾,北京的清河和上海的上澳塘等河流上得以应用,效果显著,彻底消除了水体黑臭现象,有效地削减了污染负荷,有助于河道生态系统的恢复。

2. 护岸工程

护岸工程是指为防止河流侧向侵蚀及因河道局部冲刷而造成的坍岸等灾害,使主流路线偏离被冲刷地段的保护工程设施。护岸工程应按河道整治线布置,布置的长度应大于受冲刷或要保护的河岸长度。防护措施通常有:直接加固岸坡,抛石或砌石护岸,在岸坡植树、种草等。按照设计理念,护岸工程可分为传统护岸和生态型护岸。传统的护岸工程以水泥、沥青、混凝土等硬性材料为主要建材,在结构型式上分为直立式,斜坡式或斜坡式与直立式组合的混合型式。

(1)传统护岸工程。传统护岸工程类型有:①斜坡式护岸。斜坡式护岸又可分为坝式护岸(包括堤身、护肩、护面、护脚和护底)和坡式护岸(包括岸坡、护肩、护面、护脚和护底)。②直立式护岸。直立式护岸可采用现浇混凝土、浆砌块石、混凝土方块、石笼、板桩、加筋土岸壁、沉箱、扶壁及混凝土、砖和圬工重力挡水墙等结构型式。③混合式护岸。混合式护岸兼容以上两型式特点,一般在墙体较高的情况下采用。

1)斜坡式护岸。斜坡式护岸又可分为坡式护岸和坝式护岸两种。斜坡式护岸工程多以水泥、砂浆、石料、混凝土等为主要建筑材料。护岸工程以枯水位作为分界线,枯水位以下部分称为护脚工程,常用的护脚工程有抛石、沉排、沉柳石枕或石笼等。枯水位以上部分称为护坡工程,常采用浆砌块石护坡、干砌块石护坡等。其中,护脚工程是重点,必须按照"护脚为先"的原则优先考虑。

①抛石护脚。是在需要防护地段从深泓到岸边均匀地抛一定厚度的块石层,以减弱水流对岸边的冲刷,稳定河势。设计抛石护脚时应考虑块石规格、稳定坡度、抛护范围和厚度等几方面问题。采用抛石时,抛石直径一般为 40~60 cm,抛石的大小,以能经受水流冲击,不被冲走为原则;抛石厚度一般为 0.8~1.2 m,不宜小于抛石粒径的 2 倍,水深流急处宜增大,坡度宜缓于 1:1.5。当工程规模较大时,抛石垃径应根据水深、流速、风浪情况,按《堤防工程设计规范》(GB50286—98)中有关公式确定。水下抛石护脚为隐蔽工程,其工程质量的优劣全部体现在施工过程的控制中,因此,施工时应采用先进科学的管理方法来保证施工质量、提高工程管理效率。施工程序为:抛前施工测量放样→现场抛投试验→施工区格划分→测量放样→定位船的定位→石料船挂靠→抛投石料→测量条格抛投量→补抛→完工水下断面测量。

柳石枕是在梢料内裹以石块,捆扎成直径为 0.8~1.0 m 的柱状物体,长度可根据需要而定,是一种常用的护岸和护底的基本构件。

石笼是用梢料、木条、竹条或铅丝编成的笼子,内填以石块做成的护坡和护底材料,石笼常做成矩形和圆柱形两种,如图 2-17 所示。

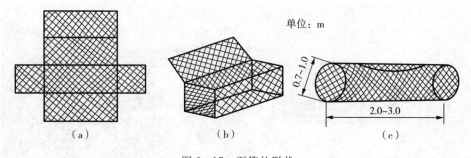

单位: m

0.7~1.0

2.0~3.0

（a）　　　　　　（b）　　　　　　（c）

图 2-17　石笼的形状

②块石护坡。分为干砌、浆砌两种,主要由脚槽、坡面、封顶三部分组成,如图 2-18 所示。脚槽主要起阻止砌石坡面下滑、稳定坡面的作用;坡面由面层与垫层构成,面层块石大小及厚度,应能保证水流和波浪作用下不被冲动,垫层起反滤作用;封顶的作用在于使砌石和岸滩衔接良好,并阻止雨水入侵,防止护坡遭受破坏。砌石工程应分别自坡脚向坡顶施工,施工顺序为:清基→敷设导滤沟→坡脚脚槽砌筑→枯水平台→接坡石→铺坡面粗砂碎石垫层→砌筑石块或混凝土预制块→砌筑浆砌石封顶→砌筑顶面浆砌石纵向排水沟→石块或混凝土预制块护坡与浆砌封顶部分连接部分砌筑。护坡浆砌石排水沟应与封顶浆砌石连接牢固,过渡平顺、美观,如图 2-19 所示。

需要注意的是,浆砌石厚度一般不小于 35 cm,干砌、浆砌石护坡与土体之间必须设置垫层,垫层宜采用砂、砾石或碎石、石碴和土工织物,砂石垫层厚度应不小于 0.1 m。同时,浆砌石护坡还须设置排水孔,孔径为 50～100 mm、孔距可为 2～3 m,宜呈梅花形布置。此外,浆砌石护坡还须设置变形缝。

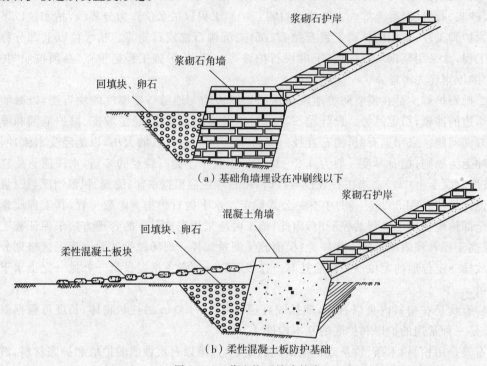

（a）基础角墙埋设在冲刷线以下

（b）柔性混凝土板防护基础

图 2-18　浆砌块石坡式护岸

（a）浆砌块石护坡　　　　　　　　　　　　（b）干砌块石护坡

图 2-19　块石护坡

　　③坝式护岸。分丁坝、顺坝,或丁坝和顺坝结合型式,如图 2-20 所示。丁坝是一种坝形建筑物,它的一端与河岸相连接,另一端则伸向河槽,其方向可以与水流正交或斜交,在平面上与河岸形成丁字形,故称为丁坝。丁坝能起到挑流和导流的作用。河道急弯冲刷河段宜采用顺坝护岸。顺坝应布置在急弯凹岸处。可以调整岸滩,加大曲率半径,促使凹岸稳定。顺坝坝头宜做成封闭式或缺口式,并应布置在主流转向点稍上游处;坝根应潜入嵌入河岸中,并应适当考虑上下游岸边的保护,应布置在水流转折点以下,以利于导引水流,防止凹

岸淘刷。顺坝顶纵向坡度应与河道整治线水面比降一致。

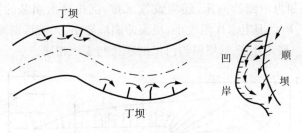

图 2-20 丁坝、顺坝布置示意图

丁坝的种类很多,按丁坝坝轴与水流方向夹角的不同,丁坝可分为上挑丁坝、正挑丁坝和下挑丁坝三种,如图 2-21 所示。按丁坝坝身形式的不同,可分为人字坝、月牙坝、雁翅坝、磨盘坝等几种,如图 2-22 所示。按丁坝坝身透水的情况,丁坝又可分为不透水丁坝和透水丁坝两种。

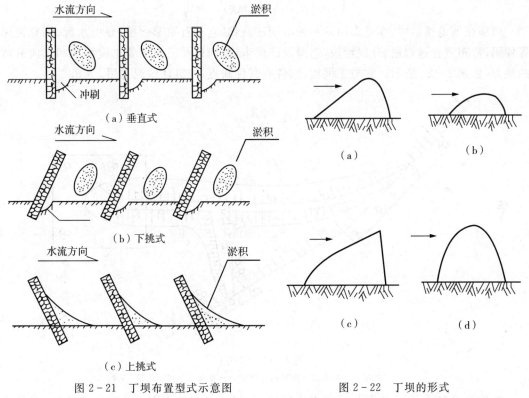

图 2-21 丁坝布置型式示意图

图 2-22 丁坝的形式
(a)人字坝;(b)月牙坝;(c)雁翅坝;(d)磨盘坝

丁坝由坝头、坝身和坝根组成。坝身一般用土料做成,外部用石块、柳石枕等耐冲材料围护;也可用抛石砌成,在比较松软的河床上则先用沉排作底,然后再抛石做成坝身;或用柳石枕、沉排等砌筑而成。为了防止丁坝底部被淘刷,常用沉排、柳石枕、抛石等护底,如图 2-23 所示。

顺坝坝顶宽度视坝体结构而异。土顺坝坝顶宽度可取 2~4.8 m,抛石顺坝坝顶宽度可取 1.5~3 m。坝的外坡,因有强烈水流紧贴流过,为减小水流的破坏作用,坡度应比较平顺,边坡系数可取1.5~2,并沿边用抛石或抛枕加以保护。坝的内坡,一般水流较缓,边坡系数可取1~1.5,坝基如为中细沙河床,还应设置沉排,沉排伸出坝基的宽度,外坡不小于6m,内坡不小于3m。顺坝因阻水作用较小,坝头冲刷坑较小,无需特别加宽加固。但坝头边坡系数应适当加大,一般不小于3,坝根与河岸的联接与丁坝相同。

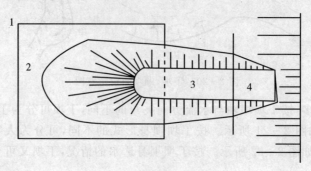

图2-23　丁坝结构示意图
1—沉排;2—坝头;3—坝身;4—坝根

　　顺坝在河道整治中,亦是常用的一种整治建筑物,它具有束窄河槽、导引水流、调整河岸等作用,常布置在过渡段、分汊河段、急弯及凹岸末端、河口及三角洲等水流不顺和水流分散的地方,如图2-24所示。它与丁坝相比,各有其优缺点,视具体情况选用。

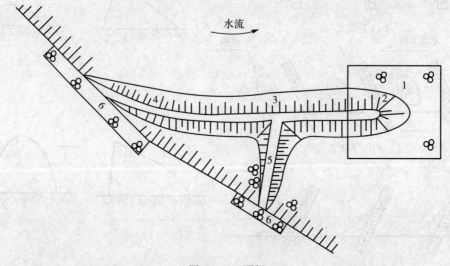

图2-24　顺坝
1—沉排;2—坝头;3—坝身;4—坝根;5—格坝;6—河岸防护

　　沉排又名柴排,用上下两层梢枕作成网格,其间填以捆扎成方形或矩形的梢料(多采用秸料或苇料),上面再压石块的排状物,其厚度根据需要而定,约为0.45~1.0m,长度一般为40~50m,宽度约为8~30m,如图2-25所示。

　　2)直立式护岸。直立式护岸有挡土墙、板桩或承台等结构型式。挡墙又分为重力式、悬臂式和扶壁式几种。

　　重力式挡土墙是依靠本身自重维持自身和构筑物稳定的护岸型式。重力式护岸具有整体性好、占地少、维修方便、施工简单等优点。对于河道狭窄,堤外无滩地,易受水流冲刷、保护对象重要、受地形条件或已建建筑物限制的塌岸河段应采用重力式护岸型式。但重力式护岸对地基要求较高,造价也较高。

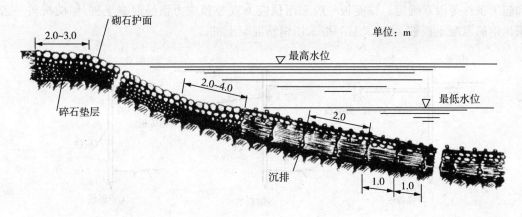

图 2 - 25 沉排

重力式护岸墙体的材料可采用钢筋混凝土、混凝土和浆砌石等。重力式护岸常用形式有:整体式护岸、空心方块及异形方块式护岸和扶壁式护岸。临水侧可采用直立式、陡坡式,背水侧可采用直立式、斜坡式、折线卸载台阶式等,如图 2 - 26 所示。

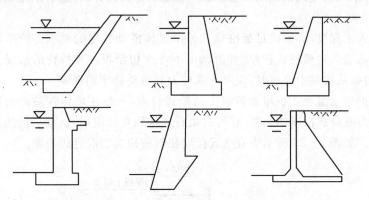

图 2 - 26 重力式护岸主要断面型式

在较软地基上修建港口、码头,宜采用板桩式及桩基承台式护岸。板桩式及桩基承台式护岸型式,按照有无锚碇可分为无锚板桩和有锚板桩两类。有锚板桩又分为单锚板桩和双锚板桩。

板桩式护岸依靠板桩入土部分的横向土抗力维持其整体稳定性。有锚板桩还依靠安装在板桩上部的锚碇结构支撑。板桩式及桩基承台式护岸型式选择,应根据荷载、地质、岸坡高度以及施工条件等因素,经技术经济比较确定。单锚板桩适用于水深小于 10 m 的城市坡岸,仅设一个锚碇,具有施工方便,结构简单等优点。双锚板桩适用于水深大于 10 m 或软弱地基情况,结构较复杂。无锚板桩受力情况相当于埋在基础上的悬臂梁,一般适用于水深小于 10 m 情况。

板桩护岸的构造主要由板桩、帽梁、锚碇结构和导梁组成。板桩是护岸主要部分;帽梁的作用是将各个板桩连接成整体;导梁是板桩与锚杆间的主要传力构件。锚碇结构通常由锚碇板、锚杆组成。

城市防洪

锚碇结构型式有:锚碇板或锚碇墙、锚碇桩或锚碇板桩、锚锭叉桩、斜拉桩锚碇、桩基承台锚碇,如图2-27所示。有锚板桩的锚碇结构型式应根据锚碇力、地基土性质、施工设备和施工条件等因素确定。锚碇板一般采用预应力或非预应力钢筋混凝土桩,锚碇板桩一般采用钢筋混凝土板桩,锚碇叉桩一般采用钢筋混凝土桩。

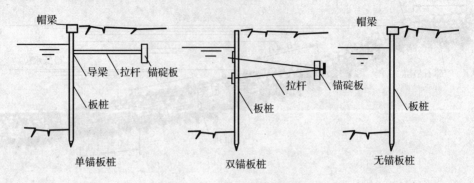

图2-27　板桩护岸主要类型

板桩墙宜采用预制钢筋混凝土板桩。钢筋混凝土板桩可采用矩形断面,厚度经计算确定,但不宜小于0.15 m。宽度由打桩设备和起重设备能力确定,也可采用0.5~1.0 m。当护岸较高时,宜采用锚碇式钢筋混凝土板桩。在施工条件允许时,也可采用钢筋混凝土地下连续墙。

板桩墙的入土深度,必须满足板桩墙和护岸整体滑动稳定的要求。护岸整体稳定计算可采用圆弧滑动法。对板桩式护岸,其滑动可不考虑切断板桩和拉杆的情况。对于桩基承台式护岸,当滑弧从桩基中通过时,应考虑截桩力对滑动稳定的影响。

3)混合式护岸。混合式护岸兼容以上两型式特点,一般在墙体较高的情况下采用。如图2-28所示为混合式护岸的一种,它可由抛石基床和直墙组成,直墙后面的混凝土沉箱一般也为直立式。如图2-29所示为直立式挡墙和斜坡构成的混合式护岸。

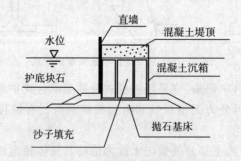

图2-28　混合式护岸断面结构形型式(一)

4)生态型护岸。采用植物材料和人工材料,具有透水性和多孔性特征,能够提供植物生长和鱼类产卵条件的护岸称为生态型护岸。它是以保护、创造生物良好的生存环境和自然景观为前提,在保证护岸具有一定强度、安全性和耐久性的同时,兼顾工程的环境效应和生物效应,以达到一种水体和土体、水体和生物相互涵养,适合生物生长的仿自然状态。生态型护岸除了起着生态保护作用外,与传统的浆砌石结构护岸相比,有结构简单、适应不均匀沉降性能好、施工更简便、成本低等优点,能较好地满足护岸工程的结构和环境要求。生态型护岸作为永久河岸防护工程正成为国内外护岸型式的发展方向。如瑞士和德国在 20 世纪 80 年代末就提出了捆材护岸、沉排、草格栅、干砌石等生态护岸形式,在大小河流均有较多的实践;美国常用的有土壤生物工程护岸技术;日本在河流护岸整治方面效法欧美,并加以改进,有植物、干砌石、石笼、生态混凝土等护岸技术,在河流整治中取得良好效果。目前我国多采用植被护岸和其他类型护岸相结合的方式,形成了各种不同的生态型护岸,如土工植草固土网垫、土工网复合技术、土工格栅等。

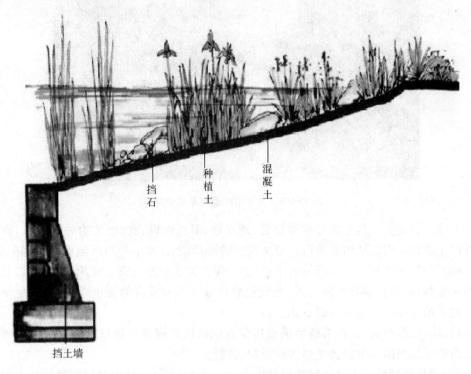

挡石　　种植土　　混凝土

挡土墙

图 2-29　混合式护岸断面结构型式(二)

生态型护岸按材料分为以下三类:①天然材料护岸。包括草和草皮、合成材料加固的草、芦苇、柳树和其他的树、木结构、灌木。②垂直护岸。有钢板桩、钢和石棉水泥沟槽板、石笼结构、混凝土和砖以及圬工重力挡土墙、预制混凝土块、加筋土结构、其他低造价结构。③铺砌护岸。包括抛石、砌石、石笼沉排;混凝土中的混凝土块、现浇混凝土板、土工织物沉排;土工织物和土工膜的有草复合结构、面层和栅格、二维结构(织物)。日本生态型的护岸材料概括起来有:自然型(植物护岸、干砌护岸、原木石格子护岸)、半自然型(石笼护岸、半干砌石、土工材料护岸)和人工型(生态混凝土、框格砌块护岸、土壤固化剂)等生态护岸类型。日本的河流护岸一般以自然植被、石材和木料为主,构建生态河道。在大型河流的护岸中也采用刚性材料,但同时非常重视其生态性。目前,国内外常用的生态护岸有以下几种:

①草皮护坡。在堤坡表面的粘土层上种植草皮进行堤防坡面保护,是保护堤防免受波浪侵蚀的有效方法。在荷兰,大部分堤防的护坡均采用草皮护坡,只有当波浪荷载太大、草皮护坡无法提供足够的护坡保护时才用硬块护坡的方法。

堤防草皮护坡的作用,部分是由于植草之间的相互交叠,形成了一种类似屋顶瓦片的结构,从而在坡面水流通过时,可以保护土颗粒不随水流流失。另外,草皮护坡的一个极其重要的作用是草皮根系的蔓延和根瘤的分枝固定了草根之间的土体,从而防止坡面水土流失。如图 2 - 30 所示为南淝河草皮护坡。

图 2 - 30　合肥市南淝河草皮护坡

②石笼。石笼护岸具有很好的柔韧性、透水性、耐久性以及防浪能力好等优点,而且具有较好的生态性。它的结构能进行自身适应性的微调,不会因不均匀沉陷而产生沉陷缝等,整体结构不会遭到破坏。由于石笼的空隙较大,因此能在石笼上覆土或填塞缝隙,以及微生物和各种生物,在漫长岁月的加工下,形成松软且富含营养成份的表土,实现多年生草本植物自然循环的目标。石笼分为以下几类:

(a)石箱(箱形石笼)。石箱是使填石固定就位的铁丝或聚合物丝的网格式制作物。铁丝笼是由铁丝编织的网格或者是焊接而成的结构物。

(b)石笼格网挡墙。石笼格网挡墙是由厚度为 0.5~1.0 m 的钢丝格网网箱叠砌而成的挡土墙结构。用于代替浆砌石及混凝土成为河流护岸挡墙,亦用于陡峭岸坡的保护,同时实现植被绿化、生态环境保护。

(c)六角网石笼。六角网石笼防护工程由钢丝箱笼加上填充料构成,用作护坡或挡墙工程。具有抗冲性强、结构整体性好、价格低廉以及施工方便等优点。六角网石笼防护工程的防冲系数是一般抛石防护工程防冲系数的两倍,造价一般低于混凝土护坡价格,低于或接近浆砌块石价格,特别是在土质地基较差地段修建防护工程,可以免去地基处理的麻烦。

(d)石笼格网护垫。石笼格网护垫是厚度为 0.15~0.30 m 的网箱结构。主要用作河道岸坡护坡。既可防止河岸遭水流、风浪侵袭而破坏,又保持了水体与坡下土体间的自然对流交换功能,既实现了生态平衡也保护了堤坡,增添了绿化景观。石笼网垫防护工程中的块石即使产生位移,此时变形后的护垫结构将调整,达到新的平衡,而整体不会遭到破坏,从而有效保护岸坡土壤不遭破坏。

③土工模袋混凝土护岸。土工模袋混凝土护岸是由灌入模袋内的混凝土凝固后形成的一种刚性护岸,它可使堤岸免遭水流的直接淘刷,如图 2 - 31 所示。模袋是用高强度化纤长丝机织成的双层模型垫袋,上下两层之间按一定间距设有固定长度的绳索,用来控制成型后的模袋厚度。可根据工程设计要求,加工成不同厚度、不同规格的模袋。

图 2-31　怀洪新河峰山切岭段模袋护坡工程

土工模袋具有透水不透浆的特点,可将充灌进模袋内的混凝土中的多余水分从模袋的孔隙中排走,使混凝土的水灰比显著降低,加快混凝土凝固速度,从而提高混凝土的强度和耐久性。土工模袋混凝土面板具有抗冲能力强、成本低、不需要模板、施工机械化程度高、工期短、能够在各种复杂的地形上铺筑和无需铺设反滤层等特点,可以在水上及水下同时施工,并能大面积一次铺筑成型。由于水下施工时不需要修筑围堰,因此可用于临时抢险。

④生态混凝土或水泥生态种植基。日本在 1989 年研制了能有效抑制水体富营养化的生态混凝土材料。这种材料是一类特种混凝土,其内部具有大量的连通孔,依靠大孔混凝土的物理、化学及生物化学作用,达到净水、反滤护坡、种植等功能。常水位以下采用反滤型高强生态混凝土护坡,常水位以上采用植生型高强生态混凝土护坡。反滤型生态混凝土具有强度高、孔隙率大、孔径小的性能特点,实现了耐久、透水、反滤的护坡功能;植生型生态混凝土同时具有强度高、孔隙率大、孔径合理的植生性能特点,既达到耐久、稳定的护坡目的,又能适应多种植生方式,满足绿化覆盖率达至 95% 以上的设计要求,如图 2-32 所示。

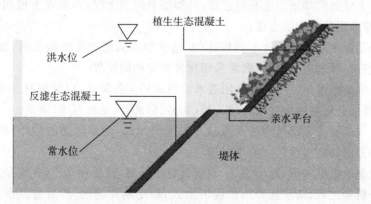

图 2-32　生态混凝土示意图

⑤土工织物软体排。土工织物软体排是以土工织物作为基本材料缝制成的大面积排体,可代替传统的柴排。软体排分单片排和双片排两种。单片排是用土工织物缝接成所需

尺寸的排体,一般在排体四周和中间每隔一定间距布置绳网,这样既加大了排体强度,又便于施工。排体上抛填块石、石笼等压重材料或铺设混凝土连锁板。双片排是用土工织物缝制成的袋状体,其中充填透水材料作为压重。土工织物软体排具有良好的柔韧性,适应河床变形的能力强,连续性、整体性及抗冲性能好,造价比传统的柴排低。所以,用它完全可以代替传统的柴排。

⑥土工网罩。土工网罩是用高强度的土工合成材料制成的网片,将固脚用的散抛石罩在一起,使散抛石形成一个整体结构,以避免抛石大量流失,提高防冲能力。土工网罩可以避免散抛石大量走失,且具有适应河床变形能力强、施工方便、费用低等特点。

⑦土工网垫草皮护坡。土工网垫草皮护坡是将草的根系固土作用和土工网垫固草防冲作用相结合而形成的一种复合型护坡技术,比一般草皮护坡具有更高的抗冲能力,适用于任何复杂地形,多用于堤坝护坡及排水沟、公路边坡的防护。

土工网垫是一种类似于丝瓜瓤网络的三维结构,由加入炭黑的尼龙丝经过一定的工艺处理,并在接点上相互熔合粘接而成。网垫疏松柔韧,90%的孔隙可以充填土、砾石或其他适宜材料。草的根系与尼龙丝互相交织在一起,形成一层坚韧的表皮,牢固地贴在土壤表层。为了使草皮得到良好生长,草种要选择适宜当地生长的优良品种,一般要求草对土质、环境的适应性要强,并且要耐盐碱、耐寒、耐旱、耐涝、根系发达。土工网垫草皮护坡具有成本低、施工方便、恢复植被、美化环境等优点。黑色土工网垫不仅可以延缓网垫老化,而且还可大量吸收热能,促进植草生长,延长其生长期。

3. 堤防工程

城市堤防有土质堤防和混凝土或块石砌筑的防洪墙,前者断面尺寸较大,占地多,多是历史上修筑的;防洪墙断面尺寸较小,占地少,结构美观,宜建成城市滨水景观带。根据国家水利发展统计公报,2011年底全国已建成江河堤防30.00万km,累计达标堤防12.86万km,堤防达标率为42.9%;其中一、二级达标堤防长度为2.84万km,达标率为77.0%。全国已建成的江河堤防保护人口达5.7亿人,保护耕地达0.43亿hm²。堤防在防洪中发挥了举足轻重的作用。

(1)土堤。

1)类型。土堤通常都采用土石料建造,其类型有均质土堤,斜墙式土堤和心墙式土堤等三种,其中最常采用的是均质土堤。

均质土堤是由单一的同一种土料修建的,这种型式的防护堤结构简单,施工方便,如果筑堤地点附近有足够的适宜土料,则常采用这种类型的防护堤。

斜墙式土堤的上游面(迎水面)是用透水性较小的土料填筑,以防堤身渗水,称为防渗斜墙,堤身的其余部分则用透水性较大的土料(如砂、砂砾石、砾卵石等)填筑。

心墙式土堤的堤身中部是用透水性较小的土料填筑,起到防渗的作用,称为防渗心墙,堤身的其余部分则用透水性较大的土料填筑。

土堤的类型应根据地形、地质条件,筑堤材料的性质、储量和运距,气候条件和施工条件来进行综合分析和比较,初步选择防护堤的型式,拟定断面轮廓,然后进一步分析比较工程量、造价、工期,根据技术上可行,经济上合理的原则,最后选定防洪堤的类型。

2)堤防标准。堤防工程的防洪标准应根据防护区内防洪标准较高防护对象的防洪标准确定。堤防工程的级别应符合国家标准《堤防工程设计规范》的规定,见表2-5所列。

表 2-5 堤防工程的级别及防洪标准

堤防工程的级别	1	2	3	4	5
防洪标准 [重现期(a)]	≥100	<100,且≥50	<50,且≥30	<30,且≥20	<20,且≥10

对于特别重要的堤防,其防洪标准经专题论证后,报主管部门审批确定。蓄、滞、行洪区的堤防工程的防洪标准,应根据江河流域规划要求专门确定。

3)筑堤的土料要求。筑堤土料应该就地取材,便于施工,而且不易受冲刷或开裂,同时土料的抗渗性能和密实性能也都较好。

修筑均质土堤的土料应具有一定的不透水性和可塑性,粘粒含量适宜,土中有机物和水溶性盐类的含量不超过允许的数值。通常选择渗透系数不大于 1×10^{-4} cm/s,粘粒含量为 10%~25%的壤土。粘粒含量过大,施工比较困难;而粘粒含量过小,则防渗性能差,而且抗剪强度小,也容易产生液化。

土的可塑性不仅影响到土料填筑时的碾压效果,而且影响到今后堤身适应变形的能力。对于均质防护堤,一般以塑性指数在 7 以上的轻壤土和中壤土为最好。

土中有机物的含量,按重量计以不超过 5%为宜。水溶性盐类的含量,按重量计以不超过 3%~5%为宜。

我国西北地区的黄土,虽然其天然密度小,湿陷性大,但在适当的填筑含水量和压实密度的情况下,仍为修筑均质土堤的良好材料。

用作斜墙和心墙的土料,一般要求其渗透系数不大于 1×10^{-5} cm/s,土料的塑性指数在 7~20 之间,粘粒含量在 15%~30%。塑性指数在 10~17 之间的中壤土和重壤土是填筑斜墙和心墙的较理想的土料。

粘性土土堤的填筑标准按压实度确定,1 级堤防压实度不应小于 0.94;2 级和高度超过 6 m 的 3 级堤防压实度不应小于 0.92;低于 6 m 的 3 级堤防及 3 级以下压实度不应小于 0.90。非粘性土土堤的填筑标准应按相对密度确定,1、2 级和高度超过 6 m 的 3 级堤防相对密度不应小于 0.65;低于 6 m 的 3 级及 3 级以下堤防相对密度不应小于 0.60。

4)堤线选择与堤距确定。堤线选择应充分利用现有堤防设施,结合地形、地质、洪水流向、防汛抢险、维护管理等因素综合分析确定,并与沿江(河)市政设施相协调。堤线宜顺直,转折处应用平缓曲线过渡。

堤距应根据城市总体规划、地形、地质条件、设计洪水位、城市发展和水环境的要求等因素,经技术、经济比较确定。

5)土堤的断面尺寸。

①防护堤堤顶高程的确定。防护堤堤顶高程的设计与土石坝基本相同,即防护堤的堤顶或防洪墙顶高程可按下式计算确定,即:

$$Z = Zp + Y = Zp + R + e + A \tag{2-6}$$

式中:Z——堤顶或防洪墙顶高程,m;

Y——设计洪(潮)水位以上超高,m;

Zp——设计洪(潮)水位,m;

　　　　R——设计波浪爬高,m,按《堤防工程设计规范》(GB50286－98)附录 C 计算;

　　　　e——设计风速条件下壅水高度,m,按《堤防工程设计规范》(GB50286－98)附录 C 计算;

　　　　A——安全加高,m,按相关规范的规定执行,也可参照表 2－6 确定。

　　表 2－6 所列的值是防护堤安全加高的下限值,对于洪水时期河道水面较宽的情况,安全加高值宜较大;若河道水面比较狭窄,则安全加高可较小。

表 2－6　防护堤堤顶的安全加高 A 的最小值

防护堤的型式	防护堤的等级			
	1	2	3	4、5
	安全加高(m)			
土石防护堤	1.5	1	0.7	0.5
圬工防护堤	0.7	0.5	0.4	0.3

　　当堤顶设置防浪墙时,墙后土堤堤顶高程应高于设计洪(潮)水位 0.5 m 以上;土堤应预留沉降量。其值可根据堤基地质、堤身土质及填筑密度等因素分析确定。

　　堤防设计水位应根据设计防洪标准和控制站的设计洪水流量,考虑桥梁、码头、跨河、拦河等建筑物的壅水影响,分析计算设计洪水水面线。推求水面线采用的河道糙率应根据堤防所在河段实测或调查的洪水位和流量资料分析确定。对所推求的水面线应进行合理性分析。

　　②防护堤堤顶宽度确定。土堤和土石混合堤,堤顶宽度应满足堤身稳定和防洪抢险的要求,且不宜小于 3 m。如堤顶兼作城市道路,其宽度和路面结构应按城市道路标准确定。如无交通要求,仅为防汛和检修需要,则堤顶的宽度应根据防护堤的级别和重要性而定,级别高和较重要的防护堤,堤顶宽度应略大一些,其他防护堤的堤顶宽度可略小一些,但最小顶宽不小于 3.0 m。黄河大堤兼作交通道路,并且在防汛时有运土和储备土料的要求,堤顶的宽度为 7～10 m;荆江大堤的堤顶宽度则为 7.5～10 m。

　　为了排除降雨时堤顶上的雨水,堤顶应做成向一侧倾斜或向两侧倾斜,使堤顶表面具有 2%～3% 的横向坡度。

　　③防护堤的坡度。防护堤的边坡决定于防护堤的高度、防护堤的型式、筑堤材料和运用条件,通常根据上述条件初步选定防护堤的边坡坡度后,还要根据稳定性计算、渗透计算和技术经济分析才能最后确定。

　　一般防护堤的边坡坡度迎水坡比背水坡要缓,因为迎水坡经常淹没在水中,处于饱和状态,并遭受河道水位变化和风浪的作用,稳定性较差的缘故。但当防护堤背水坡脚处不设排水时,则背水坡的坡度应更缓一些。

　　在初步确定防护堤的边坡坡度时,可根据防护堤的高度和筑堤材料按表 2－7 选用。

　　防护堤的断面形状基本上是一个梯形,当堤身高度不大时,迎水坡和背水坡通常都采用单一的坡度;当防护堤的高度较大时,沿堤高可采用不同的坡度,顶部坡度略陡,下部逐步放缓。考虑到交通、检修、防汛、施工、稳定和渗流的特殊需要,在防护堤的下游边坡上可增设马道(戗道、戗台),马道的宽度一般为 2.0～3.0 m。在堤坡的变坡处,一般都设有马道。当堤身高度大于 6 m 时,宜在背水坡设置戗台(马道),其宽度不应小于 2 m。

表 2-7 防护堤的边坡坡度

筑堤材料	防护堤的高度(m)					
	<5	5~8	8~10	<5	5~8	8~10
	迎水坡			背水坡		
粘壤土和砂壤土	1:2.5	1:3.0	1:3.0[①]	1:2.0	1:2.0	1:2.5[①]
粘土和重砂壤土,堤坡有护面	—	1:3.0	1:3.0[①]	—	1:2.25	1:2.5[①]
堤身由一种或多种土料(砂土、砂壤土、轻粘壤土)筑成,并设有塑性心墙	—	1:3.0	1:3.0[①]		1:2.0	1:2.5
堤身由一种或多种土料(砂土、砂壤土、轻粘壤土)筑成,并设有塑性斜墙	—	1:3.0	1:3.25[①]		1:2.0	1:2.5[①]
堤身由粉状土、粘壤土筑成,粉土含量不少于70%	1:3.0	1:3.5	1:3.75[①]	1:2.5	1:2.5	1:3.0[①]

注:①为最小值

(2)防洪墙。城市中心市区和工矿区地方狭窄、土地昂贵,防洪堤由于堤身庞大,占地较多,拆迁费用非常大。因此,城市中心区的堤防工程宜采用防洪墙。防洪墙具有体积小、占地少、拆迁量小、结构坚固、抗冲能力强等优点,因此在城市防洪中被广泛采用。防洪墙应采用钢筋混凝土结构,高度不大时可采用混凝土或浆砌石防洪墙。

1)类型。防洪墙的型式基本上可分为三类,即:

①重力式,如图 2-33(a)所示。通常用浆砌石或混凝土,墙的迎水面为竖直面,背水面为倾斜面,但有时为了反射冲击墙面的波浪,也可将迎水面做成曲线形。适用于墙体较低或地基承载力较高的情况。

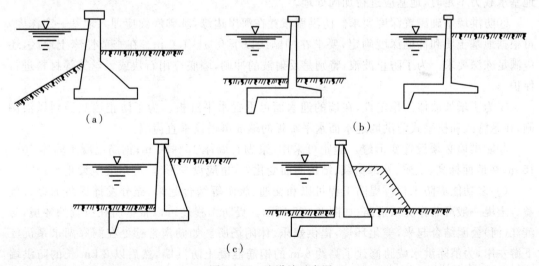

(a)

(b)

(c)

图 2-33 防洪墙示意图

②悬臂式,如图 2-33(b)所示。通常采用钢筋混凝土,墙的迎水面一般垂直。适用于墙

体相对较高或地基承载力差的情况。

③扶壁式,如图2-33(c)所示。即在悬臂式的背水面每隔一定距离增设一道扶壁(支墩),以支撑墙面,通常采用用钢筋混凝土建造。适用于墙体较高的情况。如南昌市赣江防洪墙,高约10 m,采用扶壁式结构,设计标准为百年一遇($P=1\%$),如图2-34所示。

图2-34　南昌赣江扶壁式钢筋混凝土防洪墙

2)防洪墙设计。防洪墙设计时要考虑以下问题:

①防洪墙必须满足强度和抗渗要求。底板不产生拉应力,即合力作用点应在底板三分点之内;基底轮廓线长度应满足不产生渗透变形的要求。

②防洪墙必须进行抗滑、抗倾和地基整体稳定验算。地基应力应小于地基承载力。当地基承载力不足时,地基应进行加固处理。

③防洪墙基础砌置深度要求。防洪墙布置在河岸边缘,基础底面应埋入地基一定深度,可根据地基土质和冲刷深度确定,要求在冲刷线以下0.5~1.0 m。在季节性冻土地区,还应满足冻深要求。为了防止波浪,特别是反射波的冲刷,墙底应用石块或铅丝笼等材料进行保护。

④为了增加墙体的稳定性,在墙的迎水面可设置水平趾板。为了防止墙底受到风浪淘刷,在悬臂式和扶壁式防洪墙迎水面水平趾板的端部可增设垂直齿墙。

⑤防洪墙必须设置变形缝。缝距可采用:浆砌石墙体15~20 m;钢筋混凝土墙体10~15 m;在地面标高、土质、外部荷载、结构断面变化处,也应设变形缝,变形缝应设止水。

(3)多功能堤防工程。堤防工程可以和交通、旅游等结合起来,充分发挥堤防的综合效益。土堤一般可兼作堤顶道路,如图2-35所示。堤防工程还可以根据所在位置的环境,与滨江(河)公园结合起来,美化环境,提供娱乐、休闲场所。如湖南常德处在洞庭湖水系沅江下游左岸,为消除洪水威胁修建了高约6 m的钢筋混凝土防洪墙,然后以3 km长的防洪墙为载体,修建了一座旨在弘扬中华传统文化,加强爱国主义教育的诗墙,被命名为"中国常德诗墙",被载入上海吉尼斯纪录,如图2-36所示。

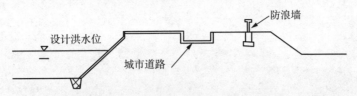

图 2-35 与城市道路结合的土堤

图 2-36 常德防洪墙——"中国常德诗墙"

　　防洪墙位于市区,一定要注意与其他市政设施的协调。必要时,可以和园林、娱乐场所和商业建筑等结合起来,如图 2-37 所示为芜湖市靠市区堤防段的防洪墙结构,它将防洪、商业、娱乐等结合起来,获得了较好的综合利用效益。2012 年,芜湖市对防洪墙进行了加固,拆除了门面房,以拓宽沿河路道路。该防洪墙为空箱结构,水电管线从空箱中走,顶部设 5 m 宽的景观平台(如图 2-38 所示,部分平台向江面伸出),具有防洪、通行和景观等多重功效。上海市外滩防洪墙也为空箱式结构,净高 2.5 m,宽 1.4 m。防洪墙外移使外滩陆域面积增加近一倍,道路内原来 6 车道扩建成 10 车道,极大地改善了交通条件;空箱内还可作为停车场,缓解了这里的停车难问题。

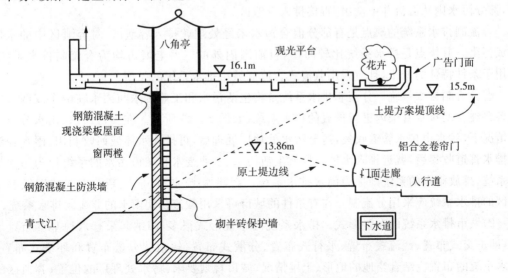

图 2-37 芜湖市多功能防洪墙

图 2－38　芜湖市青弋江北岸防洪墙效果图

4. 排水工程

城市排水工程由排水管网或排水沟道系统、排水闸站、污水处理厂等构成。

（1）城市排水系统。城市排水系统是处理和排除城市污水和雨水的工程设施，通常由排水管道或沟道和污水处理厂组成。

1）城市排水体制。城市排水体制应根据城市总体规划、环境保护要求，当地自然条件（地理位置、地形及气候）和废水受纳体条件，结合城市污水的水质、水量及城市原有排水设施情况，经综合分析比较确定。城市排水体制应分为分流制与合流制两种基本类型。同一个城市的不同地区可采用不同的排水体制。

①合流制排水系统。合流制排水系统是将生活污水、工业废水和雨水混合在一个管渠内排放，通常在靠近容泄区（河、湖、坑塘等）的附近修建一条截流干管，在截流干管的末端设置污水处理厂，同时在污水合流干管的末端设置溢流井，当污水流量较小时，污水从合流干管通过截流干管进入污水处理厂，经处理后排入容泄区，如图 2－39 所示；当污水流量较大时，部分污水则从溢流井中溢出，直接排入容泄区。

合流制排水系统的缺点是有部分混合污水未经处理就排入容泄区，对容泄区中的水体造成污染。其优点是排水系统比较简单，目前国内外的一些老城市均为合流制排水系统。适用于条件特殊的城市，且应采用截流式合流制城市排水系统的类型。

②分流制排水系统。分流制排水系统是将生活污水和工业废水与雨水在两个或两个以上各自独立的排水管渠内进行排放的排水系统，如图 2－40 所示。在实行污水、雨水分流制的情况下，污水由排水管道收集，送至污水处理厂处理后，再排入水体或回收利用；雨水径流由排水管道收集后，就近排入水体。排放生活污水、工业废水和城市污水的系统称为污水排水系统，排放雨水的系统则称为雨水排水系统。新建城市、扩建新区、新开发区或旧城改造地区的排水系统应采用分流制。在有条件的城市可采用截流初期雨水的分流制排水系统。

2）城市排水系统的布置形式。排水系统的布置形式很多，归纳起来有六种基本布置形式，即正交式布置、截流式布置、平行式布置、分散式布置、辐射状分散布置和环绕式布置。排水系统的布置应结合当地的地形、土壤情况、城市规划要求、污水处理厂的位置、容泄区的情况、污水种类等因素，根据具体条件因地制宜，综合考虑。

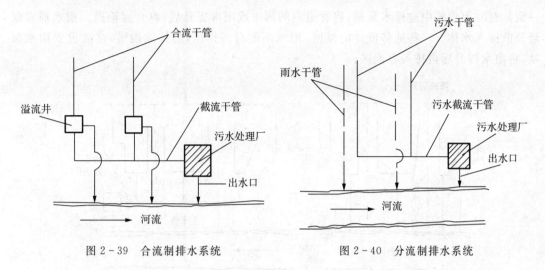

图 2-39 合流制排水系统　　　　图 2-40 分流制排水系统

①正交式布置。各排水流域的干管以最短距离沿与水体垂直相交的方向布置的形式，适用于地势向水体倾斜的地区，如图 2-41(a)所示。这种布置形式的干管长度短，管径比较小，污水的排放也比较迅速，是比较经济的一种布置形式，但是由于污水未经处理就直接排放，将会使容泄区的水质遭受污染，影响环境。因此，这种布置方式仅适用于布置雨水排水系统。

②截流式布置。是沿低地敷设主干管，并将各干管的污水截流后再送至污水处理厂的布置形式，如图 2-41(b)所示。截流式排水布置由于污水经处理后才排入容泄区，因此减轻了对容泄区水体的污染，改善了城市的环境条件，适用于分流制排水系统中生活污水和工业废水的排水系统布置。

③平行式布置。为了避免因干管坡度过大而导致管内流速过大，使管道受到严重冲刷或跌水井过多，让干管与等高线及河道基本上平行，主干管与等高线及河道成一倾斜角敷设的布置形式，适用于地势向河流方向有较大倾斜的地区，如图 2-41(c)所示。

④分散式布置。分别在地势较高地区和较低地区敷设独立的管道系统，地势较高地区的污水靠重力流直接流入污水处理厂，较低地区的污水用水泵抽送至较高地区干管或污水处理厂，如图 2-41(d)所示。

⑤辐射状分散布置。当城市中央部分地势高，且向周围倾斜，四周又有多出排水出路时，各排水流域的干管常采用辐射状分散布置，如图 2-41(e)所示。这种布置具有干管长度短，管径小，管道埋深浅，便于污水排出等优点，但要求水泵站和污水处理厂的数量较多，适用于地势比较平缓的较大城市。

⑥环绕式布置。沿四周布置主干管，将各干管的污水截流送往污水处理厂集中处理的布置形式，如图 2-41(f)所示。这种布置可减少污水处理厂的数量和建筑用地，节省污水处理厂的基建投资和运行管理费用。

3)排水管道与排水沟道。城市雨水或污水的排放可以采用暗管，也可以采用明沟，应根据具体条件选用。

收集沿途居住区和工厂排出的污水和雨水的排水管道内的水流，通常是凭借管道的坡降重力自流。为汇集水流，排水管道一般布设在地势较低处，并尽可能使管道的坡度同地形一致。有时要设置中途排水泵站,将管道内的污水或雨水提升后,再自流输送。雨水通常就近分散排入水体。一些地势低洼的城区,雨水不能自流排出,为排除内涝,常需设置雨水泵站,将雨水提升后再排入容泄区。

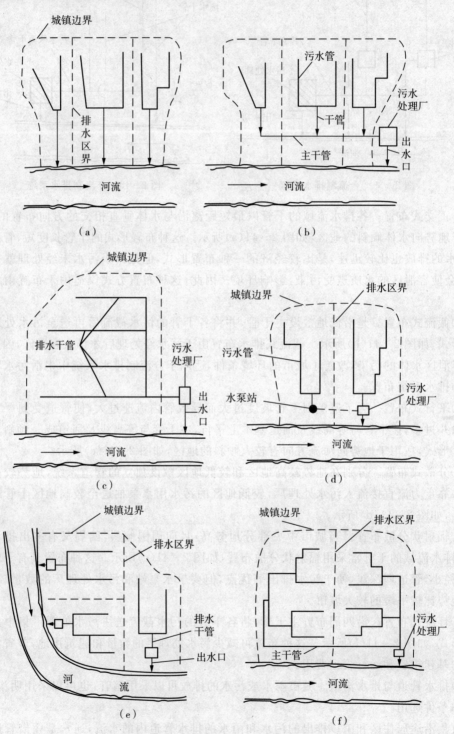

图 2-41　排水系统的布置方式

排水沟道一般分为骨干沟道、支沟等,当排水面积较大或地形较复杂时,排水沟道级数可适当增加。排水沟主要用以排水,有时也起到蓄水和滞水作用。通常采用明沟将涝水自流排入容泄区。但在一些地区,由于汛期外河水位高于排水区内的沟道水位,涝水不能自流排出,需设置泵站抽排。为了节省排水费用和能源,还要尽量利用排水区内的湖泊、洼地滞蓄一部分涝水。

排水管(沟)的断面形式通常有圆形、半椭圆形、马蹄形、方圆形(城门洞形)、蛋形、矩形、倒方圆形、梯形等几种。半椭圆形断面在承受垂直压力和活荷载方面的性能比较好,适用于污水流量变化不大和管渠直径大于 2 m 的情况。马蹄形断面具有较好的水力条件和承受外力条件,但施工比较复杂,适用于流量变化不大的大流量污水排水管道。

污水管道的管径不宜过小(允许的最小管径不小于 150 mm),直径过小极易堵塞,给养护管理造成困难。污水管道的埋置深度应按《室外排水设计规范》中规定要求确定。如在行车道下的管道,管顶的最小覆土厚度一般不小于 0.7 m。

(2)排水闸站。排水泵站也称抽水站、水泵站,是将低处的水抽向高处的一种集中的排水设备。

为了保护防护区免遭洪水的淹没,在防护区临河一侧修筑围堤后,防护区原有的排水出路即被隔断,此时防护区内的城镇污水、工业废水、雨水、地下水以及防护区内原有河沟中的水流,均需通过抽水站用水泵排出堤外。

1)排水泵站。如果防护区的面积较大,地形的起伏不大,地势为单向倾斜,有单一的骨干排水河沟进行排水的地区,宜在排水出口处修建较大的集中抽水站。当防护区内地形起伏较大,地势高低不平,排水出口分散时,宜分散建立较小的抽水站。

如果防护区内有较大的具有调蓄能力的容泄区,且容泄区的地势较低,可使各排水沟自流排水进入容泄区,在容泄区附近集中修建较大的抽水站,将容泄区中的水集中抽出防护堤外,如图 2-42(a)所示;若容泄区的地势较高,则宜在各排水沟的末端分散修建抽水站将各排水沟中的水抽入容泄区,经容泄区调蓄后,在外河水位较低时,再自流排出防护堤外,如图 2-42(b)所示。

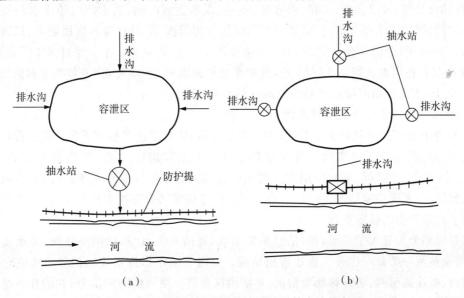

图 2-42 防护区内有较大容泄区时抽水站的布置

(a)集中建站;(b)分散建站

抽水站站址选择时,应考虑以下几方面因素:尽量选在防护区比较低洼的地点建站,以便汇集水流;靠近容泄区(湖泊、坑塘、洼地、河沟等)或防护堤附近建站;应选择在地质条件良好、承载力较高的地方建站;应靠近电源,又与居民区和公共建筑物有一定距离(一般应不小于 25 m)的地方建站;应使抽水站的进水和出水平顺,尽量减小管路长度。

2)防洪闸。为排除防护区内涝积水或防止外河水位倒灌,往往需要在防护区下游靠近容泄区的低洼地点修建防洪闸或排涝闸。防洪闸可与排水泵站联合修建。若汛期容泄区水位较低,能够自排,则开闸排水,不能自排则利用泵站抽排。滞蓄洪区内的洪水排除,一般需在分洪区下游,距下游河道较近地方,布置泄洪闸,以利在洪峰过后迅速排出。

闸址应根据其功能和运用要求,综合分析地形、地质、水流、泥沙、潮汐、航运、交通、施工和管理等因素,结合城市规划与市政工程布局,经技术经济比较选定。闸址应选择在水流流态平顺,河床、岸坡稳定的河段。泄洪闸、排涝闸宜选在河段顺直或裁弯取直的地点。闸址地基地层应均匀、压缩性小、承载力大、抗渗稳定性好,有地质缺陷、不满足设计要求的地基应进行加固处理。

泄洪闸的轴线宜与河道中心线正交,其上、下游河道的直段长度不宜小于水闸进口处设计水位水面宽度的 5 倍。排涝闸的中心线与河道中心线的交角不宜超过 60°,下游引河宜短且直。防潮闸闸址宜选在河道入海口处的直线段,其轴线宜与河道水流方向垂直。水流流态、泥沙问题复杂的大型防洪闸闸址选择,应进行水工模型试验验证。

四、城市防洪非工程措施

城市防洪非工程措施指辅助防洪工程措施更好地发挥防洪功能,提高防洪效益的措施,主要包括洪水预报、防洪调度、防洪决策支持系统等。

1. 洪水预报和预警系统

在洪水到来之前,利用过去的资料和卫星、雷达、计算机遥测收集到的实时水文气象数据,进行综合处理,做出洪峰、洪量、洪水位、流速、洪水达到时间、洪水历时等洪水特征值的预报,及时提供给防汛指挥部门,必要时对洪泛区发出警报,组织抢险和居民撤离,以减少洪灾损失。1949 年,全国仅有水文站 148 个、水位站 203 个、雨量站 2 个。经过多年的建设,至 2011 年底共有各类水文测站 46 783 处,其中水文预报测站 1 005 处,建成各类水利信息采集点 70 590 个,水文自动测报系统和遥测站点基本覆盖全国。

2. 防汛指挥调度与决策支持系统

2003 年 6 月经国务院同意,国家发改委批准了《国家防汛抗旱指挥系统一期工程可行性研究报告》,随后实施了国家防汛抗旱指挥系统一期工程建设,2009 年底基本建成,投资 8.02 亿元,建成了数据汇集和应用支撑两大平台,防汛、水情等应用系统,防洪工程数据库等八大数据库,系统功能涵盖了信息采集、通信、计算机网络和决策支持各个层面,为防汛抗旱提供了高效有力的技术支撑。

该系统划分为五大子系统,即:信息采集系统、通信系统、计算机网络系统、决策支持系统、淮河及黄河中游新一代天气雷达应用系统。仅国家防汛指挥系统通信分系统就包括卫星通信网、微波通信网、集群移动通信网、蓄滞洪区预警反馈通信网四部分,它的任务是为计算机网络和其他各种通信业务(语音、图像、数据)提供透明通道,完成水情信息的上传及分发、工情信息的上传、灾情信息的上传、国家防办与流域及各省市的异地防汛会商、防汛调度指挥和防洪工程单位之间的联络、蓄滞洪区警报信息的传递及反馈等七个方面的任务。整体工程计划建设 224 个水情分中心,3 171 个中央报汛站;228 个工情分中心,3 个移动工情采集站;建设 267 个旱情分中心。一期工程在特别重要地区建设 125 个水情分中心,1 884 个中央报汛站;在部分省和流域开展 4 个工情和 28 个旱情分中心的试点工作。建成覆盖全国的中央、流域机构、省(区、市)和地(市)四级数据库和决策支持应用系统。

国家防汛抗旱指挥系统二期工程水情采集系统的建设基本范围是:对遗留的 99 个水情分中心集成建设及所辖 1 287 个中央报汛站(雨量、水位、流量站等)测验和报汛设施设备的更新改造,以及流域所属 283 个中央报汛站流量测验设施设备和 150 个中央报汛站水位测验设施设备的更新改造,涉及 6 个流域和 25 个省区。二期工程总体架构如图 2 - 43 所示。目前,二期工程正在顺利实施,计划 2015 年建成,总投资约 10 亿元。

国家防汛抗旱指挥系统的建设,实现了水利信息采集传送的"高速公路",实现了各地防汛抗旱指挥实时决策会商,构建了各级防汛抗旱综合数据库,搭建了各级水利数据中心,开发了水情应用、防洪调度、抗旱管理等业务应用系统,提高了各级防汛抗旱部门信息服务能力和科学决策水平。

3. 蓄滞洪区管理

通过政府颁发法令或条例,对蓄滞洪区土地开发利用、产业结构、工农业布局、人口等进行管理,为蓄滞洪区运用创造条件。如制定撤离计划,则事先建立救护组织,抢救设备,确定撤退路线、方式、次序以及安置等预案,并在蓄滞洪区内设立各类洪水标志,在紧急情况时,根据发布的洪水警报,将处于洪水威胁地区的人员和财产安全撤出。

灾后应对蓄滞洪区进行改造,积极采取移民建镇措施。可根据蓄滞洪区的历史与现状、蓄滞洪区社会经济发展趋势、蓄滞洪区的人口与可持续发展等,研究未来蓄滞洪区的发展模式,拟定建设规划。如湿地修复型蓄滞洪区规划,规模化经营型蓄滞洪区规划,蓄滞洪区开发与移民规划等。

4. 洪泛区风险管理

洪泛区风险管理侧重于规范人的防洪行为、洪水风险区内的开发行为和减轻或缓解洪水灾害发生后的影响,洪水风险区管理措施的制定首先需对洪水风险开展评价。

(1)洪水风险区划。洪水风险区划有三个层次:频率区划、危险度区划和风险区划。这三种区划都可以通过风险图的方式表现。频率区划:计算不同频率洪水的淹没情况,基本上按 5 年、10 年、20 年、50 年、100 年、200 年、500 年洪水淹没范围进行区划;危险度区划:根据洪水水深、流速、到达时间等特征值,在频率区划的基础上进行危险度区划;风险区划:考虑风险区社会经济情况,在上述区划的基础上,计算各风险单元(例如每 km^2)的期望损失,以期望损失量级为指标进行风险区划。

(2)洪水风险一效益评估。建立流域、区域、城市等不同级别的洪涝灾害风险评估模型,评价 60 年来(自 1949 年起)不同历史时期(大致以 10 年期划分)、现状及未来(2020 年、2030 年)的洪涝灾害风险(社会影响、经济损失和环境影响);评价防洪措施的效益及洪水的生态环境效益。

(3)洪水资源利用风险调度系统。建立水库洪水资源利用风险调度系统、蓄滞洪区洪水资源利用风险调度系统、平原洪水资源利用风险调度系统。

(4)巨灾仿真与预案。巨灾指类似于 1954 年、1998 年洪水,或大型水库、重点防洪区堤防意外溃决,灾害损失在 1 000 亿元量级的洪水灾害。巨灾仿真与预案包括以下内容:洪水自然特征仿真,洪水灾害仿真,应急管理、救援仿真,警报、避难系统方案与相应的建设,保安、防疫措施预案,灾后恢复重建方案,灾后救济资金筹措和准备。

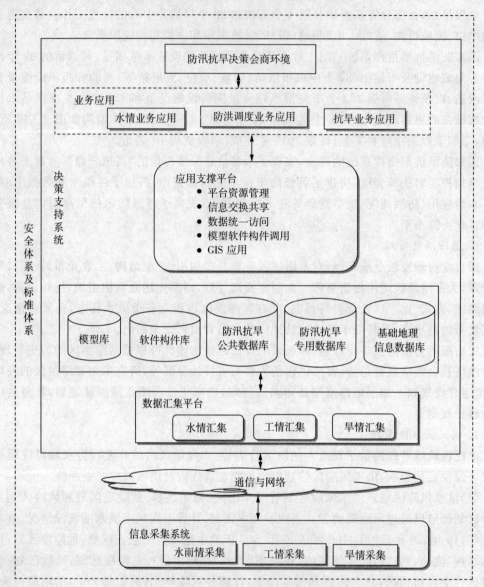

图 2 - 43   国家防汛抗旱指挥系统二期工程总体架构

(5)湿地修复。在对洪涝特征、风险分析、城市化发展和人口迁移趋势分析的基础上,制定适合社会经济发展水平的分阶段洪水风险区土地获取和湿地修复规划。

由 20 世纪 90 年代以来的水灾统计资料看,涝灾损失比例呈增长趋势。由于存在内水与外水的冲突和防洪与排涝的矛盾,对于农业地区最有效的治涝措施就是恢复部分天然水面和湿地。据长江流域水利委员会分析,若要有效地缓解长江中下游平原地区的内涝问题,内湖净水面面积应在 10% 以上,即需恢复 3 000~4 000 km² 的水面。

5. 防洪宣传、教育与防洪演习

开展防洪法规与防洪知识宣传教育,是保障和促进防洪安全的一项重要的非工程措施,将为实现依法防洪提供重要的社会条件和法制基础。

防洪演习可以进一步普及防汛安全知识,增强防洪抢险人员防汛安全意识,掌握抢险技术,提高抵御洪水的应对能力。通过演习,找出不足与问题,及时加以补救,当发生洪灾时能最大限度地减轻损失,维护广大群众的生命财产安全。

6. 制订撤离计划与超标准洪水防御措施

在洪泛区设立各类洪水标志,并事先建立救护组织、抢救设备,确定撤退路线、方式、次序以及安置等项计划,根据发布的方式警报,将处于洪水威胁地区的人员和主要财产安全撤出。针对可能发生的超标准洪水,应提出在现有防洪工程设施下最大限度减少洪灾损失的防御方案、对策和措施。

7. 洪水保险

洪水保险,与其他自然灾害保险一样,作为社会保险具有社会互助救济性质。财产所有者每年交付一定保险费对财产进行投保,遭遇洪水灾害时可以得到一定的赔偿。

洪水保险作为防洪非工程措施,与其他非工程措施不同的是,它本身并不能降低洪灾损失。但是通过洪灾损失的共同分担,减轻受灾者的损失负担,减少社会震荡,因而具有社会效益。另一方面,受灾者得到补偿后可以很快恢复生产,促进经济发展,因而也具有经济效益。

洪水保险是抗洪救灾的主要对策之一。我国洪水灾害频率高,范围广,灾情重,而目前我国的防洪工程标准还很低,因而实施洪水保险作为非工程措施,对我国具有特殊意义。

洪水保险,作为特殊险种,涉及面广,影响因素多,难度大。各个国家有不同的情况,保险模式也不一样。但总的来说,洪水保险逐渐由自愿保险到强制保险转变;由通用型向特殊型转变;由补偿型向集资和基金型转变。并且由于洪水保险的风险极大,保险公司还要进行再保险,这是洪水保险的趋势。

8. 灾后救济与重建

洪灾过后,政府应积极依靠社会筹措资金、国家拨款或国际援助进行救济。凡参加洪水保险定期缴纳保险费者,在遭受洪水灾害后按规定应得到赔偿,以迅速恢复生产,保障正常生活。1998 年大水后,对于灾后重建,国务院提出了"封山育林,退耕还林;平垸行洪,退田还湖;以工代赈,移民建镇;加固干堤,疏浚河道"的 32 字方针。这一方针为灾后重建,保持社会的可持续发展,协调生态、水系、土地开发、人类活动、洪水风险区人口与发展问题等提供了可资借鉴的行之有效的办法。

复习思考题:

1. 防洪工程措施包括哪些?
2. 水库的特征水位与库容有哪些?简述水库的调洪作用及原理。
3. 简述分洪工程类型及作用。
4. 泄洪工程如何选择?
5. 简述分洪闸、泄洪闸运用原则。
6. 城市排水制度包括哪些?城市排水网布置形式有哪几种?各适用于什么条件?

7. 简述城市河道整治的原则及内容。

8. 简述造床流量、河相关系及治导线的概念。

9. 简述防洪墙的型式及堤防类型。

10. 分洪道线路如何选择?

11. 城市河道整治的主要措施包括哪些?

12. 城市防洪非工程措施有哪些?

13. 如何选择分洪道线路?

14. 如何选择防洪堤线路?

15. 如何确定防洪堤断面尺寸?

16. 如何选择抽水站的站址?

单元二　城市防洪排涝规划与管理

项目三　城市防洪排涝工程规划

学习目标:

1. 了解城市防洪排涝工程规划的特点;
2. 掌握城市防洪排涝工程规划的编制依据;
3. 理解城市防洪排涝工程规划的基本原则;
4. 了解城市防洪排涝工程规划的内容;
5. 了解城市防洪规划所需的基础资料;
6. 了解保护范围确定与防洪能力论证的基本方法;
7. 理解我国现行各类防洪排涝设计标准;
8. 理解不同类型城市防洪排涝工程规划特点。

重点难点:

1. 城市防洪排涝工程规划的编制依据;
2. 城市防洪排涝工程规划的基本原则;
3. 城市防洪排涝设计标准。

为了构筑保障城市经济社会安全的高标准的防洪排涝减灾体系,需要建设城市防洪排涝工程体系。城市防洪排涝工程体系主要由水库、堤防、河道整治工程、分洪工程、滞洪工程、排水工程等构成。为了充分发挥城市防洪排涝工程体系的整体功能,需要对城市防洪排涝工程体系进行合理的规划和有效的管理。城市防洪排涝工程规划是做好城市防洪建设的基础,直接关系到城市安全和城市发展,其内容包括基础资料的收集、防洪标准的确定、防洪措施的选择、防洪工程的总体布局等。

一、城市防洪排涝工程规划原则

1. 城市防洪排涝工程规划的特点

城市规划是对一定时期内城市的经济和社会发展、土地利用、空间布局以及各项建设的综合部署、具体安排和实施管理。城市规划是统筹安排城市建设和管理的依据,是保证土地和空间资源合理利用的基础。编制城市规划一般分总体规划和详细规划两个阶段进行,大城市、中等城市在总体规划基础上可以编制分区规划。城市总体规划应当包括城市的性质、发展目标和发展规模,城市主要建设标准和定额指标,城市建设用地布局、功能分区和各项建设的总体部署,城市综合交通体系和河湖、绿地系统,各项专业规划,近期建设规划。城市详细规划应当在总体规划或者分区规划的基础上,对城市近期建设区域内各项建设作出具体规划。城市详细规划应当包括规划地段各项建设的具体用地范围、建筑密度和高度等控制指标,总平面布置,工程管线综合规划和竖向规划。

　　水利规划是为防治水旱灾害、合理开发利用水土资源而制定的总体安排。水利规划是水利建设的一项重要的前期工作,也是水利科学的一个重要分支。其基本任务是,根据国家规定的建设方针和水利规划基本目标,并考虑各方面对水利的要求,研究水利现状、特点、探索自然规律和经济规律,提出治理开发方向、任务、主要措施和分期实施步骤,安排水利建设全面、长远计划,并指导水利工程设计和管理。水利规划按治理开发任务可分为综合水利规划和专业水利规划。综合水利规划,即统筹考虑两项以上任务的水利规划,是指根据经济社会发展需要和水资源开发利用现状编制的开发、利用、节约、保护水资源和防治水害的总体部署。专业水利规划,即着重考虑某一任务的水利规划,是指防洪、治涝、灌溉、航运、供水、水力发电、水资源保护、水土保持、防沙治沙、节约用水等的单项规划。按研究对象又可分为流域水利规划、区域水利规划和水利工程规划。流域水利规划,即以某一流域为研究对象的水利规划。区域水利规划,即以某一行政区或经济区为研究对象的水利规划。水利工程规划,即以某一工程为研究对象的水利规划。流域范围内的区域规划应当服从流域规划,专业规划应当服从综合规划。

　　城市涉水专业规划包括城市防洪规划、城市供水水源规划、城市水系整治规划、城市排水规划、城市水景观规划、城市节约用水规划、城市水资源保护规划等。防洪规划是指为防治某一流域、河段或者区域的洪涝灾害而制定的总体部署,包括国家确定的重要江河、湖泊的流域防洪规划,其他江河、河段、湖泊的防洪规划以及区域防洪规划。防洪规划应当服从所在地流域、区域的综合规划;区域防洪规划应当服从所在流域的流域防洪规划。防洪规划是江河、湖泊治理和防洪工程设施建设的基本依据。城市防洪规划,由城市人民政府组织水行政主管部门、建设行政主管部门和其他有关部门依据流域防洪规划、上一级人民政府区域防洪规划编制,按照国务院规定的审批程序批准后纳入城市总体规划。由于城市防洪排涝工程体系规划既属于城市规划,又属于水利规划和防洪规划,因此城市防洪排涝工程体系规划具有城市规划和水利规划的双重特性。

　　2.城市防洪排涝工程规划的目标及编制依据

　　(1)规划目标。城市防洪排涝工程体系规划的指导思想和目标是,全面贯彻国家和省、市、县(或区)关于防洪工作的指导方针,从战略高度认识和推进城市防洪排涝管理水平,以满足人民群众对防洪安全的基本要求为出发点,加强基础设施建设。从保障经济社会发展的高度,在建设与管理、速度与效益、数量与质量相统一的基础上,构筑保障城市经济社会安全高标准的防洪排涝工程体系。

　　(2)编制依据。城市防洪排涝工程体系规划的编制依据为现行法律、法规、规章等规范性法律文件。我国的规范性法律文件有宪法、法律、行政法规、行政规章、地方性法规、特别行政区法、司法解释等七类。目前城市防洪排涝工程体系规划编制依据的主要现行法律、法规和规章如下:

　　1)《中华人民共和国城市规划法》,自1990年4月1日起实施,共有总则、城市规划的制定、城市新区开发和旧区改建、城市规划的实施、法律责任和附则六章。

　　2)中华人民共和国建设部《城市规划编制办法》,自2006年4月1日起施行,共有总则、城市规划编制组织、城市规划编制要求、城市规划编制内容和附则五章。

　　3)《中华人民共和国水法》,自2002年10月1日起实施,共有总则、水资源规划、水资源开发利用、水资源水域和水工程的保护、资源配置和节约使用、水事纠纷处理与执法监督检查、法律责任和附则八章。

4)《中华人民共和国防洪法》,自 1998 年 1 月 1 日起施行,共有总则、防洪规划、治理与防护、防洪区和防洪工程实施的管理、防汛抗洪、保障措施、法律责任、附则八章。

5)中华人民共和国国家标准《防洪标准》,编号为 GB50201—94,自 1995 年 1 月 1 日实施,共有总则、城市、乡村、工矿企业、交通运输设施、水利水电工程、动力设施、通信设施及文物古迹和旅游设施九章。

6)《中华人民共和国河道管理条例》,1988 年 6 月 10 日发布并实施,共有总则、河道整治与建设、河道保护、河道清障、经费、罚则和附则七章。

7)《城市防洪工程设计规范》,编号 CJJ 50—92,自 1993 年 7 月 1 日起施行,共有总则、设计标准、总体设计、设计洪水和设计潮位、堤防、护岸及河道整治、山洪防治、泥石流防治、防洪闸和交叉构筑物十章。

8)中华人民共和国国家标准《室外排水设计规范》,编号为 GB50014－2006,自 2006 年 6 月 1 日起实施。

除以上列出的法律、法规和规章外,还需要依据有关的现行法律、法规、规章、城市所在地的城市总体规划、防洪条例、水利工程管理条例、河道治理实施办法和城市防洪规划编制工作意见等。

3. 城市防洪排涝工程规划基本原则

各个城市的具体情况不同,洪水类型和特性不同,因而防洪标准、防洪措施和布局也不同。但是城市防洪排涝工程规划必须处理好以下各方面的关系:

(1)与流域防洪规划的关系

1)对流域防洪规划的依赖性。城市防洪规划服从于流域防洪规划,指的是城市防洪规划应在流域防洪规划指导下进行,与流域防洪有关的城市上下游治理方案应与流域或区域防洪规划相一致,城市范围内的防洪工程应与流域防洪规划相统一。城市防洪工程是流域防洪工程的一部分,而且又是流域防洪规划的重点,因此城市防洪总体规划应以所在流域的防洪规划为依据,并应服从流域规划。有些城市的洪水灾害防治,还必须依赖于流域性的洪水调度才能确保城市的安全,临大江大河城市的防洪问题尤其如此。

城市防洪总体规划,应考虑充分发挥流域防洪设施的抗洪能力,并在此基础上,进一步考虑完善城市防洪设施,以提高城市防洪标准。

2)城市防洪规划独立性。相对于流域防洪规划,城市防洪规划又有一定独立性。流域防洪规划中一般都已经将流域内城市作为防洪重点予以考虑,但城市防洪规划不是流域防洪规划中涉及城市防洪内容的重复,两者研究的范围和深度不同。流域或区域防洪规划注重于研究整个流域防洪的总体布局,侧重于整个流域面上防洪工程及运行方案的研究,城市防洪是流域中的一个点的防洪。

流域防洪规划由于涉及面宽,不可能对流域内每个具体城市的防洪问题作深入的研究。因此,城市防洪不能照搬流域防洪规划的成果。对城市范围内行洪河道的宽度等具体参数,应根据流域防洪的要求作进一步的优化。

(2)与城市总体规划的关系

1)以城市总体规划为依据。城市防洪总体规划设计必须以城市总体规划为依据,根据洪水特性及其影响,结合城市自然地理条件、社会经济状况和城市发展的需要进行。

　　城市防洪规划是城市总体规划的组成部分,城市防洪工程是城市建设的基础设施,必须满足城市总体规划的要求。所以,城市防洪规划必须在城市总体规划和流域防洪规划的基础上,根据洪(潮)水特性和城市具体情况,以及城市发展的需要,拟订几个可行防洪方案,通过技术经济分析论证,选择最佳方案。

　　与城市总体规划相协调的另一重要内容是如何根据城市总体规划的要求,在防洪工程布局时与城市发展总体格局相协调,这些需要协调的内容包括:城市规模与防洪、排涝的标准的关系;城市建设对防洪的要求;防洪对城市建设的要求;城市景观对防洪工程布局及形式的要求;城市的发展与防洪工程的实施程序。在协调过程中,当出现矛盾时,首先应服从防洪的需要,在满足防洪的前提下,充分考虑结合其他功能的发挥。正确处理好这几方面的关系,才能使得防洪工程既起到防洪的作用,又能有机地与其他功能相结合,发挥综合效能。

　　2)对城市总体规划的影响。城市防洪规划也反过来影响城市总体规划。由于自然环境的变化,城市防洪的压力逐年增大,一些原先没有防洪要求或防洪任务不重要的城市,由于在城市发展中对防洪问题重视不够,使得建成区地面处于洪水位以下,只能通过工程措施加以保护。开发利用程度很高的旧城区,实施防洪的难度更大。因此城市发展中,应对新建城区的防洪规划提出要求,包括:防洪、排涝工程的布局,防洪、排涝工程规划建设用地,建筑物地面控制高程等。特别是平原城市和新建城市,有效控制地面标高,是解决城市洪涝的一项重要措施。

　　(3)城市现有防洪设施的利用。城市防洪设施有一个逐渐完善的过程,因此城市防洪规划必须考虑充分发挥现有防洪设施的作用,并予以逐步完善,以降低防洪工程造价。我国许多城市历史上都先后建设了一些防洪工程,如何利用这些古老以及近代兴建的防洪设施,提高城市的防洪能力,是一个值得研究的课题。

　　例如:许多城市的古城墙,除了军事作用以外,其防洪作用不可低估。这些古城墙在当时的城市防洪、保障城市安全中曾经发挥过重要作用,有的在今天仍然发挥作用。据有关资料记载,天津市的古城墙在历次防洪中发挥了重要作用,后由于19世纪初期拆除了城墙,造成了天津市的抵御洪水能力降低。安徽省寿县古城墙,在历次淮河大洪水中保护了寿县城区的安全(如图3-1、图3-2所示)。因此,保护和利用这些古代防洪设施,不仅有利于历史文化遗产的保护,而且还有利于城市防洪建设。但是,由于年代久远,这些古代防洪设施需要不断修缮加固才能达到良好的防洪作用。

　　(4)超设计标准洪水的对策。城市防洪规划,不仅要对低于一定标准的洪水做出安排,重要城市防洪总体规划,还要对超过设计标准洪水制定对策性措施,减少洪灾损失。

　　超设计标准洪水即超过城市防洪设计标准的洪水。事实上,不管采用多高的防洪标准,由于洪水的随机性,高于设计标准的洪水仍然可能发生。对于超标准洪水,目前还无法予以根治,但是,对超设计标准洪水也不能任其成灾,而应制定对策性措施,将由此造成的洪灾损失尽量降低到最低限度。对于超设计标准洪水,一般都是在江河流域防洪规划中通盘考虑,如在上游建设控制性水库、分(滞)洪等措施削减洪峰,减免城市洪灾损失。对于流域上游城市,城市防护区以外分、滞洪不太可能时,可以以损失城市内发展程度不高的防护区,保护发展程度高的防护区,降低洪灾损失。

　　(5)防洪措施的选择。城市洪水灾害要综合治理,总体规划设计应实行工程防洪措施与非工程防洪措施相结合,根据不同洪水类型(河洪、海潮、山洪和泥石流),选用各种防洪措施,组成完整的防洪体系。城市防洪将洪水分为河洪、海潮、山洪和泥石流四种类型,各种类型洪水性质不同,防治措施也有区别。河洪一般以堤防为主,配合水库、分(滞)洪、河道整治等措施进行防治;山洪则采用防洪工程措施与水土保持措施相结合,进行综合治理;海潮则以堤防、挡潮闸为主,配合排涝措施组成防洪体系等。

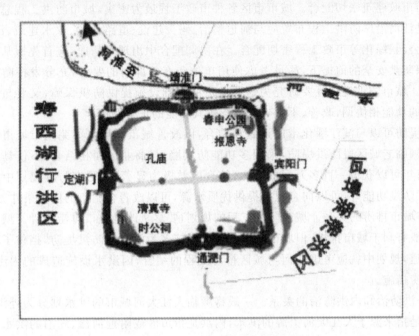

图 3-1　寿县古城墙及防洪示作用意图

图 3-2　'91特大洪水中古城墙的防洪作用

　　各种防洪措施的选择要通过技术经济论证选定。如合肥市南淝河现状防洪能力为20年一遇左右,若要达到100年一遇的防洪要求,市区堤防高度达4 m左右,对城市自然景观和城市交通造成严重影响,若采用上游修建水库拦蓄洪水措施,市区堤防只需适度加高加固,避免了防洪工程的不利影响。

　　(6)工程占地。城市防洪总体规划应贯彻全面规划、综合治理、因地制宜、节约用地、讲求实效的原则。城市市区特别是沿江黄金地带,土地资源十分宝贵,可谓寸土寸金。少占地,特别是尽量减少占用价值高的城市用地,对于城市防洪具有特殊意义。如城市防洪堤防应根据不同的地理条件采取多种类型,在老城区,宜以直立式挡墙为主,以减少拆迁工作量;在新城区宜建设斜坡式堤防,郊区则以土堤为主。

(7)与市政建筑密切配合。城市市区各种市政工程最为密集,城市防洪工程总体规划设计,特别是江河沿岸防洪工程布置应与河道整治、码头建设、道路桥梁、取水建筑、污水截流,以及滨江公园、绿化等市政工程密切配合。在协调配合中出现矛盾时,应首先服从防洪的需要,在确保防洪安全的前提下,尽量考虑使用单位和有关部门的要求,充分发挥防洪工程的综合效益。城市防洪规划既要研究为这些城市的基础设施提供防洪保障,又要与这些城市基础设施的功能相协调,改善、不影响或少影响其功能的正常发挥。

城市堤防可以与滨江绿化带或道路相结合,以改善城市环境。如芜湖市城市防洪工程的青弋江濒临老城区段防洪堤防,采用多功能防洪墙,与商业门面相结合,不仅具有防洪功能,而且每年可以获得一百多万元的收入,综合效益极为显著;合肥市防洪规划中的大房郢水库,除了防洪功能外,可以向合肥市提供优质水源,可以改善合肥市的供水条件。

(8)与城市排涝的关系。城市防洪工程的规划,要尽量改善城市排涝条件。城市防洪工程建设一般有利于城市排涝,但城市防洪的主要措施多为沿江建防洪堤防,挡住了城区内水的排放通道,规划中就应考虑如何与城区排涝工程的结合,因洪水设施造成的内涝,应采取必要的排涝措施。

(9)外洪防治和内洪防治的关系。一般将濒临大江大河城市的洪水划分为外洪和内洪。外洪一般是指来源于大江大河上游的洪水,内洪是指市区或附近河流、湖泊的洪水。外洪和内洪都只是相对而言。同时遭受外洪和内洪危害的城市必须要先治外洪、内外兼治,如图3 -3所示是安徽省淮南市田家庵区外洪和内洪防治工程示意图。

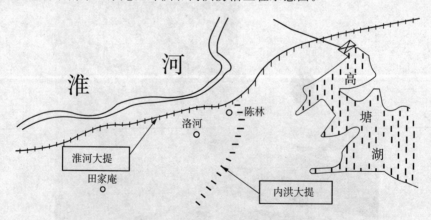

图3-3 淮南市田家庵区外洪和内洪防治工程示意图

(10)与地面沉降和冻胀等问题的关系。地面沉降,导致防洪设施顶部标高降低,从而降低防洪能力,影响防洪设施安全。上海市黄浦江、苏州河防洪墙几次加高,一个重要原因,就是为了弥补地面沉降造成的防洪标准的降低而进行的。地面沉降还会引起防洪设施发生裂缝、倾斜甚至倾倒,完全失去抗洪能力。

我国三北地区(东北、西北、华北),属于季节冻土及多年冻土地区,水工建筑物冻害现象较为普遍。黄河、松花江等江河中下游还存在凌汛灾害。在季节冻土、多年冻土及凌汛地区，应采取相应的防治措施。

城市防洪的主要防洪建筑物，包括防洪堤（墙）、水库大坝、溢洪道、防洪闸和较大的桥梁等，一般均应设水位、沉陷、位移等观测和监测设备，以便积累洪水资料，掌握建筑物运用状态，确保正常运行。

综上所述，防洪排涝工程规划的基本原则是："以防洪治涝为主，结合水环境治理，统筹规划，分期实施，统一管理，充分利用和改造现有工程设施，在加强城市防洪排涝工程规划的同时，兼顾非工程措施规划。"在规划过程中应该注重以下几个方面：

第一，规划必须服从流域、区域总体防洪要求。城市防洪排涝工程规划是流域、区域防洪规划的组成部分，以流域、区域治理为依托，构筑防洪外围保障和外排出路体系。

第二，规划必须服从城市总体规划。城市防洪排涝工程规划是城市规划的一部分，城市防洪设施是城市基础设施的重要组成部分，规划要体现和满足城市经济和社会发展的要求，并与城市总体规划、城市体系规划和国土规划相协调。

第三，规划要与治涝规划相结合。城市防洪设施是城市抵御洪水侵害的首要条件，城市排涝设施是减小城市内涝损失的必备基础。城市防洪排涝工程规划必须针对城市雨洪及内涝的特点，选取相应的治理模式，防洪结合治涝，防止因洪治致涝。

第四，规划工程措施要与非工程措施相结合。工程措施是基础，非工程措施是补充。在工程规划的同时，要兼顾管理设施和机构体制的规划，要兼顾指挥系统、预警预报系统和决策支持系统的规划。

第五，规划要与交通、城建、环保、旅游相结合。城市防洪治涝工程设施要与城市设施建设相结合，充分利用各种基础设施的综合功能，新建项目要尽量结合城市景观等城市发展的其他要求。

第六，规划要与现状相结合，近期与远期相结合。城市防洪排涝工程规划要充分利用已有工程设施，近期防洪排涝工程的建设，要为远期提高标准、扩大规模留有余地，以有限的投资发挥最大的工程效益和社会效益。

二、城市防洪排涝工程规划方法步骤

1. 城市防洪排涝工程规划内容

城市防洪排涝工程规划就是在研究城市洪涝特性及其影响的基础上，根据区域自然地理条件、社会经济状况和国民经济发展的需要，确定防洪排涝标准、通过分析比较，合理选定防洪排涝方案。城市防洪排涝工程体系规划设计的任务为：分析计算城区各河段现有防洪工程的防洪能力及加高堤防和河道控制水位的防洪能力，分析城市洪水及排涝能力；调查研究洪涝灾害的历史、现状及其原因，根据防护对象的重要性，结合考虑现实可能性，选定适当的防洪标准和排涝标准；分析研究各种可能的防范措施方案，提出城市防洪排涝规划方案，并拟定工程设计的任务。

（1）防洪规划设计方法。

1）基本资料的收集、整理和分析。城市防洪规划设计所需要的基本资料，一般应包括历史资料（包括河道变迁和历史灾害等）、自然资料（包括地形、水文、气象、地质、土壤等）和社会经济资料。对收集的资料，应进行整理、审查、汇编，并对可靠性和精度作出评价。要对区域的河道、水文(特别是洪水)、气象、地形、地质及社会经济的基本特性有较深入的认识。

2)防洪标准的选定及现有河段防洪能力的计算。防洪标准可按照国家标准和城市实际情况选定。现有河段安全泄量的计算,一般先选择防洪控制断面,然后根据拟定的各断面的控制水位,在稳定的水位—流量关系曲线上查得。各河段安全泄量确定后,即可根据各控制断面的流量—频率曲线,确定现有防洪能力。

3)防洪设计方案的拟订、比较与选订。在拟订防洪方案时,应首先摸清楚区域内各主要防护对象的政治经济地位、地理位置及其对防洪的具体要求,根据区域基本特性和各国民经济部门的发展需要,结合水利资源的综合开发,拟订综合性的防洪技术措施方案。拟订方案时要抓住主要问题。防洪方案的比较与选定,是在上述拟订方案的基础上,集中可比的几个方案,计算其工程量、投资、效益等指标,然后通过政治、经济、技术综合分析比较予以确定。

(2)排涝规划设计方法。

1)收集资料。主要收集与排涝规划有关的各类资料,包括区域总体发展规划、航道建设规划、河道整治规划、河道及水利工程管理办法、土壤和地形特征、水文气象观测数据、原有水利工程设计资料、历史上该地区涝灾成因和灾害情况。同时应深入现场进行查勘和调查。

2)确定标准。要根据保护区域的重要性、当地的经济条件、排涝工程建设的难易程度和费用、涝水造成的灾害损失程度、工程使用年限等因素综合考虑,确定相应的排涝标准。根据排涝工程分别定出不同的排涝标准。在同一区域中,如果土地利用性质差别较大,应根据不同的防护对象的重要性,采用不同的排涝标准。

3)分析计算。根据收集的资料和排涝标准,按规划的原则拟定各类可能的排涝方案,采用水文、水力学等方法计算工程的规模,并采用合适的方法计算每一方案的投资和排涝效益。

4)筛选方案。根据计算结果分析,主要从排涝净效益的角度评价方案的优劣,同时兼顾区域的发展要求和目前的经济条件,最终提出推荐方案,并撰写规划报告。

5)上级审批。排涝规划需经有关部门组织评审,并经上级主管部门审批后生效。

(3)城市防洪排涝工程规划报告编制。

各个城市的自然条件及洪涝特点不同,其防洪排涝规划的内容及侧重点也应有差异。城市防洪排涝规划报告一般应包括以下内容:前言,包括规划原因、理由、工作分工等;城市概况,包括自然概况、城市社会经济概况;防洪排涝现状和存在问题,包括历史洪涝灾害、防洪排涝工程体系现状和存在问题;规划的依据、目标和原则;防洪排涝水文分析计算,包括设计洪水和排(治)涝水文计算方法及成果;防洪工程设施规划和治涝工程设施规划,防洪工程设施规划包括防洪规划方案和防洪工程设施,治涝工程设施规划包括治涝规划方案和治涝工程设施;环境影响分析;投资估算和经济评价,投资估算包括依据及方法、规划方案投资估计、资金筹措方案等,经济评价包括费用、效益和经济评价;规划实施的意见和建议;相应的附表和附图。

2. 城市防洪规划的基础资料

城市防洪工程规划具有综合性特点,专业范围广,涉及多项市政设施,因此,在工程规划中需要搜集大量资料,一般包括自然条件、防洪工程沿革、社会经济、城市规划、历次洪水灾害调查以及其他相关资料等。

(1)自然条件。

1)地形图和河道(山洪沟)纵横断面图。地形图是防洪规划设计的基础资料,搜集齐全后,还要到现场实地踏勘、核对。对拟设防和整治的河道和山洪沟,必须进行纵横断面的测量,并绘制纵横断面图。横断面施测间距根据河道地形变化情况和施测工作量综合确定,一般为 100 m。

2)地质资料。水文地质资料对于堤防、排洪沟渠定线,以及防洪建筑物位置选择等具有重要作用,主要包括:设防地段的覆盖层、透水层厚度以及透水系数;地下水埋藏深度、坡降、流速及流向;地下水的物理、化学性质。水文地质资料主要用于防洪建筑物的防渗措施选择、抗渗稳定计算等。

工程地质资料主要包括:设防地段的地质构造、地貌条件;滑坡及陷落情况;基岩和土壤的物理力学性质;天然建筑材料(土料和石料)场地、分布、质量、力学性质、储量以及开采和运输条件等。工程地质资料不仅对于保证防洪建筑物安全具有重要意义,而且对于合理选择防洪建筑物类型、就地选择建筑材料种类和料场、节约工程投资具有重要作用。

3)水文气象资料。水文气象资料主要包括:水系图、水文图集和水文计算手册;实测洪水资料和潮水位资料;历史洪水和潮水位调查资料;所在城市历年洪水灾害调查资料;暴雨实测和调查资料;设防河段的水位流量关系;风速、风向、气温、气压、湿度、蒸发资料;河流泥沙资料;土壤冻结深度、河道变迁和河流凌汛资料等。水文气象资料对于推求设计洪水和潮水位,确定防洪方案、防洪工程规模和防洪建筑物结构尺寸具有重要作用。

4)地方建筑材料。不同城市根据其所处的位置不同,建筑材料也有差别,用于防洪的建筑材料各异。在易发生洪水的城市,需要建设一些防洪材料场,囤积一定量的防洪应急材料,以供发生洪水时应急。这些材料的信息,对城市防洪总体规划也有一定的帮助。

(2)防洪工程沿革资料。城市防洪工程沿革资料可以让我们对城市的防洪历史和对该流域洪水的治理情况有一个非常清楚的了解,使我们的防洪总体规划更加具有针对性,不会犯历史上曾经犯过的错误,这对防洪总体规划的制定是有百利而无一害的。

(3)社会经济。社会经济资料对于确定防洪保护范围、防洪标准,对防洪规划进行经济评价,选定规划方案具有重要作用。防洪与社会经济系统协调发展是衡量社会经济不同发展阶段,防洪能力与社会经济发展程度之间的关系,具体体现在以时空为参照系,防洪能力与社会经济发展程度相互作用的界面特征。

(4)城市规划。城市规划资料主要包括:城市总体规划和现状资料图集;城市给排水、交通等市政工程规划图集;城市土地利用规划;城市工业规划布局资料;历年工农业发展统计资料;城市居住区人口分布状况;城市发展战略等。根据城市的具体情况,还要收集其他资料。如城市防洪工程现状,城市所在流域的防洪规划和环境保护规划,建筑材料价格、运输条件;施工技术水平和施工条件;河道管理的有关法律、法令;城市地面沉降资料、历次城市防洪工程规划资料、城市植被资料等,这些资料对于搞好城市防洪建设同样具有重要作用。

(5)历次洪水灾害调查。收集历次洪水灾害调查资料包括:历次洪水淹没范围、面积、水深、持续时间、损失等,研究城市洪水灾害特点和成灾机理,对于合理确定保护区和防护对策,拟订和选择防洪方案,具有重要作用。对于较大洪水,还要绘制洪水淹没范围图。

3. 保护范围与现状防洪能力

(1)保护范围确定。城市防洪保护范围根据当地城市洪水致灾特点和城市特点确定的。

　　城市防洪保护范围是规划水平年份的整个城市发展规划的范围,但在城市规划范围内,地面高程在设计洪水位以上的面积可不予考虑。

　　另外,城市规划范围内保留的水体面积,在保护区财产和灾害分析计算中扣除,城市防洪保护范围可依据历年的较大洪水淹没范围大致确定。

　　如图3-4所示为合肥市1954年洪水淹没图。近年来几次较大洪水灾害调查分析表明,洪水淹没范围大致为钢厂码头以上干流以及支流两岸,因此其防洪保护范围应为此淹没范围及其周边地区,面积大约为40 km²。

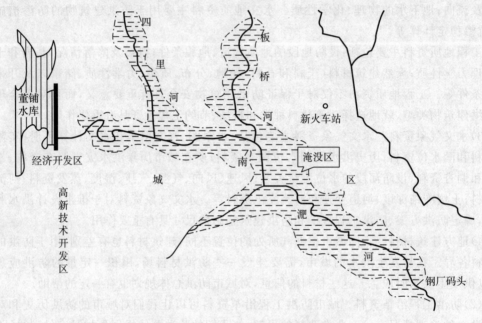

图3-4　合肥市1954年洪水淹没范围示意图

　　(2)防洪能力论证。城市的防洪能力,就是在现有防洪工程状况下,城市可以抵御的最大洪水,可以用洪水的重现期或洪水的安全流量、水位等表示。

　　根据城市洪水的类型分析城市的防洪能力。河流流经城市的防洪能力决定于现有河道行洪能力,受山洪危害城市的防洪能力主要决定于山洪沟和排洪沟渠的排洪能力。沿海城市受海潮危害,防潮能力决定于潮水位和海堤高度,受泥石流危害城市决定于泥石流沟治理、拦截、排导措施。

　　堤防防洪能力通过堤防安全水位与各种频率的洪水位对比加以论证。堤防安全水位等于河流沿线堤防或岸边高程减去超高。各频率洪水位计算应在城市历次洪水灾害调查和水文资料分析基础上进行。

　　现有河道行洪能力论证,一般在选定的洪水控制断面上进行,按拟订的控制水位在水位—流量关系上查算相应行洪能力,或者根据安全流量查算安全水位。如有洪水顶托、分流降落、断面冲淤、河道设障等因素影响时,应对控制断面的水位—流量关系进行调整,然后进行水面曲线计算,求得控制断面的设计水位。

　　如图3-5所示为南淝河合肥段的堤顶线和20年一遇水面线,从图中可以看出,亳州路桥以上大部分河段两岸标高低于20年一遇设计水面线,亳州路桥—长江路桥现状堤顶高于

20年一遇堤顶标高,长江路桥屯溪路桥现状堤顶与20年一遇水面线接近,但略低于20年一遇设计堤顶线,超高不足。因此总的来说,该河流现状防洪能力接近20年一遇。

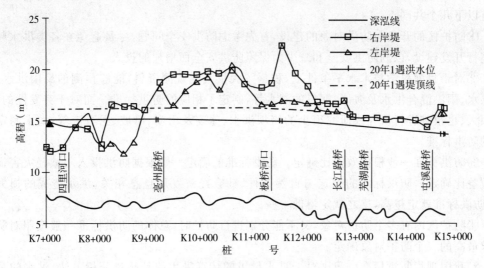

图3-5　南淝河合肥段特征线示意图

4. 城市防洪排涝设计标准

（1）防洪设计标准。

1）推求设计洪水。在进行水利水电工程设计时,为了建筑物本身的安全和防护区的安全,必须按照某种标准的洪水进行设计,这种作为水工建筑物设计依据的洪水称为设计洪水。推求设计洪水一般有如下三种方法:

①历史最大洪水加成法。以历史上发生过的最大洪水再加一个成数作为设计洪水。例如葛洲坝枢纽选用1788年的洪水作为设计洪水,采用的就是这种方法。此法一是没有考虑未来洪水超过历史最大洪水的可能性,二是对大小不同、重要性不同的工程采用同一个标准,显然存在较大缺陷。

②频率计算法。以符合某一频率的洪水作为设计洪水,如百年一遇洪水、千年一遇洪水等。此法把洪水作为随机事件,根据概率理论由已发生的洪水来推估未来可能发生的符合某一频率标准的洪水作为设计洪水。该方法克服了历史最大洪水加成法存在的缺点,根据工程的重要性和工程规模选择不同的标准,在水利、电力、公路桥涵和航道等工程设计中都有广泛的应用。但频率计算法缺乏成因分析,如资料系列太短,用于推求稀遇洪水的根据都很不足。

③水文气象法。水文气象法是根据物理成因,利用水文气象要素,推求一个特定流域在现代气候条件下可能发生的最大洪水,把最大洪水作为设计洪水的一种设计洪水方法。

2）确定防洪标准存在的问题。设计标准是一个关系到政治、经济、技术、风险和安全的极其复杂的问题,要综合分析、权衡利弊,根据国家规范合理选定。无论哪种形式的洪水（包括风暴潮）都会给国民经济各部门、各地区、各种设施以及人类的生产、生活造成一定灾害,洪水的量级越大,灾害损失就越大。而且伴随着社会经济的发展和人民生活水平的提高,灾害的损失越来越大。这就要求各类防洪安全对象（简称防洪对象）和防洪安全区（简称防护区）具备一定的防洪能力,也就是能够在发生一定量级的洪水时,保障防洪安全。防洪对象和防护区应具备的防洪能力,称为防洪标准。防洪标准确定后,防洪对象和防洪区的防御规划、设计、施工和运行管理,都要以此为依据。由于世界各国对于洪水的计算方法以及自然条件和社会经济情况不同,防洪标准的确定也不尽一致。但是,各国在防洪标准的确定上大致有以下几个共同点:

①防护区的开发与防洪对象的建设,首先考虑防洪安全问题,尽量避免在各类洪水频发区进行开发建设,以利防洪安全和减少为保障防洪安全而增加的投入。

②对于目前科学技术水平条件下,积累了大量实测观测资料,能够预测的暴雨洪水、融雪洪水、雨洪混合洪水及海岸、河口的潮水等,制定了相应的防洪标准。而对于突发性的、变化很大、也很难进行研究或研究很少的垮坝洪水、冰凌及山崩、滑坡、泥石流等,尚未制定相应的防洪标准。

③防洪标准一般根据效益比确定。防洪标准的确定一般根据防洪投入与减轻灾害损失的效益比确定。防洪标准的确定与自然条件、社会经济发展息息相关,洪水造成的损失越大,防洪标准就定越高,反之就定得低一些。

④防护区内有多个防护对象,又不能分别进行防护时,总体的防洪标准一般按照对防洪要求最高的一个防护对象确定。

3)我国现行防洪标准。我国对于洪水量级的计算采用的是频率分析方法,洪水的量级是以重现期或出现的频率来表示的。国家制定的《防洪标准》(GB50201-1994)适用于城市、乡村、工矿企业、交通运输设施、水利水电工程、动力设施、通信设施、文物古迹和旅游设施等防护对象,防御暴雨洪水、雨雪混合洪水和海岸、河口地区防御潮水的规划、设计、施工和运行管理工作。

防护对象的防洪标准应以防御的洪水或潮水的重现期表示;对特别重要的防护对象,可采用可能最大洪水表示。根据防护对象的不同需要,其防洪标准可采用设计一级或设计、校核两级。各类防护对象的防洪标准,应根据防洪安全的要求,并考虑经济、政治、社会、环境等因素,综合论证确定。有条件时,应进行不同防洪标准所可能减免的洪灾经济损失与所需的防洪费用的对比分析,合理确定。

下述的防护对象,其防洪标准应按下列的规定确定。当防护区内有两种以上的防护对象,又不能分别进行防护时,该防护区的防洪标准,应按防护区和主要防护对象两者要求的防洪标准中较高者确定。对于影响公共防洪安全的防护对象,应按自身和公共防洪安全两者要求的防洪标准中较高者确定。兼有防洪作用的路基、围墙等建筑物、构筑物,其防洪标准应按防护区和该建筑物、构筑物的防洪标准中较高者确定。

下列的防护对象,经论证,其防洪标准可适当提高或降低。遭受洪灾或失事后损失巨大、影响十分严重的防护对象,可采用高于本标准规定的防洪标准。遭受洪灾或失事后损失及影响均较小或使用期限较短及临时性的防护对象,可采用低于本标准规定的防洪标准。采用高于或低于本标准规定的防洪标准时,不影响公共防洪安全的,应报行业主管部门批准;影响公共防洪安全的,尚应同时报水行政主管部门批准。各类防护对象的防洪标准,除应符合本标准外,尚应符合国家现行有关标准、规范的规定。

①城市的等级和防洪标准。城市应根据其社会经济地位的重要性或非农业人口的数量分为四个等级。各等级的防洪标准按表3-1的规定确定。城市可以分为几部分单独进行防护的,各防护区的防洪标准,应根据其重要性、洪水危害程度和防护区非农业人口的数量,按表3-1的规定分别确定。位于山丘区的城市,当城区分布高程相差较大时,应分析不同量级洪水

可能淹没的范围,并根据淹没区非农业人口和损失的大小,按表3-1的规定确定其防洪标准。位于平原、湖洼地区的城市,当需要防御持续时间较长的江河洪水或湖泊高水位时,其防洪标准可取表3-1规定中的较高者。位于滨海地区中等及以上城市,当按表3-1的防洪标准确定的设计高潮位低于当地历史最高潮位时,应采用当地历史最高潮位进行校核。

表3-1　城市的等级和防洪标准

等级	重要性	非农业人口 (万人)	防洪标准 [重现期(年)]
I	特别重要城市	≥150	≥200
II	重要城市	150~50	200~100
III	中等城市	50~20	100~50
IV	一般城市	≤20	50~20

②乡村的等级和防洪标准。现在城市既有市区又有郊区,以乡村为主的防护区(简称乡村防护区),应根据其人口或耕地面积分为四个等级,各等级的防洪标准按表3-2的规定确定。人口密集、乡镇企业较发达或农作物高产的乡村防护区,其防洪标准可适当提高。地广人稀或淹没损失较小的乡村防护区,其防洪标准可适当降低。蓄、滞洪区的防洪标准,应根据批准的江河流域规划的要求分析确定。

表3-2　乡村的防护区等级和防洪标准

等级	防护区人口 (万人)	防护区耕地面积 (万亩)	防洪标准 [重现期(年)]
I	≥150	≥300	100~50
II	150~50	300~100	50~30
III	50~20	100~30	30~20
IV	≤20	≤30	20~10

③工矿企业的等级和防洪标准。冶金、煤炭、石油、化工、林业、建材、机械、轻工、纺织、商业等工矿企业,应根据其规模分为四个等级,各等级的防洪标准按表3-3的规定确定。滨海的中型及以上的工矿企业,当按表3-3的防洪标准确定的设计高潮位低于当地历史最高潮位时,应采用当地历史最高潮位进行校核。当工矿企业遭受洪水淹没后,损失巨大,影响严重,恢复生产所需时间较长的,其防洪标准可取表3-3规定的上限或提高一等。工矿企业遭受洪灾后,其损失和影响较小,很快可恢复生产的,其防洪标准可按表3-3规定的下限确定。对于中、小型工矿企业,其规模应提高两等后,按表3-3的规定确定其防洪标准。对于特大、大型工矿企业,除采用表3-3中一等的最高防洪标准外,尚应采取专门的防护措施。对于核工业与核安全有关的厂区、车间及专门设施,应采用高于200年一遇的防洪标准。对于核污染危害严重的,应采用可能最大洪水校核。工矿企业的尾矿坝或尾矿库,应根据库容或坝高的规模分为五个等级,各等级的防洪标准按表3-4的规定确定。当尾矿坝或尾矿库一旦失事,对下游的城市、工矿企业、交通运输等设施会造成严重危害,或有害物质会

大量扩散的,应按表3-4的规定确定的防洪标准提高一等或二等。对于特别重要的尾矿坝或尾矿库,除采用表3-4中一等的最高防洪标准外,尚应采取专门的防护措施。

表3-3　工矿企业的等级和防洪标准

等级	工矿企业规模	防洪标准[重现期(年)]
I	特大型	200～100
II	大型	100～50
III	中型	50～20
IV	小型	20～10

表3-4　尾矿坝或尾矿库的等级和防洪标准

等级	工程规模		防洪标准[重现期(年)]	
	库容(108m³)	坝高(m)	设计	校核
I	具备提高等级的一、二等工程			2 000～1 000
II	≥1	≥100	200～100	1 000～500
III	1～0.10	100～60	100～50	500～200
IV	0.10～0.01	60～30	50～30	200～100
V	≤0.01	≤30	30～20	100～50

④交通运输设施的等级和防洪标准。

(a)铁路等级和防洪标准。国家标准轨距铁路的各类建筑物、构筑物,应根据其重要程度或运输能力分为三个等级,各等级的防洪标准按表3-5的规定,并结合所在河段、地区的行洪和蓄、滞洪的要求确定。工矿企业专用标准轨距铁路的防洪标准,应根据工矿企业的防洪要求确定。

表3-5　国家标准轨距铁路各类建筑物、构筑物的等级和防洪标准

等级	重要程度	运输能力 10⁴t/年	防洪标准[重现期(年)]			
			设计			校核
			路基	涵桥	桥梁	技术复杂、修复困难或重要的大桥和特大桥
I	骨干铁路和准高速铁路	≥1 500	100	50	100	300
II	次要骨干铁路和联系铁路	1 500～750	100	50	100	300
III	地区(包括地方)铁路	≤750	50	50	50	100

（b）公路各类建筑物、构筑物的等级和防洪标准。汽车专用公路的各类建筑物、构筑物，应根据其重要性和交通量分为高速、Ⅰ、Ⅱ共三个等级，各等级的防洪标准按表3-6的规定确定。一般公路的各类建筑物、构筑物，应根据其重要性和交通量分为Ⅱ～Ⅳ共三个等级，各等级的防洪标准按表3-7的规定确定，四级路基、涵洞及小型排水构筑物的防洪标准，可视具体情况而定。

表3-6 汽车专用公路的各类建筑物、构筑物的等级和防洪标准

等级	重要性	防洪标准[重现期（年）]				
		路基	特大桥	大、中桥	小桥	涵洞及小型排水构筑物
高速	政治、经济意义特别重要的，专供汽车分道高速行驶，并全部控制出入的公路	100	300	100	100	100
Ⅰ	连接重要的政治、经济中心，连通重点工矿区、港口、机场等地，专供汽车分道行驶，并部分控制出入的公路	100	300	100	100	100
Ⅱ	连接重要的政治、经济中心，连通重点工矿区、港口、机场等地，专供汽车行驶的公路	50	100	50	50	50

表3-7 一般公路的各类建筑物、构筑物的等级和防洪标准

等级	重要性	防洪标准[重现期（年）]				
		路基	特大桥	大、中桥	小桥	涵洞及小型排水构筑物
Ⅱ	连接重要的政治、经济中心或大工矿区、港口、机场等地的公路	50	100	100	50	50
Ⅲ	沟通县城以上等级的公路	25	100	50	25	25
Ⅳ	沟通县、乡（镇）、村的公路		100	50	25	

（c）港口主要港区陆域的等级和防洪标准。江河港口主要港区的陆域，应根据所在城市的重要性和受淹损失程度分为三个等级，各等级主要港区陆域的防洪标准按表3-8的规定确定。当港区陆域的防洪工程是城市防洪工程的组成部分时，其防洪标准应与该城市的防洪标准相适应。海港主要港区的陆域，应根据港口的重要性和受淹损失程度分为三个等级，各等级主要港区陆域的防洪标准按表3-9的规定确定。海港的安全主要是防潮水，为统一期间，将防潮标准统称为防洪标准。

（d）民用机场的等级和防洪标准。民用机场应根据其重要程度分为三个等级，各等级的防洪标准按表3-10的规定确定。当跑道和机场的重要设施可分开单独防护时，跑道的防洪标准可适当降低。

表 3-8　江河港口主要港区陆域的等级和防洪标准

等级	重要性和受淹损失程度	防洪标准[重现期（年）]	
		河网、平原河流	山区河流
I	直辖市、省会、首府和重要的城市的主要港区陆域，受淹后损失巨大	100～50	50～20
II	中等城市的主要港区陆域受淹后损失较大	50～20	20～10
III	一般城市主要港区陆域受淹后损失较小	20～10	10～5

表 3-9　海港主要港区陆域的等级和防洪标准

等级	重要性和受淹损失程度	防洪标准[重现期（年）]
I	主要港区陆域，受淹后损失巨大	200～100
II	中等港区陆域，受淹后损失较大	100～50
III	一般港区陆域，受淹后损失较小	50～20

表 3-10　民用机场的等级和防洪标准

等级	重要程度	防洪标准[重现期（年）]
I	特别重要的国际机场	200～100
II	主要的国内干线机场及一般的国际机场	100～50
III	一般的国内机场	50～20

（e）输水、输油、输气等管道工程的等级和防洪标准。跨越水域（江河、湖泊）的输水、输油、输气等管道工程，应根据其工程规模分为三个等级，各等级的防洪标准按表 3-11 的规定和所跨越水域的防洪要求确定。从洪水期冲刷较剧烈的水域（江河、湖泊）底部穿过的输水、输油、输气等管道工程，其埋深应在相应的防洪标准洪水的冲刷深度以下，经过蓄、滞洪区的管道工程，不得影响蓄、滞洪区的正常使用。

表 3-11　输水、输油、输气等管道工程的等级和防洪标准

等级	工程规模	防洪标准[重现期（年）]
I	大型	100
II	中型	50
III	小型	20

⑤水利水电枢纽工程的等别、水工建筑物级别和防洪标准。水利一词的定义可概括为采用各种工程措施或非工程措施，对自然界的水进行控制、调节、治导、开发、管理和保护，以减轻和免除水旱灾害，满足人类生活与工业生产用水需要。水利水电枢纽工程，应根据其工程规模、效益和在国民经济中的重要性分为五等，其等别按表 3-12 的规定确定。水利水电枢纽工程的水工建筑物，应根据其所属枢纽工程的等别、作用和重要性分为五级，其级别按

表 3-13 的规定确定。

表 3-12 水利水电枢纽工程的等别

| 工程等别 | 水库 | | 防洪 | | 治涝 | 灌溉 | 供水 | 水电站 |
	工程规模	总库容 (10⁸ m³)	城市及工矿企业的重要性	保护面积 (万亩)	治涝面积 (万亩)	灌溉面积 (万亩)	城市及工矿企业的重要性	装机容量 (10⁴ kW)
I	大(1)型	≥10	特别重要	≥500	≥200	≥150	特别重要	≥120
II	大(2)型	10～1.0	重要	500～100	200～60	150～50	重要	120～30
III	中型	1.0～0.10	中等	100～30	60～15	50～5	中等	30～5
IV	小(1)型	0.10～0.01	一般	30～5	15～3	5～0.5	一般	5～1
V	小(2)型	0.01～0.001		≤5	≤3	≤0.5		≤1

表 3-13 水工建筑物的级别

| 工程等别 | 永久水工建筑物的级别 | | 临时性水工建筑物级别 |
	主要建筑物	次要建筑物	
I	1	3	4
II	2	3	4
III	3	4	5
IV	4	5	5
V	5	5	

水库工程水工建筑物的防洪标准如下:

(a)水库工程水工建筑物的防洪标准,应根据其级别按表 3-14 的规定确定。当山区、丘陵区的水库枢纽挡水高度低于 15 m 时,上下游水头差小于 10 m 时,其防洪标准可按平原区、滨海区的规定确定;当平原区、滨海区的水库枢纽的挡水高度大于 15 m,上下游水头差大于 10 m 时,其防洪标准可按山区、丘陵区的规定确定。土石坝一旦失事将对下游造成特别重大的灾害时,1 级建筑物的校核防洪标准,应采用可能最大洪水(PMF)或 10 000 年一遇标准;2～4 级建筑物的校核防洪标准,可提高一级。混凝土坝和浆砌石坝,如果洪水漫顶可能造成极其严重的损失时,1 级建筑物的校核防洪标准,经过专门论证,并报主管部门批准,可采用可能最大洪水(PMF)或 10 000 年一遇标准。低水头或失事后损失不大的水库枢纽工程的挡水和泄水建筑物、经过专门论证,并报主管部门批准,其校核防洪标准可降低一级。

(b)堤防工程的防洪标准。江、河、湖、海及蓄、滞洪区堤防工程的防洪标准,应根据防护对象的重要程度和受灾后损失的大小,以及江河流域规划或流域防洪规划的要求分析确定。堤防上的闸、涵、泵站等建筑物、构筑物的设计防洪标准,不应低于堤防工程的防洪标准,并应留有适当的安全裕度。潮汐河口挡潮枢纽工程主要建筑物的防洪标准,应根据水工建筑物的级别按表 3-15 的规定确定。对于保护重要防护对象的挡潮枢纽工程,如确定的设计高潮位低于当地历史最高潮位时,应采用当地历史最高潮位进行校核。

表 3-14 水库工程水工建筑物的防洪标准

水工建筑物级别	防洪标准[重现期(年)]				
	山区、丘陵			平原区、海滨区	
	设计	校核		设计	校核
		混凝土坝、浆砌石坝及其他水工建筑物	土坝、堆石坝		
1	1 000~500	5 000~2 000	可能最大洪水或 10 000~5 000	300~100	2 000~1 000
2	500~100	2 000~1 000	5 000~2 000	100~50	1 000~300
3	100~50	1 000~500	2 000~1 000	50~20	300~100
4	50~30	500~200	1 000~300	20~10	100~50
5	30~20	200~100	300~200	10	50~20

表 3-15 潮汐河口挡潮枢纽工程主要建筑物的防洪标准

水工建筑物级别	1	2	3	4、5
防洪标准[重现期(年)]	≥100	100~50	50~20	20~10

(c)灌溉、治涝和供水工程主要建筑物的防洪标准。灌溉、治涝和供水工程主要建筑物的防洪标准,应根据其级别分别按表 3-16 和表 3-17 的规定确定。灌溉和治涝工程主要建筑物的校核标准可视具体情况研究确定。灌溉、治涝和供水工程系统中的次要建筑物及其管网、渠系等的防洪标准,可根据其级别按表 3-16 和表 3-17 的规定适当降低。

表 3-16 灌溉和治涝工程主要建筑物的防洪标准

水工建筑物级别	防洪标准[重现期(年)]
1	100~50
2	50~30
3	30~20
4	20~10
5	10

表 3 - 17　供水工程主要建筑物的防洪标准

水工建筑物级别	防洪标准[重现期(年)]	
	设计	校核
1	100~50	300~200
2	50~30	200~100
3	30~20	100~50
4	20~10	50~30

⑥动力设施的等级和防洪标准。火电厂应根据其装机容量分为四个等级,各等级的防洪标准按表3-18的规定确定。在电力系统中占主导地位的火电厂,其防洪标准可适当提高。工矿企业自备火电厂的防洪标准,应与该工矿企业的防洪标准相适应。核电站核岛部分的防洪标准,必须采用可能最大洪水或可能最大潮位进行校核。35 kV及以上的高压和超高压输配电设施,应根据其电压分为四个等级,各等级的防洪标准按表3-19的规定确定。工矿企业专用高压输配电设施的防洪标准,应与该工矿企业的防洪标准相适应。35 kV以下的中、低压配电设施的防洪标准,应根据所在地区和主要用户的防洪标准确定。

表 3 - 18　火电厂的等级和防洪标准

等级	电厂规模	装机容量(10^4kW)	防洪标准[重现期(年)]
I	特大型	≥300	≥100
II	大型	300~120	100
III	中型	120~25	100~50
IV	小型	≤25	50

表 3 - 19　高压和超高压输配电设施和防洪标准

等级	电压(kV)	防洪标准[重现期(年)]
I	≥500	≥100
II	500~110	100
III	110~35	100~50
IV	35	50

⑦通信设施的等级和防洪标准。公用长途通信线路,应根据其重要程度和设施内容分为三个等级,各等级的防洪标准按表3-20的规定确定。公用长途通信线路,应根据其重要程度的等级和防洪标准;公用无线电通信台、站,应根据其重要程度和设施内容的各等级和防洪标准,按《防洪标准》(GB50201-1994)相关规定确定。交通运输、水利水电工程及动力设施等专用的通信设施,其防洪标准可根据服务对象的要求确定。

表 3-20　公用长途通信线路的等级和防洪标准

等级	重要程度和设施内容	防洪标准[重现期(年)]
I	国际干线,首都至各省会(首府、直辖市)的线路,省会(首府、直辖市)之间的线路	100
II	省会(首府、直辖市)至各地市的线路,各地(市)之间的重要线路	50
III	各地(市)之间的一般线路,各地(市)至各县的线路,各县之间的线路	30

⑧文物古迹和旅游设施的等级和防洪标准。不耐淹的文物古迹,应根据其文物保护的级别分为三个等级,各等级的防洪标准按表 3-21 的规定确定。对于特别重要的文物古迹,其防洪标准可适当提高。洪灾威胁的旅游设施,应根据其旅游价值、知名度和受淹损失程度分为三个等级,各等级的防洪标准按表 3-22 的规定确定。供游览的文物古迹的防洪标准,应根据其等级按表 3-21 和表 3-22 中较高者确定。

表 3-21　文物古迹的等级和防洪标准

等级	文物保护的级别	防洪标准[重现期(年)]
I	国家级	≥100
II	省(自治区、直辖市)级	100～50
III	县(市)级	50～20

表 3-22　旅游设施的等级和防洪标准

等级	旅游价值、知名度和受淹损失程度	防洪标准[重现期(年)]
I	国家景点,知名度高,受淹后损失巨大	100～50
II	国家相关景点,知名度较高,受淹后损失较大	50～30
III	一般旅游设施,知名度较低,受淹后损失较小	30～10

(2)城市排涝设计标准。排涝设计标准是确定排涝流量及排水沟道、滞涝设施、排水闸站等除涝工程规模的重要依据。城市的防洪标准按国家《防洪标准》(GB50201—1994)的规定确定,但目前我国尚无统一的城市排涝标准和相关计算方法规范,下面主要介绍水利部门和城建部门采用的排涝标准。

1)水利部门制定的排涝标准。《国务院转发水利部关于加强珠江流域近期防洪建设若干意见的通知》(国发办(2002)46 号)制定的排涝标准为:特别重要的城市市区,采用 20 年一遇 24 小时设计暴雨 1 天排完的标准;重要的城市市区、中等城市和一般城市市区采用 10 年一遇 24 小时设计暴雨 1 天排完的标准。城市郊区农田的排涝标准,应根据《农田排水工程技术规范》(SL/T4—1999)规定的如下排涝标准确定:设计暴雨重现期可采用 5～10 年,设计暴雨的历时和排出时间,应根据治理区的暴雨特征、汇流条件、河网湖泊调蓄能力、农作物的耐淹水深和耐淹历时及对农作物减产率的相关分析等条件确定。旱作区可采用 1～3 天暴雨 1～3 天排除,稻作区可采用 1～3 天暴雨 3～5 天排至耐淹水深。

设计暴雨是指与设计洪水同一标准(重现期)的暴雨。设计暴雨的主要内容包括设计雨量的大小及其在时间上的分配过程。暴雨在流域上分布是不均匀的,一般用流域平均降雨量表示,简称面暴雨。设计暴雨就是指面暴雨。设计暴雨历时的确定应该考虑汇流时间的长短,一般为1天、3天、7天。所谓1天、3天、7天暴雨,是指该年雨量资料中连续1天、3天、7天的最大值。

将 N 年某个历时暴雨按雨量大小次序排列,作为统计样本,采用式(3-1)计算该历时设计暴雨(或洪水)重现期。

$$T = \frac{N+1}{m} \tag{3-1}$$

式中:T——为计算暴雨重现期,a;

　　N——样本的数据总数;

　　m——大于等于设计暴雨量的数据个数。

暴雨总量相同而在时间分配上不同时,形成洪水的过程不同。因此,在求得设计面暴雨后,还需要确定暴雨总量在时间上的分配过程,简称时程分配。设计面暴雨的时程分配,采用典型过程的缩放方法。典型暴雨过程的缩放方法与设计洪水的典型过程缩放计算基本相同,一般均采用同频率放大法。放大倍比按下面方法确定:

最大1天的放大倍比:

$$K_1 = \frac{x_{1d,p}}{x_{典,1d}} \tag{3-2}$$

最大3天其余2天的放大倍比:

$$K_{1-3} = \frac{x_{3d,p} - x_{1d,p}}{x_{典,3d} - x_{典,1d}} \tag{3-3}$$

最大7天其余4天的放大倍比:

$$K_{1-7} = \frac{x_{7d,p} - x_{3d,p}}{x_{典,7d} - x_{典,3d}} \tag{3-4}$$

式中:x_p——设计暴雨雨量;

　　$x_{典}$——典型暴雨雨量;

　　P——设计频率。

设计排水时间 t 可按下面关系式推求:

$$M = \frac{Q}{F} = \frac{W}{tF} = \frac{R}{t} = \frac{\alpha x}{t} \tag{3-5}$$

式中:F——集水区域面积;

　　Q——单位时间通过某一过水断面的水体体积;

　　W——某一时间内通过流域出口断面的水体总体积;

　　R——计算时段内的径流总量均匀地平铺在整个流域面积上所得的水层深度;

　　α——某一时间内的径流深与流域平均降雨量的比值;

x——某一重现期设计暴雨量；

M——单位面积的排涝流量，即排涝河沟或排涝站的设计流量与集水面积的比值，称为排涝模数。

根据式（3-5），设计排水天数 t_d 可以按下式推求：

$$M=\frac{\alpha x}{86.4t_d} \qquad\qquad (3-6)$$

式中：设计排涝模数 M 的单位为 $m^3/(s \cdot km^2)$，设计暴雨量 x 的单位为 mm，排水天数 t_d 的单位为 d。

2）城建部门制定的排涝标准。建设部门采用的国家标准《室外排水设计规范》（GB50014—2006）规定，雨水管渠设计重现期，应根据汇水地区性质、地形特点和气候特征等因素确定。在同一排水系统中可采用同一重现期或不同重现期。重现期一般选用0.5～3年，重要干道、重要地区或短期积水即能引起较严重后果的地区，一般选用3～5年，并应与道路设计协调。特别重要地区和次要地区可酌情增减。立体交叉排水的地面径流量计算，规定设计重现期为3～5年，重要部位宜采用较高值，同一立体交叉工程的不同部位可采用不同的重现期；地面集水时间宜为5～10 min；径流系数宜为0.8～1.0；汇水面积应合理确定，宜采用高水高排、低水低排互不连通的系统，并应有防止高水进入低水系统的可靠措施。

3）城建部门与水利部门采用设计重现期的衔接问题。建设部门采用的《室外排水设计规范》（GB50014—2006）规定，暴雨强度公式的编制方法适用于具有10年以上自动雨量记录的地区。计算降雨历时采用5 min、10 min、15 min、20 min、30 min、45 min、60 min、90 min、120 min共九个历时。计算降雨重现期一般按0.25年、0.33年、0.5年、1年、2年、3年、5年、10年统计；当有需要或资料条件较好时（资料年数≥20年、子样点的排列比较规律），也可统计高于10年的重现期。取样方法宜采用年多个样法，每年每个历时选择6～8个最大值，然后不论年次，将每个历时子样按大小次序排列，再从中选择资料年数的3～4倍的最大值，作为统计样本。与水利部门一样采用式（3-1）计算设计暴雨（或洪水）重现期。

由于城建部门与水利部门在暴雨样本选样上采用不同的取样方法，计算出的设计重现期有较大的差别。为确定城区统一的排涝标准，必须探讨城建部门与水利部门各自采用的设计重现期衔接问题，保证用城建部门雨水管渠设计的小区域雨洪流量，能够同按水利部门设计的大区域雨洪流量相容，使同一场暴雨能够顺利地从城区雨水管渠进入内河，最后汇集到排水口由排涝闸自排或由排涝站抽排至承泄区。福建省水利规划院等单位的研究表明，城建部门与水利部门采用的重现期之间存在的大致对应关系见表3-23所列。由于城建部门是进行较短历时较小区域排水设计，水利部门是进行较长历时较大区域排涝设计，大小流域雨洪特性不同，因此，不必要也不可能建立严格的城建部门与水利部门采用重现期之间的对应关系。

表3-23 城建部门与水利部门重现期的大致对应关系

城建部门[重现期(年)]	0.333	0.5	1	2	5
水利部门[重现期(年)]	2	3	5	10	20

（3）城市防洪排涝工程建设。城市防洪排涝工程建设是一个漫长的过程。城市防洪排

涝工程建设实施方案编制要按照量力而行、突出重点、上下协调、左右兼顾的原则,合理安排建设项目和实施步骤,优化配置建设资金。优先安排加固续建工程、事关全局的流域、区域和城市重点骨干工程,防洪基础特别薄弱地区的工程,充分发挥投资效益,突出城市防洪排涝工程的整体作用。同时城市防洪排涝工程的建设应该符合建设程序和防洪排涝标准。水利工程基本建设项目一般要经历以下几个阶段的工作程序:

1)前期工作阶段。

①项目建议书。项目建议书应根据国民经济和社会发展长远规划、流域综合规划、区域综合规划、专业规划,按照国家产业政策和国家有关投资建设方针进行编制,是对拟进行建设项目的初步说明。项目建议书应按照《水利水电工程项目建议书编制暂行规定》编制。项目建议书编制一般由政府委托有相应资质的设计单位承担,并按国家现行规定权限向主管部门申报审批。项目建议书被批准后,由政府向社会公布,若有投资建设意向,应及时组建项目法人筹备机构,开展下一建设程序工作。

②可行性研究报告。可行性研究应对项目进行方案比较,对技术上是否可行和经济上是否合理进行科学的分析和论证。经过批准的可行性研究报告,是项目决策和进行初步设计的依据。可行性研究报告,由项目法人(或筹备机构)组织编制。可行性研究报告应按照《水利水电工程可行性研究报告编制规程》编制。可行性研究报告,按国家现行规定的审批权限报批。申报项目可行性研究报告,必须同时提出项目法人组建方案及运行机制、资金筹措方案、资金结构及回收资金的办法,并依照有关规定附具有管辖权的水行政主管部门或流域机构签署的规划同意书、对取水许可预申请的书面审查意见。审批部门要委托有项目相应资质的工程咨询机构对可行性报告进行评估,并综合行业归口主管部门、投资机构(公司)、项目法人(或项目法人筹备机构)等方面的意见进行审批。可行性研究报告经批准后,不得随意修改和变更,在主要内容上有重要变动,应经原批准机关复审同意。项目可行性报告批准后,应正式组建项目法人机构,并按项目法人责任制实行项目管理。

③初步设计。初步设计是根据批准的可行性研究报告和必要而准确的设计资料,对设计对象进行通盘研究,阐明拟建工程在技术上的可行性和经济上的合理性,规定项目的各项基本技术参数,编制项目的总概算。初步设计任务应择优选择有项目相应资质的设计单位承担,依照有关初步设计编制规定进行编制。初步设计报告应按照《水利水电工程初步设计报告编制规程》编制。初步设计文件报批前,一般须由项目法人委托有相应资质的工程咨询机构或组织行业各方面(包括管理、设计、施工、咨询等方面)的专家,对初步设计中的重大问题,进行咨询论证。设计单位根据咨询论证意见,对初步设计文件进行补充、修改、优化。初步设计由项目法人组织审查后,按国家现行规定权限向主管部门申报审批。设计单位必须严格保证设计质量,承担初步设计的合同责任。初步设计文件经批准后,主要内容不得随意修改、变更,并作为项目建设实施的技术文件基础。如有重要修改、变更,须经原审批机关复审同意。

2)建设实施阶段。

①施工准备阶段。项目在主体工程开工之前,必须完成各项施工准备工作,其主要内容包括:施工现场的征地、拆迁;完成施工用水、电、通信、路和场地平整等工程;必需的生产、生活临时建筑工程;组织招标设计、咨询、设备和物资采购等服务;组织建设监理和主体工程招标投标,并择优选定建设监理单位和施工承包队伍。施工准备工作开始前,项目

法人或其代理机构,须依照《水利工程建设项目管理规定(试行)》中的管理体制和职责条款,明确分级管理权限,向水行政主管部门办理报建手续,项目报建须交验工程建设项目的有关批准文件。工程项目进行项目报建登记后,方可组织施工准备工作。工程建设项目的施工,除某些不适应招标的特殊工程项目外(须经水行政主管部门批准),均须实行招标投标。水利工程建设项目的招标投标,按《水利工程建设项目施工招标投标管理规定》执行。水利工程项目必须满足如下条件,施工准备方可进行:初步设计已经批准;项目法人已经建立;项目已列入国家或地方水利建设投资计划,筹资方案已经确定;有关土地使用权已经批准;已办理报建手续。

②建设实施。建设实施阶段是指主体工程的建设实施,项目法人按照批准的建设文件,组织工程建设,保证项目建设目标的实现。项目法人或其代理机构必须按审批权限,向主管部门提出主体工程开工申请报告,经批准后,主体工程方能正式开工。主体工程开工须具备《水利工程建设项目管理规定(试行)》明确的条件,即:前期工程各阶段文件已按规定批准,施工详图设计可以满足初期主体工程施工需要;建设项目已列入国家或地方水利建设投资年度计划,年度建设资金已落实;主体工程招标已经决标,工程承包合同已经签订,并得到主管部门同意;现场施工准备和征地移民等建设外部条件能够满足主体工程开工需要。随着社会主义市场经济体制的建立,实行项目法人责任制,主体工程开工前还须具备以下条件:建设管理模式已经确定,投资主体与项目主体的管理关系已经理顺;项目建设所需全部投资来源已经明确,且投资结构合理;项目产品的销售,已有用户承诺,并确定了定价原则。项目法人要充分发挥建设管理的主导作用,为施工创造良好的建设条件。监理单位选择必须符合《水利工程建设监理规定》的要求,建立健全质量管理体系,重要建设项目须设立质量监督项目站,行使政府对项目建设的监督职能。

③生产准备。生产准备是项目投产前所要进行的一项重要工作,是建设阶段转入生产经营的必要条件。项目法人应按照建管结合和项目法人责任制的要求,适时做好有关生产准备工作。生产准备应根据不同类型的工程要求确定,生产准备一般应包括生产组织准备、生产技术准备、生产物资准备和正常的生活福利设施准备。生产组织准备包括建立生产经营的管理机构及相应管理制度,招收和培训人员;按照生产运营的要求,配备生产管理人员,并通过多种形式的培训,提高人员素质,使之能满足运营要求;生产管理人员要尽早介入工程的施工建设,参加设备的安装调试,熟悉情况,掌握好生产技术和工艺流程,为顺利衔接基本建设阶段和生产经营阶段做好准备。生产技术准备主要包括技术资料的汇总、运行技术方案的制定、岗位操作规程制定和新技术准备。生产的物资准备主要包括落实投产运营所需要的原材料、协作产品、工器具、备品备件和其他协作配合条件的准备。

3)竣工验收阶段。竣工验收是工程完成建设目标的标志,是全面考核基本建设成果、检验设计和工程质量的重要步骤。竣工验收合格的项目即从基本建设转入生产或使用。

当建设项目的建设内容全部完成,并经过单位工程验收(包括工程档案资料的验收),符合设计要求并按《水利基本建设项目(工程)档案资料管理暂行规定》的要求完成了档案资料的整理工作及竣工报告和竣工决算等必需文件的编制后,项目法人按《水利工程建设项目管理规定(试行)》规定,向验收主管部门提出申请,根据国家和部颁验收规程,组织验收。竣工决算编制完成后,须由审计机关组织竣工审计,其审计报告作为竣工验收的基本资料。工程规模较大、技术较复杂的建设项目可先进行初步验收。不合格的工程不予验收;有遗留问题的项目,对遗留问题必须有具体处理意见,且有限期处理的明确要求并落实责任人。

4)后评价阶段。建设项目竣工投产后,一般经过1~2年生产运营后,要进行一次系统的项目后评价,主要内容包括环境影响评价、经济效益评价和过程评价。项目后评价一般按三个层次组织实施,即项目法人的自我评价、项目行业的评价、计划部门(或主要投资方)的评价。建设项目后评价工作必须遵循客观、公正、科学的原则,做到分析合理、评价公正。通过建设项目的后评价以达到肯定成绩、总结经验、研究问题、吸取教训、提出建议、改进工作,不断提高项目决策水平和投资效果的目的。

凡违反工程建设程序管理规定的,按照有关法律、法规、规章的规定,由项目行业主管部门,根据情节轻重,对责任者进行处理。另外,城市防洪排涝工程的建设程序既要符合水利工程建设程序,同时也必须符合城市工程设施建设程序。

三、不同类型城市防洪排涝工程规划

城市防洪规划的首要目标是防洪保安,但是随着国民经济的持续快速增长,社会的不断进步,人们的环境意识日益增强,对水环境的要求越来越高。从城市防洪规划来说,必须将城市保安的建设与水环境的改造结合起来,将防洪堤、滩岸、水域有机结合,改造城市中心区的水环境。使城市防洪工程不仅是保证防洪安全的生命线,也是城市不可缺少的景观线。

1. 沿江河城市防洪总体规划

我国沿江河城市的地理位置、流域特征、洪水特征、防洪现状以及社会经济状况等千差万别。在考虑总体规划时要从实际出发,因地制宜。一般注意以下事项:

(1)以城市防洪设施为主,与流域防洪规划相配合。首先应以提高城市防洪设施标准为主,当不能满足城市防洪要求或达不到技术经济合理时,需要与流域防洪规划相配合(如修水库、分洪蓄洪等),并纳入流域防洪规划。对于流域中可供调蓄的湖泊,应尽量加以利用,采用逐段分洪、逐段水量平衡的原则,分别确定防洪水位。对于超过设计标准的特大洪水,规划上要作出必要的对策性方案。

(2)泄蓄兼顾、以泄为主。市区内河道一般较短,河道泄洪断面往往被市政建设侵占而减小,影响泄洪能力,所以城市防洪总体规划按泄蓄兼顾、以泄为主的原则。尽量采取加固河岸、修筑堤防,河道整治等措施,加大泄洪能力。在无法加大泄量来满足防洪要求,或技术经济不合理时,才考虑修建水库和滞洪区来调控洪水。修建水库和滞洪区还应考虑综合利用,提高综合效益。

(3)因地制宜,就地取材。城市防洪总体规划要因地制宜,从当地实际出发,根据防护地段保护对象的重要性和受灾后损失等情况,可以分别采用不同的防洪标准,构筑物选型要体现就地取材的原则,并与当地环境相协调。

(4)全面规划,分期实施。总体规划要根据选定的防洪标准,按照全面规划,分期实施,远近结合,逐步提高的原则来考虑。现有工程应充分利用,加以续建、配套、加固和提高。根据人力和财力的可能性,分期分批实施,尽快完成关键性工程设施,尽早发挥作用,为继续治理奠定基础。

(5)与城市总体规划相协调。防洪工程布置,要以城市总体规划为依据,不仅要满足

城市近期要求,还要适当考虑远期发展需要,使防洪与市政建设相协调。滨江河堤防作为交通道路、园林时,堤距要充分考虑行洪要求,堤宽应满足城市道路、园林绿化要求,岸壁形式要讲究美观,以美化城市。堤线布置应考虑城市规划要求,以平顺为宜。堤防与城市道路桥梁相交时,要尽量正交。堤防与桥头防护构筑物衔接要平顺,以免水流强烈冲刷。通航河道应满足航运要求,城市航运码头布置不得影响河道行洪。码头通行口高程低于设计洪水位时,应设计通行闸。支线或排水渠口与干渠防洪设施要妥善处理,以防止洪水倒灌或排水不畅,形成内涝。当两岸地形开阔时,可以沿干流和支流两侧修筑防洪墙,使支流泄洪通畅。在市区内,应不影响城市的美观。当有水塘、洼地可以调蓄时,可以在支流出口修建泄洪闸。平时开闸排泄支流流量,当干流发生洪水时关闸调蓄,必要时还应修建排水泵站。

2. 山区城市防洪总体规划

山区河流两岸的城市,不仅受江河洪水威胁,而且受山洪的危害更为频繁。山洪沟一般汇水面积较小,沟床纵比降大,洪水来得突然,水流湍急,挟带泥沙,破坏力强,对城市具有很大危害。山区城市防洪规划,一般要考虑以下事项:

(1)与流域防洪规划相配合。山区城市防洪一般包括临江河地段保护和山洪防治两个部分。临江河地段防洪规划,可参照上述沿江河城市防洪规划注意事项进行。当依靠修建堤防加大泄量仍不能满足防洪要求时,可以结合城市给水、发电、灌溉,在城市上游河流修建水库来削减洪峰。但是,水库设计标准要适当提高,以确保城市安全。

(2)工程措施与生物措施结合。对水土流失比较严重、沟壑发育的山洪沟,可采用工程措施与生物措施结合。工程措施主要包括沟头保护、修建谷坊、跌水、截水沟、排水沟和堤防等。生物措施主要包括植树和种草等,以防止沟槽冲刷,控制水土流失,使山洪安全通过市区,消除山洪危害。

(3)按水流形态和沟槽发育规律分段治理。山洪沟的地形和地貌千差万别,但从山洪沟的发育规律来看,具有一定的规律性。上游段为集水区,防治措施主要为植树造林,挖鱼鳞坑、挖水平沟、水平打垄、修水平梯田等,以防止坡面侵蚀,达到蓄水保土目的。中游段为沟壑地段,水流在此段有很大的下切侵蚀作用,为防止沟谷下切引起两岸崩塌,一般多在冲沟上设置谷坊,层层拦截,使沟底逐渐实现川台化,为农牧业创造条件。下游段为沉积区,山洪沟坡减缓,流速降低,泥沙淤积,水流漫溢,沟床不定,一般采取整治和固定河槽,使山洪安全通过市区,排入干流。

(4)全面规划,分期治理。山洪治理应该全面规划,在以上步骤的基础上将各条山洪沟,根据危害程度分为轻重缓急,在治理方法上应先治坡,后治沟,分期治理。集中人力和物力,在实施工程措施的同时,做好水土保持工作,治好一条沟后,再治另一条沟。

(5)因地制宜选择排泄方案。当有几条山洪沟通过市区时,应尽量就近分散排至干沟。当地形条件许可时,山洪应尽量采取高水高排,以减轻滨河地带排水负担。当山洪沟汇水面积较大,市区排水设施承受不了设计洪水时,如果条件允许也可在城市上游修建截洪沟,把山洪引至城市下游排水干流。如城市上游无条件修建截水沟,而有条件修建水库,可以用修建水库的方法来削减洪峰流量,以减轻市区防洪设施的负担。

3. 沿海城市防潮总体规划

沿海潮汐现象比较复杂,不同地区潮型不同,潮差变化较大。防潮工程总体规划一般考虑以下事项：

（1）正确确定设计高潮位和风浪侵袭高度。沿海城市不仅遭受天文潮袭击，更主要的是风暴潮，特别是天文潮和风暴潮相遇，往往使城市遭受更大灾害。因此，必须详细调查研究，分析海潮变化规律，正确确定设计高潮位和风浪侵袭高度，然后针对不同潮型，采取相应的防潮设施。

（2）要尽可能符合天然海岸线。沿海城市的海岸和海潮的特性关系密切，必须充分掌握这方面的资料。天然海岸线是多年形成的，一般比较稳定。因此，总体布置要尽可能地不破坏天然海岸线。不要轻易向海中伸入或作硬性改变，以免影响海水在岸边的流态和产生新的冲刷或淤积。有条件时可以保留一定的滩地，在滩地上种植芦苇，起到防风、消浪和促淤作用。

（3）要充分考虑海潮与河洪的遭遇。河口城市遭受海潮侵袭外，还受河洪的威胁；而海潮与河洪又有不同的遭遇情况，其危害也不尽相同，因此要充分分析可能出现最不利的遭遇，以及对城市的影响。特别是出现天文潮、风暴潮和河洪三碰头，其危害最为严重。在防洪措施上，除了采用必要的防潮设施外，有时还需要在河流上游采用分蓄洪设施，以削减洪峰；在河口适当位置建防潮闸，以抵挡海潮影响。

（4）与市政建设和码头建设相协调。为了美化环境，常在沿海地带建设道路、滨海公园以及游泳场等。防潮工程在考虑安全和经济情况下，构筑物造型要美观，使其与优美的环境相协调。沿海城市码头建设要与港口码头建设协调一致，但应注意码头建设不要侵占行洪道，避免入海口受阻，增加洪水对城市的威胁。

（5）因地制宜选择防潮工程结构形式和消浪设施。当海岸地形平缓，有条件修建海堤和坡式护岸时，应优先用坡式护岸，以降低工程造价。为了降低堤顶高程，通常采用坡面加糙的方法来有效地削减风浪。当海岸陡峻，水深浪大，深泓逼岸时，应采用重力式护岸，以保证工程效益和减少维修费用。做好基础处理，防治对基础冲刷，有条件时也可采用修筑丁坝、潜坝等挑流消浪设施。当防潮构筑物上部设有防浪墙时，其迎水面宜做成反弧形，使风浪形成反射，以降低堤顶高程，节约工程投资。

四、城市防洪排涝工程规划案例
第一章　总　　则
第一条　为指导城市防洪工程建设，加强城市防洪工程建设管理，保障经济、社会可持续发展，根据《中华人民共和国水法》、《中华人民共和国防洪法》及《中华人民共和国防洪条例》的要求，结合××市的实际情况，编制本规划。

第二条　本规划范围是城市规划区，面积 3 583 km²，规划范围内的河流均为饮马河水系，主要包括伊通河及支流、雾开河及支流共 19 条大、小河流，及小 II 型以上的水库 35 座。

第三条　本规划的期限为 2005～2020 年。

第四条　本规划由文本、图纸及说明书组成。

第五条　在规划期限内，凡在规划区范围内进行的各项涉及防洪工程的规划及建设活动均应符合本规划。

第二章　规划目标与原则
第六条　规划目标

通过防洪工程建设,使××市城市规划区内的伊通河、新凯河、小河沿子河、东新开河、鲇鱼沟、永春河等19条河流及35座小Ⅱ型以上水库的防洪工程能够达到其各自的防洪标准及治涝标准。

各河流的防洪标准确定如下:

伊通河干流南、上、中、下段为200年一遇,伊通河北段为100年一遇;双阳河城区段、小河沿子河为50年一遇,其他河流均采用20年一遇防洪标准。

各河流的治涝标准:平地均采用一年一遇暴雨标准,坡地排水采用20年一遇洪水标准。

第七条　规划原则

1. 确保重点、统筹规划的原则。

2. 防汛和抗旱相结合的原则。

3. 工程措施和非工程措施相结合的原则。

4. 遵循洪涝规律,体现国民经济对防洪的要求的原则。

5. 防洪规划要和城市总体规划相协调的原则。

6. 建管并重的原则。

7.《××市城市总体规划〔2005~2020〕》中明确提出了××市城市发展的目标就是把××市建设成为适宜居住的生态园林城市,因此在编制规划方案的时候要考虑尽量恢复自然景观,充分利用生态水利工程措施,构建人水和谐的生态环境。

第八条　指导思想

坚持以人为本,全面、协调、可持续的科学发展观,充分认识防洪安全的艰巨性、复杂性和紧迫性,按照城市发展的总体要求,加快城市防洪安全工程建设步伐,深化城市防洪管理体制改革,强化洪水利用、河道水质监测和社会化服务,建立健全城市防洪安全保障体系,使城市水环境得以改善,提高居民生活质量,促进城市经济、社会可持续发展。

第三章　防洪工程建设规划

第九条　近期防洪工程建设规划

1. 伊通河干流南段防洪工程规划

在总体布置中考虑生态环境建设和伊通河风光带设计的需要,充分利用堤防、河道、滩地、岛屿的有限空间,修路、蓄水、绿化、造景。规划范围从伊通河南三环路桥(黑嘴子桥)至高速公路桥,河道行洪长度3.47 km。

2. 鲇鱼沟防洪工程规划

修建防洪截沟一条,将高速公路以上的地面径流截到小河沿子河,截沟防洪标准20年一遇。

3. 永春河(开运街桥至102国道桥)防洪工程规划

规划治理河道长4.846 km,采用拓宽河道、增加河道泄洪能力,以及局部河段裁弯取直的工程措施,并配合城市景观建设增加的壅水和绿化工程。

4. 双阳河城区段防洪工程规划

对双阳城区段的双阳河、石溪河、黑顶子河、杏树河进行综合整治,对河道进行扩宽、清淤,同时对河道两侧无堤段要建堤,有堤但不达标的要对堤防进行加高培厚。主河槽清淤深度0.3~0.8 m,河道拓宽后,主河槽宽度达到30~100 m。

5. 其他河流防洪工程规划

对新凯河、东新开河、富裕河、伊丹河以及伊通河北段进行防洪建设,采取清理河道、堤防建设、险工险段建设等措施,同时结合自然环境要求,确保上述河流防洪能力满足规划要求。

第十条　远期防洪工程建设规划

对雾开河、靠边王河、碱草沟、大南河、东风河、泉眼沟、四间河、西新河以及三间河进行防洪工程建设,提高河道行洪能力,确保沿河两岸居民的生命财产安全,保障经济社会发展。

第十一条　小型水库防洪工程规划

对城市规划区内的三家子、小城子、杜家、四间、张家粉房、团山、富强等 35 座小型水库进行除险加固工程建设,充分发挥水库对洪水的调节作用,在确保防洪安全的前提下,结合城市建设需要,建设城市景观。

第四章　治涝工程规划

第十二条　伊通河南段治涝工程规划

伊通河流经××市城区南段,两岸排水面积 33.68 km^2,两岸根据地形变化和道路、桥梁等因素划分为 10 个排水分区,其类型为坡地排水和平地排水两部分。

1. 102 国道北伊通河左岸第 1 排水分区:南起新规划的 102 国道,北止新建的南二环路,西侧从西部台地岭下,到东侧的伊通河堤防边,南北长 1 200 m,东西宽 700 m,排水面积 79.0 hm^2,设计排水流量 2.39 m^3/s。

2. 102 国道北伊通河右岸第 1 排水分区:南起新规划的 102 国道,北止新建的南三环路,东起自然分水岭,西到规划的伊通河边,东西长 1 300 m,南北宽 1 200 m,排水面积 148 hm^2,排水设计流量 3.63 m^3/s。

3. 102 国道北伊通河右岸第 2 排水分区:南起 102 国道,北止规划的后三家子回水堤入口处,东侧为后三家子回水堤,西到规划的伊通河边,呈三角形,边长大约为 200～300 m。排水面积 3.9 hm^2,排水设计流量 0.16 m^3/s。

4. 102 国道南伊通河右岸第 3 排水分区:南起现状红嘴子桥公路及后三家子回水堤,北止 102 国道,东起自然分水岭,西到规划的伊通河边,南北长 400 m,东西宽 500 m,排水面积 21.5 hm^2,排水设计流量 0.62 m^3/s。

5. 102 国道南二机砖宿舍伊通河右岸第 4 排水分区:南起第二机砖厂车间,北止现状红嘴子桥公路,东起自然分水岭,西到规划的伊通河边,南北长 800 m,东西宽 750 m,排水面积 60.0 hm^2,排水设计流量 1.78 m^3/s。

6. 102 国道南二机砖车间伊通河右岸第 5 排水分区:南起高速公路,北止第二机砖厂车间,东起自然分水岭,西到规划的伊通河边,东西长 1 500 m,南北宽 1 000 m,排水面积 150.00 hm^2,排水设计流量 2.98 m^3/s。

7. 102 国道南北红嘴子伊通河左岸第 2 排水分区:南起北红嘴子村,北止机砖厂 2 号桥公路,东起自然分水岭,西到规划的伊通河边,东西长 600 m,南北宽 800 m,排水面积 0.50 km^2,主要排除坡水。10 年一遇设计流量 5.11 m^3/s,20 年一遇设计流量 7.60 m^3/s,(P=5%)24 小时洪量 18.0 万 m^3。

8. 截沟第 1 排水分区:南起谢家沟,北止南三环路,西起自然分水岭,东到台地岭下,南北长 1 000 m,东西宽 250 m,排水面积 0.47 km^2,10 年一遇设计流量 1.80 m^3/s,20 年一遇设计流量 2.66 m^3/s,该区域属坡地地形,大部分地面高程在 200 m 以上,沿山坡开挖一条截沟将水截入谢家沟,截沟长 1000 m,断面形式梯形,边坡 1:1,底宽 1.0 m。根据地形可以自排,排水出口在谢家沟左岸 0+621 处。

9. 截沟第 2 排水分区:南起机砖厂 2 号桥公路,北止 102 国道,西起自然分水岭,东到台地岭下,南北长 1200 m,东西宽 200 m,排水面积 0.22 km²,10 年一遇设计流量 1.05 m³/s,20 年一遇设计流量 1.54 m³/s,该区域属坡地地形,大部分地面高程 202~220 m 之间,沿山坡开挖一条截沟将水截入谢家沟,截沟长 1000 m,断面形式梯形,边坡 1:1,底宽 1.0 m。根据地形可以自排,排水出口在谢家沟右岸 0+100 处。

10. 截沟第 3 排水分区:南起京哈高速公路,北止北红嘴子村,西起自然分水岭,东到规划的伊通河边,东西长 1000 m,南北宽 500 m,排水面积 0.17 hm²,10 年一遇设计流量 0.98 m³/s,20 年一遇设计流量 1.45 m³/s,该区域属坡地地形,大部分地面高程高于大部分地面高程 202 m,沿山坡开挖一条截沟将水截入谢家沟,截沟长 1000 m,断面形式梯形,边坡 1:1,底宽 1.0 m。根据地形可以自排,排水出口在伊通河左岸堤防 2+195 处。

第十三条　鲇鱼沟治涝工程规划

鲇鱼沟按规划区排水管网设置排水入口,按道路划分 8 个排水分区,每个排水分区设 1 处穿堤涵洞。

第十四条　永春河治涝工程规划

永春河治涝工程根据道路布置和就近接入、就近排出的原则划分成 15 个排水分区,排水设施包括 2 条暗渠、13 个排水涵管。1#暗渠吐口位于华光街上,飞跃路与前进大街之间的一部分雨水通过暗渠接入飞跃路与华光街相交处的桥内,然后再通过暗渠由此吐口排入永春河。1#暗渠排水面积 337.83 hm²,排水流量 10.6 m³/s,断面尺寸为 1.8 m×2 m。2#暗渠吐口位于三号街上,飞跃路与前进大街之间的另一部分雨水通过暗渠接入飞跃路与三号街相交处的桥内,然后再通过暗渠由此吐口接入永春河。2#暗渠排水面积 450 hm²,排水流量 51.75 m³/s,断面尺寸为 2 孔 2 m×3 m。

第十五条　双阳河治涝工程规划

双阳城区排水系统按地形趋势分成 13 个排水分区,各排水分区主要数据如下:

1. 贾家桥河东分区:石溪河右岸,集水面积 1.6 km²,设计流量 1.60 m³/s,自排、强排相结合。

2. 贾家桥河西分区:石溪河左岸,集水面积 1.12 km²,设计流量 1.12 m³/s,自排。

3. 小河沿子分区:石溪河右岸,集水面积 0.2 km²,设计流量 0.22 m³/s,自排。

4. 造纸厂分区:石溪河右岸,集水面积 0.17 km²,设计流量 0.19 m³/s,自排。

5. 长双公路河北分区:石溪河左岸集水面积 3.29 km²,设计流量 13.34 m³/s,自排。

6. 长双公路河南分区:石溪河右岸集水面积 0.59 km²,设计流量 1.79 m³/s,自排。

7. 教育新村分区:石溪河右岸,集水面积 0.8 km²,设计流量 2.43 m³/s,自排。

8. 郭家街分区:石溪河右岸,集水面积 0.90 km²,设计流量 3.78 m³/s,自排。

9. 北石桥分区:杏树河左岸,集水面积 1.08 km²,设计流量 1.18 m³/s,自排。

10. 西桥河西分区:杏树河左岸,集水面积 0.51 km²,设计流量 0.59 m³/s,自排。

11. 西桥河东分区:杏树河右岸,集水面积 0.75 km²,设计流量 3.24 m³/s,自排。

12. 北山道口分区:双阳河左岸,集水面积 0.49 km²,设计流量 0.53 m³/s,自排、强排结合。

13. 南岗分区:双阳河左岸,集水面积 0.77 km²,设计流量 0.84 m³/s,自排、强排结合。

第五章 非工程措施规划

第十六条 防洪指挥系统规划

××市防汛指挥系统依照国家防总提出的全国防汛指挥系统建设的精神和指导思想,以及吉林省水利厅关于防汛现代化建设的要求,结合××市防汛特点和需求进行规划建设的。系统主要包括:信息采集、计算机网络、通讯和防汛指挥决策支持四大部分。

××市防汛指挥系统建设分两期实施。其中建筑工程、硬件设备购置、应用软件开发、数据整理及地图矢量化、设计及安装调试拟在近期(2005～2010 年)实施;水情信息采集系统、防雷系统、实施监控系统在远期(2010～2020 年)实施。

第十七条 超标准洪水预案

(一)伊通河超标准洪水预案

1. 超标准洪水标准

超标准洪水确定为 500 年一遇、1 000 年一遇两种洪水,相应流量为 2 221 m³/s 和 2 381 m³/s。

2. 淹没范围确定

伊通河城区段发生 500 年一遇洪水时淹没面积为 37.14 km²,最大淹没水深为 4 m,平均淹没水深 2 m 左右,淹没区内有企事业单位 419 个,人口 20.91 万人,各类资产损失达 99.07 亿元;发生 1 000 年一遇洪水时淹没面积 37.74 km²,企事业单位 528 个,人口 21.22 万人,各类资产损失约 106.81 亿元。

3. 淹没区安置方案及措施

①××市洪水来源主要是区间洪水和新立城水库放流,发生超标准洪水时,由于新立城水库至××市距离较近,区间河谷狭长,无分洪、滞洪区,为保证两岸国家和人民生命财产安全,除采取临时抢险措施外,还应制定具体的撤离疏散、重点设施保护等避险保安方案。

②人员安置工作按照就地就近向高处转移的原则进行转移,具体安排是:以南关区、宽城区和环城路以东为主要安置区,淹没区内有人口 21.2 万人,其中 1.5 万人在洪水淹没线以上,可就地不动;3.5 万人可就近上楼,8.5 万人可以步行撤离到洪水淹没线以外高地安置,其余 4.7 万人需要用 1 000 台车辆进行转移。安置地点主要是环城路以东、吉长铁路以南、长哈铁路以西地带及附近高层建筑二楼以上地区。

③特殊物资、物品安置,主要指各类文件、档案、重要仪器仪表、贵重易损物品及有毒物品等,需要动用 140 辆车进行专门保护转移、妥善安置。

④撤离路线安排主要有两个方向,一部分可以步行到东环城路以东地带,另一部分通过自由桥、黑嘴子桥、南关桥撤离到伊通河西岸高地。车辆过桥平均速度以 20 km/h 计,车辆间距 15 m,每分钟可通过 20 辆车。撤离路线应安排专管人员进行交通疏散指挥。

⑤重要设施保护。××市一次变电所和净水厂采取高标准防护工作措施,进行抢险保护、修筑围堤阻挡外水,内水采取抽水泵强排,保证一次变电所和自来水厂正常运行。

(二)双阳河超标准洪水防御方案

1. 超标准洪水标准

双阳河城区段防洪工程设计标准为 50 年一遇,超标准洪水确定为 100 年一遇和 300 年一遇。

2. 超标准洪水淹没范围确定

发生超标准洪水时,将造成大堤决口,致使××城区大部分地区受淹。受淹区域包括平湖办事处的7~12委和双桥村、甩湾村,云山办事处的1~5委和前进村、于家村、梨树村和宋家村。发生100年一遇洪水时淹没面积12.8 km²,企事业单位141个,人口3.6万人,各类资产损失约2.31亿元;发生300年一遇洪水时淹没面积13.6 km²,企事业单位147个,人口3.8万人,各类资产损失约2.45亿元。

3. 淹没区转移措施

安置转移的内容包括居民及贵重物品,事业单位的档案和贵重物品,工厂易搬迁的设备、档案、生产资料和商业物资等。

转移安置的原则是就近向高地转移。

(三)防汛应急预案

其他河流及小型水库的防汛应急预案由各乡(镇)人民政府负责编制,由区级人民政府水行政主管部门批准,报市水行政主管部门备案。

第六章　规划实施的政策与措施

第十八条　管理体制

防洪工作属于公益性事业,主要是保障社会财产和生命安全的工程,必需靠国家、省市财政拨款维持正常运转,因此工程管理单位应为事业型。河道、小型水库的管理均由各区水行政主管部门负责。单位规模根据各段河道堤防长度、建筑物数量、排涝站规模,结合各自运行管理、维护、维修的实际需要,考虑城建、园林、水利等有关管理人员配备的规定,确定每段工程管理所需人员、设备,分别成立相应的管理部门,机构隶属于地域所在行政区主管,工程建设、防汛调度需经××市水行政主管部门审批,办公地点就近解决。

第十九条　规划实施机制

充分发挥防洪工程规划在防汛工作中的作用,使之与全市水利发展五年规划的编制同步进行,两者互相协调、互相补充,共同发挥对水利发展的指导作用。

制定规划实施细则,保障规划的有效实施。

建立防洪规划的调校机制,定期复核规划实施情况,适时对规划进行调校。

第二十条　实施规划的监督管理

为了保证防洪工作的有序进行,减少重复建设,避免人力、财力和物力的浪费,使各项防洪措施发挥最佳的防洪效益,在今后的河道治理和修建防洪工程设施的活动中,必须以防洪规划为依据,项目不符合防洪规划要求的,相关部门不予办理手续;确有必要增加的项目,应经过充分研究和论证,并按规定程序严格审批。

第七章　附　则

第二十一条　本规划为《××市总体规划(2005~2020)》的专项规划,按照法定程序进行审批,自规划批准之日起执行,任何单位和个人未经法定程序无权作原则性变更。

第二十二条　本规划由××市人民政府组织实施。

第二十三条　本规划由××市人民政府水行政主管部门负责解释。

复习思考题：

1. 城市防洪排涝工程规划的主要任务有哪些？
2. 城市防洪排涝工程规划的基本原则是什么？
3. 城市防洪规划需要的基础资料有哪几项？
4. 推求设计洪水的方法有哪几种？
5. 城建部门与水利部门采用设计重现期的衔接问题如何解决？
6. 水利工程基本建设项目一般要经历哪几个工作程序？
7. 沿江河城市防洪总体规划需要注意的事项有哪些？

项目四　城市防洪排涝工程管理

学习目标：
1. 了解城市防洪排涝工程管理机构基本组成；
2. 了解城市防洪排涝工程管理单位生产、生活区建设的基本内容；
3. 了解城市防洪排涝工程管理设计的原则与内容；
4. 了解城市防洪工程管理内容；
5. 掌握城市防洪排涝工程管理和保护范围；
6. 了解城市防洪排涝工程管理设施及保障措施。

重点难点：
1. 城市防洪排涝工程管理和保护范围；
2. 城市防洪排涝工程管理设施及保障措施。

　　城市防洪工程管理，是为有效实现防洪工程的预期效果，对城市防洪工程建成运行期间所进行的有关管理机构、人员、范围、规章制度、管理设施、管理经费等进行的管理。管理的内容应为堤防、水库等防洪工程正常运用、工程安全和充分发挥工程效益创造条件，促进防洪工程管理正规化、制度化、规范化，不断提高现代化管理水平；要符合安全可靠、经济合理、技术先进、管理方便的原则。并在管理实践和实验研究的基础上，积极采用新理论、新技术。

一、城市防洪排涝工程管理组织

1. 管理机构

　　城市防汛抗洪工作实行市(县)长负责制，统一指挥，分级分部门负责。城市防洪工程实行按行政统一管理的管理体制。按照城市规模和防洪主体工程的性质规模，实行一、二、三级管理机构。管理机构和人员编制以及隶属关系的确定，是一项政策性很强的工作，一般应按照国家有关规定予以确定。

　　在工程管理设计中管理机构和人员编制应确定以下内容：

　　(1)按照工程隶属关系，确定工作任务和管理职能；

　　(2)确定管理机构建制和级别；

　　(3)确定各级管理单位的职能机构；

　　(4)确定管理人员编制人数。

　　一般堤防工程按照水系、行政区划、堤防级别和规模组建重点管理、分片管理或条块结合的管理机构，按三级或二级设置管理单位。第一级为管理局，第二级为管理总段，第三级为管理分段。

　　水库工程按照水库等级规定，先确定水库主管部门，据此确定与主管部门级别相适应的水库管理单位的机构规格。管理单位级别要低于主管部门级别的原则设置，见表4-1所列。依据水库管理单位的规格、工程特点和有关部门现行的有关规定设置水库管理单位机构，并按精简的原则确定人员编制。

表 4-1　水库等级和主管部门级别

工程规格	水库等级划分							水库主管部门级别
	水库总容量（亿 m³）	水库坝高（m）	防洪		灌溉面积（万亩）	城镇及工矿企业用水	水电站装机容量（万 kW）	
			保护城镇及工业区	保护农田面积（万亩）				
大（一）型	>10		特别重要	>500	>150	特别重要	>120	省级
大（二）型	10~1	80 及以下	重要	500~100	150~50	重要	120~30	县级以上
中型	1~0.1	60 及以下	中等	100~300	50~5	中等	30~5	县级以上

对于城市防洪工程，一般设置统一的管理机构，负责协调整个城市的防洪工程。然后按照堤防、水库、排涝泵站等主体工程设置相应的主体工程管理单位。管理单位按照工程特点设置相应职能机构，如工程管理、规划设计、计划财务、行政人事、水情调度、综合经营等科室，以及各主体工程管理单位。管理机构应以精简高效为原则，遵照国家有关规定，合理设置职能机构或管理岗位，尽量减少机构层次和非生产人员。

2. 管理单位生产、生活区建设

(1)主要内容。管理单位的生产、生活区建设，应与主体工程配套。本着有利管理、方便生活、经济适用的原则，合理确定各类生产、生活设施的建设项目、规模和建筑标准。按建筑性质和使用功能，管理单位生产、生活区建设项目分为五类：

1)公用建筑。包括各职能科室的办公室及通信调度室、档案资料室、公安派出所等专用房屋。

2)生产和辅助生产建筑。包括动力配电房、机修车间、设备材料仓库、车库、站场、码头等。

3)利用自有水、土资源，开发种植业、养殖业及其相应产品加工业所必需的基础设施和配套工程。

4)生活福利及文化设施建设。包括职工住宅、集体宿舍、文化娱乐室、图书阅览室、招待所、食堂及其他生活服务设施。

5)管理单位庭院环境绿化、美化设施。

(2)生产、生活区选址。生产、生活区场地要位置适中，交通较便利，能照顾工程全局，有利工程管理，方便职工生活；地形、地质条件较好，场地较平整，占地少，基础设施建设费用较省；对长远建设目标有发展余地。

(3)生产、生活用房。管理单位生产、生活区各类设施的建筑面积应按有关规定合理分析计算确定。

1)各职能科室办公室建房标准。堤防工程应按定编职工人数人均建筑面积 9~12 m² 确定。定编人数少于 50 人的单位，可适当扩大建筑面积。专用设施所需之房屋，应按其使用功能、设备布置和管理操作等要求确定。防洪水库管理单位人均面积(含会议室)为 10~15 m²。

2)职工宿舍及文化福利设施。职工宿舍及文化福利设施的建筑面积，按定编职工人数的人均面积综合指标确定,堤防人均 $35\sim37$ m²,大(一)型水库人均 $30\sim32$ m²,大(二)型水库人均 $32\sim35$ m²,中型水库人均 $35\sim37$ m²。其中,图书室、接待室、医务室、公用食堂等文化福利设施的建筑面积,应控制在人均 5 m² 的指标以内。

3)生产用房。生产维修车间、设备材料仓库、车库、油库等生产用房的建筑面积,应根据其生产及仓储物资的性质、规模及管理运用要求确定。

(4)生产、生活区其他设施。

1)庭院工程和环境绿化美化设施。生产、生活区的庭院工程和环境绿化美化设施,应通过庭院总体规划和建筑布局,确定所需的占地面积。生产、生活区的人均绿地面积应不少于 5 m²,人均公共绿地面积不少于 10 m²。

2)生产、生活区附属设施。生产、生活区建设,应根据当地的水源、电力、地形等自然条件,因地制宜,建设经济适用的供排水、供电、交通系统。生产、生活区必须配置备用电源,备用电源的设备容量,应能满足防汛期间电网事故停电时,防汛指挥中心的主要生产服务设施用电负荷的需要。

二、城市防洪排涝工程管理职能

1. 城市防洪排涝工程管理设计

(1)一般原则。城市防洪排涝工程管理设计,是为有效实现防洪排涝工程规划的预期效果,对城市防洪工程建成运行期间所进行的有关管理机构、人员、范围、规章制度、管理设施、管理经费等的设计。管理设计应为堤防、水库等防洪工程正常运用、工程安全和充分发挥工程效益创造条件,促进防洪工程管理正规化、制度化、规范化,不断提高现代化管理水平;要符合安全可靠、经济合理、技术先进、管理方便的原则。并在管理实践和实验研究的基础上,积极采用新理论、新技术。

管理设计和工程设计是统一的设计整体,在设计中应采用统一的级别;工程管理建设是工程建设的重要组成部分,在新建、改建城市防洪工程设计中,管理设计应与城市防洪主体工程设计同步进行,城市防洪工程可行性研究和初步设计阶段的设计文件应包括工程管理设计内容。工程管理设施的基本建设费用,亦应纳入工程总概算。城市防洪工程的工程管理设计,应符合国家有关政策和规范,并结合城市防洪工程特点和城市特点。

(2)基本内容。城市防洪工程管理设计,按照工程等级标准、运行管理需要进行,主要包括以下设计内容:

1)管理体制、机构设置和人员编制;

2)管理单位生产、生活区建设;

3)工程管理范围和保护范围;

4)工程观测;

5)交通设施和通信设施和其他维护管理设施。

城市防洪工程是防洪体系中的重要基础设施,工程的安危关系着国计民生的全局。搞好工程的维护管理,必须要有稳定的经费来源作保证。维修管理经费渠道不确定、数额不足,将会严重地制约工程的良性运行和使用寿命。因此在工程管理设计中,要以工程总体经济评价为基础,测算工程年运行管理费,将工程年运行管理费单独提出,明确反映在设计文件中,供有关主管部门审定年费用标准,落实资金渠道和分配比例,为制定财务补偿政策、考察工程财务偿付、保值能力等提供依据。

2．城市防洪工程管理内容

防洪工程的管理主要是指对堤防工程、河道工程、水库工程、水闸工程等进行养护维修、检查观测和控制运用等方面的管理工作，是为了确保工程安全、充分发挥工程效益、积极利用水土资源开展的综合性经营，因此，城市防洪工程管理工作包括以下三方面内容：

（1）组织管理。防洪工程管理工作专业性较强，要搞好防洪工程管理必须有一定的人员、一定的技术设备和一定的经费，也就是说要建立健全的管理机构。一般是按受益范围对防洪工程进行分级管理。城市防洪工程是防洪体系中的重要基础设施，工程的安危关系着国计民生的全局。搞好工程的维护管理，必须要有稳定的经费来源作保证。维修管理经费渠道不确定、数额不足，将会严重制约工程的良性运行和使用寿命。

（2）法制管理。法制管理包括制定管理法规和对管理法规的实施。管理法规包括社会规范和技术规范，是人们在水利工程设施及其保护范围内从事管理活动的准则。我国已制定的《中华人民共和国防洪法》、《中华人民共和国水法》、《中华人民共和国河道管理条例》、《中华人民共和国防汛条例》、《水库大坝安全管理条例》等，对防洪工程管理均提出了要求。如在堤防管理方面，由于情况复杂，必须要建立一些法规，禁止人为在堤上破口挖洞；而对河道的管理则要通过有关法规禁止在河道内设阻水障碍物，以保证河道泄洪的通畅；对水库大坝也应有一些禁止破坏的法规；对蓄滞洪区内的建设也必须有明确规定，以减少蓄洪时的损失。有了防洪管理法规，人人都必须遵守，要做到有法可依，执法必严，违法必究。

（3）技术管理。防洪工程技术管理主要包括对工程的检查观测、养护维修和调度运用。检查观测的任务主要是监视工程的状态变化和工作情况，掌握工程变化规律，为正确管理运用提供科学依据，及时发现不正常迹象。工程检查分为经常检查、定期检查、特别检查和安全鉴定。养护维修有经常性的养护维修和大修、抢修。调度运用的目的是确保工程安全，选用优化调度方案，合理安排除害与兴利关系。

同时防洪工程的管理措施应根据工程评价的结果及时进行调整，从而保证防洪工程长期的正常有序运行。

三、管理范围和保护范围

为保证防洪工程安全和正常运行，根据当地的自然地理条件、土地利用情况和工程性质，规划确定工程的管理范围和保护范围，是管理设计的重要内容之一，也是据以进行工程建设和管理运用的基本依据。两者相辅相成，构成工程系统完整的安全保障体系。

1．工程管理范围

城市防洪工程管理范围，是指城市防洪系统全部工程和设施的建筑场地（工程区）和管理用地（生产、生活用地）。这一范围内的土地，必须在工程建设前期，通过必要的审批手续和法律程序，实行划界确权、明确管理单位的土地使用权。

（1）堤防工程。堤防工程的管理范围包括：

1）堤防堤身，堤内外戗堤，防渗导渗工程及堤内、外护堤地。护堤地是城市防洪堤防工程管理范围的重要组成部分，它对防洪、防凌、防浪、防治风沙、优化生态环境以及在抗洪抢险期间提供安全运输通道，有着重要的作用。护堤地范围，应根据工程级别并结合当地的自然条件、历史习惯和土地资源开发利用等情况进行综合分析确定。

护堤地的顺堤向布置应与堤防走向一致,堤内、外护堤地宽度,可参照表 4-2 规定的数值确定。

表 4-2　护堤地横向宽度

工程级别	1	2、3	4、5
护堤地宽度(m)	30～100	20～60	5～30

特别重要的堤防工程或重点险工险段,根据工程安全和管理运用需要,可适当扩大护堤地范围。海堤工程的护堤地范围,一般临海一侧的护堤地宽度为 100～200 m;背海一侧的护堤地宽度为 20～50 m。背海侧顺堤向挖有海堤河的,护堤地宽度应以海堤河为界。城市市区土地空间狭窄,堤防工程的护堤地宽度,在保证工程安全和管理运用方便的前提下,可根据城区土地利用情况,对表中规定的数值进行适当调整。护堤地横向宽度,应从堤防内外坡脚线开始起算,设有戗堤或防渗压重铺盖的堤段,应从戗堤或防渗压重铺盖坡脚线开始起算。

堤防工程首尾端护堤地纵向延伸长度,应根据地形特点适当延伸,一般可参照相应护堤地的横向宽度确定。

2)穿堤、跨堤交叉建筑物。包括各类水闸、船闸、桥涵、泵站、鱼道、伐道、道口、码头等。

3)附属工程设施。包括观测、交通、通信设施、测量控制标点、护堤哨所、界碑、里程碑及其他维护管理设施。

4)护岸控导工程。包括各类立式和坡式护岸建筑物,如丁坝、顺坝、坝垛、石矶等。护岸控导工程的管理范围,除应包括工程自身的建筑范围外,还应按不同情况分别确定建筑范围以外区域:邻近堤防工程或与堤防工程形成整体的护岸控导工程,其管理范围应从护岸控导工程基脚连线起向外侧延伸 30～50 m,并且延伸后的宽度,不应小于规定的护堤地范围;与堤防工程分建且超出护堤地范围以外的护岸控导工程,其管理范围的横向宽度应从护岸控导工程的顶缘线和坡脚线起分别向内外侧各延伸 30～50 m,纵向长度应从工程两端点分别向上下游各延伸 30～50 m;在平面布置上不连续,独立建造的坝垛、石矶工程,其管理范围应从工程基脚轮廓线起沿周边向外扩展 30～50 m。河势变化较剧烈的河段,根据工程安全需要,其护岸控导工程的管理范围应适当扩大。

5)综合开发经营生产基地。综合开发经营生产基地,是指工程管理单位利用自有的土地资源,发展种植业、养殖业和其他基础产业所需占用的土地面积。

6)管理单位生产、生活区建筑。包括办公用房屋、设备材料仓库、维修生产车间、砂石料堆场、职工住宅及其他生产生活福利设施。

划定堤防管理范围要考虑所在河道的管理范围。我国河道管理条例规定,有堤防的河道的管理范围为两岸堤防之间的水域、沙洲、滩地、行洪区、两岸堤防和护堤地;无堤防河道的管理范围根据历史最高洪水位或者设计洪水位确定。

(2)防洪水库工程。防洪水库工程区管理范围包括:大坝、输水道、溢洪道、电站厂房、开关站、输变电、船闸、码头、渔道、输水渠道、供水设施、水文站、观测设施、专用通信及交通设施等各类建筑物周围和水库土地征用线以内的库区。其确定应考虑所在地区的地形特点。

对于山丘区水库,大型水库上游从坝轴线向上不少于 150 m(不含工程占地、库区征地重复部分),下游从坝脚线向下不少于 200 m,上、下游均与坝头管理范围端线相衔接;中型水库上游从坝轴线向上不少于 100 m(不含工程占地、库区征地重复部分),下游从坝脚线向下不少于 150 m,上、下游均与坝头管理范围端线相衔接。大坝两端以第一道分水岭为界或距坝端不少于 200 m。对于平原水库,大型水库下游从排水沟外沿向外不少于 50 m;中型水库下游从排水沟外沿向外不少于 20 m。大坝两端从坝端外延不少于 100 m。

溢洪道(与水库坝分离的):由工程两侧轮廓线向外不少于 50～100 m,消力池以下不少于 100～200 m。大型取值趋向上限,中型取值趋向下限。其他建筑物:从工程两侧轮廓线向外不少于 20～50 m,规模大的取上限,规模小的取下限。

生产、生活区(含后方基地)管理范围包括:办公室、防汛调度室、值班室、仓库、车库、油库、机修厂、加工厂、职工住宅及其他文化、福利设施,其占地面积按不少于 3 倍的房屋建筑面积计算。有条件设置渔场、林场、畜牧场的,按其规范确定占地面积。

水库工程管理范围的土地应与工程占地和库区征地一并征用,并办理发证手续,待工程竣工时移交水库管理单位。

2. 工程保护范围

工程保护范围,是为防止在临近防洪工程的一定范围内,从事石油勘探、深孔爆破、开采油气田和地下水或构筑其他地下工程,危及工程安全而划定的安全保护区域。在工程保护范围内,不改变土地和其他资源的产权性质,仍允许原有业主从事正常的生产建设活动。但必须限制或禁止某些特殊活动,以保障工程安全。

(1)堤防工程。在防洪堤防工程背水侧紧邻护堤地边界线以外,应划定一定的区域,作为工程保护范围。堤防工程背水侧和临水侧都应划定保护范围。堤防工程背水侧保护范围从堤防背水侧护堤地边界线起算,其横向宽度参照表 4-3 规定的数值确定。堤防工程临水侧的保护范围,已经属于河道管理范围,按《河道管理条例》规定执行。

表 4-3　堤防工程保护范围数值表

工程级别	1	2、3	4、5
护堤地宽度(m)	200～300	100～200	50～100

(2)防洪水库工程。防洪水库工程的保护范围分成工程保护范围和水库保护范围。

工程保护范围是为保护水库枢纽工程建筑物安全而划定的保护范围。工程保护范围边界线外延,主要建筑物不少于 200 m,一般不少于 50 m。

水库保护范围主要是为防止库区水土流失及其污染水质而划定的保护区域。坝址以上,库区两岸(包括干、支流)土地征用线以上至第一道分水岭脊线之间的陆地,都属于水库保护范围。

四、管理设施及保障措施

1. 工程观测及措施

(1)观测目的和布置要求。城市防洪工程观测设施设计,应根据工程类型、级别、地形地质、水文气象条件及管理运行要求,确定必须的工程观测项目。要求通过观测手段,达到以下目的:

1)监测工程安全状况。监测了解水库、堤防、防洪闸等主体工程及附属建筑物的运用和安全状况,它是工程观测的首要目的。

2)检验工程设计。检验工程设计的正确性和合理性。

3)积累科技资料。为堤防工程科学技术开发积累资料。

工程观测设计内容应包括观测项目选定、仪器设备选型、观测设施整体设计与布置、编制设备材料清册和工程概算、提出施工安装与观测操作的技术要求等。埋设的观测设备,应安全可靠,经久耐用,并能满足以下要求:

1)观测项目的站点布置,应具有良好的控制性和代表性,能反映工程的主要运行工况。

2)工程观测剖面,应重点布置在工程结构和地形、地质环境有显著特征和特殊变化的堤段或建筑物处,尽量做到一种观测设施,兼顾多种用途。

3)地形、地质条件比较复杂的堤段,根据需要,可适当增加观测项目和观测剖面。

4)设置观测设施的场地,应具有较好的交通、照明、通信等工作条件,保证在恶劣天气条件下能正常进行观测。

(2)工程观测项目。工程观测项目按其观测目的和性质可分为两类。一类为基本的观测项目,如水位、潮位、堤身沉降、浸润线及堤表面观测,这类观测项目是维护工程安全的重要监测手段;另一类是专门观测项目,如堤基渗压、水流形态、河势变化、河岸崩坍、冰情、波浪等。这类观测项目与工程所处的地理环境有着密切的关系,是针对某种环境因素的不利影响而设置的,具有地域性和选择性。

因此,对这类观测项目要做好地勘、试验等前期基础工作,进行必要的可行性论证,不可盲目布点。各观测项目的选点布置及布设方式,应进行必要的技术经济论证。

(3)堤身沉降、位移观测。大坝、堤身沉降量观测,可利用沿堤顶埋设的里程碑或专门埋设的固定测量标点定期或不定期进行观测。地形、地质条件较复杂的堤段,应适当加密测量标点。堤身位移观测断面,应选在堤基地质条件较复杂,渗流位势变化异常,有潜在滑移危险的堤段。每一代表性堤段的位移观测断面应不少于 3 个,每个观测断面的位移观测点不宜少于 4 个。

大坝、堤防工程竣工后,无论是初期运行或正常运行阶段,都要定期进行沉降和位移观测(主要是垂直位移)。

(4)渗流观测。汛期受洪水位浸泡时间较长,可能发生渗透破坏的大坝、堤段应选择若干有代表性和控制性的断面进行渗流观测。渗流观测项目主要有堤身浸润线,堤基渗透压力及减压排渗工程的渗透控制效果等。必要时,还需配合进行渗流量、地下水水质等项目的观测。渗流观测项目,一般应统一布置,配合进行观测。必要时,也可选择单一项目进行观测。

观测断面应布置在有显著地形、地质弱点,堤基透水性大、渗径短,对控制渗流变化有代表性的堤段,设置的测压管位置、数量、埋深等,应根据场地的水文和工程地质条件,建筑物断面结构形式及渗透控制措施的设计要求等进行综合分析确定。结合进行现场和试验室的渗流破坏性试验,测定和分析堤基土壤的渗流出逸坡降和允许水力坡降,判别堤基渗流的稳定性。

(5)水文、水位、潮位观测。水文、水位观测,是做好工程控制运用、监测工程安全、搞好城市防洪调度的重要手段。城市防洪水库流域上应设置雨量站,水库应建设水库水文站。堤防工程沿线,应选择适当地点和工程部位进行水位或潮位观测,适当位置应建设水文站,监测了解堤防沿线的水情、凌情、潮情及海浪的涨落变化;调控各类供水、泄水工程的过流能力、流态变化及消能防冲效果;与有关的工程观测项目进行对比观测,综合分析观测资料的精确度和合理性等。其观测站或观测剖面,一般应选择在以下地点:

1)水位或潮位变化较显著的地段;

2)需要观测水流流态的工程控制剖面;

3)大坝溢洪道、水闸、泵站等水利工程的进出口;

4)进洪、泄洪工程口门的上下游;

5)与工程观测项目相关联的水位观测点;

6)其他需要观测水位、潮位的地点或工程部位。

(6)专门观测项目。专门观测项目包括水流流态、河床冲淤变化及河势变化,滩岸崩坍、冰情、波浪等观测项目。

汛期应对堤岸防护工程区的近岸及其上下游的水流流向、流速、浪花、漩涡、回流及折冲水流等流态变化进行观测,了解水流变化趋势,监测工程防护效果。河型变化较剧烈的河段应对水流的流态变化、主流走向、横向摆幅及岸滩冲淤变化情况进行常年观测或汛期跟踪观测,监测河势变化及其发展趋势。汛期受水流冲刷崩岸现象较剧烈的河段,应对崩岸段的崩塌体形态、规模、发展趋势及渗水点山逸位置等进行跟踪监测。

受冰冻影响较剧烈的河流,凌汛期应定期进行冰情观测,其观测项目有:①冰期水流、冰盖层厚度及冰压力;②淌冰期浮冰体整体移动尺度和数量;③发生冰塞、冰坝河段的冰凌阻水情况和壅水高度;④冰凌对河岸、堤身及附属建筑物的侵蚀破坏情况。

受波浪影响较剧烈的堤防工程,应选择适当地点进行波浪观测。波浪观测项目包括波向、波速、波高、波长、波浪周期及沿堤坡或建筑物表面的风浪爬高等。观测站设置的位置,应选择在堤防或建筑物的迎风面,水域较开阔、水深适宜、水下地形较平坦的地点。

(7)观测设备配置。为保证工程观测工作的正常进行,并获得准确可靠的观测资料,应配置必需的观测仪器及设备。常规的仪器设备,可参照表4-4的标准进行配置。

2. 交通和通信设施

(1)交通设施。

1)交通道路。交通道路是为工程管理和防汛任务服务的交通系统,由对外交通和对内交通两部分组成。对外交通是指工程与外部区域性交通网络相连接的上坝、上堤公路;对内交通是指利用坝顶、堤顶或顺堤戗台作为对内交通干道使之与所属的工程区段、管理处所、附属建筑物和附属设施等管理点相连接的交通系统。

对外交通,应根据工程管理和抗洪抢险需要,沿堤线分段修建与区域性水陆交通系统相连接的上堤公路,以保证对外交通畅通;对内交通,应利用堤顶或背水坡顺堤戗台作为交通干道,连接各管理处所、附属建筑物、险工险段、附属设施、土石料场、生产企业、场站码头、器材仓库等,以满足各管理点之间的交通联系。内外交通系统,应根据工程管理和防汛任务的需要,满足行车安全和运输质量的要求,设置必需的维修、管理、监控、防护等附属设施。

在水库工程管理范围内的主要道路和连接各建筑物的道路应为永久路面。对外交通道路要与正式公路相接,大型水库道路标准为二级以上;中型水库道路标准为四级以上。在道路适当地点应设置回车场、停车场和车库,并设置路标和里程碑。

表 4-4　常规观测仪器设备配置表

序号	仪器设备名称	单位	配置数量		
			一级管理单位	二级管理单位	三级管理单位
一、控制测量仪器					
1	J_2经纬仪	台	4	2	1
2	S_3水准仪	台	4	2	1
3	红外线测距仪	台	1		
二、地形测量仪器					
4	平板仪	台	2~4	2	1
三、水下测量仪器、设备					
5	测深仪	台	2	1	
6	定位仪	台	2	1	
7	测船	台	2	1	
四、水文测量仪器、设备					
8	自记水位仪	架	2~4	1~2	
9	流速测量仪	架	2~4	1~2	
五、渗流观测仪器、设备					
10	电测水位仪	台	2	1	
11	遥测水位仪	台	2	1	
六、其他仪器、设备					
12	摄像机	台	1		
13	照相机	台	1		
14	计算机		2	1	

2)交通工具。各级堤防管理单位应根据管理机构的级别和管理任务的大小,配置必需的交通工具。其配置标准,可参见表 4-5 所列。只设 I 级管理机构,建制在 II 级以下的基层管理单位,考虑其管职工作的独立性和特殊性,可比照相同级别管理单位的配置标准,适当增加车船配置数量。

表 4-5　堤防工程管理单位车船数量配置表

管理单位级别	交通设备名称、数量(辆、艘)						
	载重车	越野车	大客车	面包车	机动车	快艇	驳船
I 级	6	2	1	2	2	1	2
II 级	2	1	1	1	1	1	
III 级	1	1	1				

防洪水库的交通工具配备见表4-6所列。在后方基地的水库,可酌情增加大客车的数量。根据生产管理的需要,可建设适当规模的码头。

表4-6 防洪水库工程管理单位车船数量配置表

工程种类	设备名称及数量(辆、艘)									
	载重汽车	工具车	小型客车	面包车	消防车	救护车	大客车	防汛专用车	汽船	机动船
大(一)型水库	3	1	2	1	1	1	1	2	2	2
大(二)型水库	2	1	1	1	1	1	1	2	1	2
中型水库	2	1		2	1					1

(2)通信设施。

1)通信设施规划。城市防洪工程管理单位应建立为工程的维修管理、抗洪抢险、防凌防潮服务的专用通信网络。通信范围包括:防汛指挥机构之间的专用通信;各级管理单位的内部通信;与邮电通信网的通信。一般应具备选呼、群呼、电话会议等功能;支持预警、疏散广播功能;以及数据传输功能,保证防汛指挥中心能及时获得信息,准确、迅速地处理各种险情。防汛期间通信网的可通率应不低于99.9%。为保证堤防通信的可靠性,通信设施应有多种通信方式互为备用。

防洪工程管理通信与其他通信不同,应急管理部门根据需要,按统一规划,与工程同步进行的原则进行建设,通信网的站点宜紧靠堤段,减少通信距离。通信网的外部接口应符合统一的技术标准。通信网的站点设置采用专用通信线路架设,应沿堤线附近布局。有条件时,应尽量利用国家现有通信网络,合理确定各通信站点位置、通信方式、容量。通信网频率的选择应在国家和地方无线电管理机构规定的水利防汛专用频率范围内选定,通过技术经济比较,择优选用。

水库对外要建立与主管部门和上级防汛部门以及水库上、下游主要水文站和上、下游有关地点的有线及无线通信网络。

2)通信设备的配置要求。通信设备必须采用定型产品和经国家有关部门技术鉴定许可生产的产品。选用的设备应技术先进,运行可靠,使用方便,维护简单。通信网各站点的有线通信和无线通信,应具有相互转接的功能,并应与邮电网联网。各级管理单位之间的通信联络设备选型时应考虑设备系统兼容。

洪涝灾害会使有线线路损坏,定点的通信设施在灾害期间经常受到威胁。因此在洪涝灾害较严重的地区,管理单位的通信设施应优先考虑无线通信方式。同时除配置固定台外,还应配置车载台、手持机、船载台。

3)通信设备的布置。通信机房内的电话交换机房、载波室和微波机房设在同一楼层内,无线电设备的机房应尽量靠近天线,通信电源室宜布置于一楼或靠近通信室,通信设备布置还应符合有关专业设计规范。

4)通信系统供电。管理单位与上级指挥机构和当地政府应保证通信联络畅通无阻。因此,除了通信方式和通信设备本身的可靠性外,还必须具有稳定可靠的电源。当汛期灾情发生时,可能造成供电中断和对外交通中断,故城市防洪主体工程管理单位的通信设备必须配备备用电源,同时还必须为备用的柴油发电机组储备一定数量的燃料。

(3)其他管理措施。为推进工程管理标准化、规范化建设,除大力加强各项基础设施的建设外,还应重视其他管理设施的建设。这类设施包括里程碑、界碑、标志牌、护堤屋、警示牌、拦车卡等。对于堤防工程,要做好保护堤防安全和生态环境的生物工程,对于水库工程,要做好水库的综合经营设计。同时,要做好工程的施工期管理和运行管理。城市防洪工程管理中,应加强工程容貌的整治,包括其他管理设施的建设。

1)生物工程。保护堤防安全和生态环境的生物工程,主要有防浪林带、护堤林带、草皮护坡等项目,其防护效果主要有:消浪防冲,防治暴雨洪水、风沙、冰凌、海潮、波浪等对堤防工程的侵蚀破坏;拦沙固滩,保护堤防和护岸工程的基脚安全;营造防汛用材林和经济林生产基地;涵养水土资源,绿化堤容堤貌,优化生态环境。

防浪林带和护堤林带,应按统一规格和技术要求,栽种在堤防工程临、背水侧护堤地范围内。临水侧用于消浪防冲的防浪林带,可适当扩大其种植范围。大江大河堤防防浪林带的优化结构,宜采用乔木、灌木、草本植物相结合的立体紧密型生物防浪工程。防浪林带的种植宽度、排数、株行距等应根据消浪防冲要求和不影响安全行洪的原则确定。必要时,应采用相似条件下防浪林观测实验成果,类比分析确定。防浪林苗木,以选用耐淹性好、材质柔韧、树冠发育、生长速度快的杨柳科或其他适用于当地生长的树种为宜。护堤林带的种植宽度和植株密度,应根据堤防背水侧护堤地范围内的土壤气候条件,以及防治风沙、涵养水土等环境因素确定护堤林带,且种植适宜于当地土壤气候条件、材质好、生长快、经济效益好的树种。

堤身和戗堤基脚范围内,不宜种植树木。对已栽种树木的堤防工程,应进行必要的技术安全论证,确定是否保留。为防御暴雨、洪水、风沙、冰凌、波浪等环境因素对土堤坡面的侵蚀破坏,除种植防浪林带和护堤林带外,一般还需种植草皮护坡。一线海堤不是土堤或行洪流速超过 3 m/s 的土堤迎水坡面,不宜种植草皮护坡。护坡用的草皮,以选用适合当地土壤气候条件,耐干旱、盐碱、潮湿、根系发育、生命力强的草种为宜。

在水库主要建筑物周围及生产、生活区,除交通道路、工作场地和文体活动场地外的空闲地,应按当地标准做出绿化规划。为搞好库区水土保持,应协同有关部门提出工程保护范围和水库保护范围的绿化 1~2 km,应建造一所护堤屋(兼作防汛哨所)。每所护堤屋的建筑面积不宜少于 60 m^2。根据水库工程和自然地理特点,提出水库工程管理范围内环境美化规划。扩建、续建、改建和加固的水库工程设计,要根据需要提出完善环境美化和绿化的要求。

2)堤防的其他管理设施。沿堤防工程全程,应从起点到终点,依序进行计程编码,埋设永久性千米里程碑。每两个里程碑之间,可根据需要,依序埋设计程百米断面杖,里程碑应采用新鲜坚硬料石或预制混凝土标准构件制作。里程碑顶端根据需要可埋设金属测量标点。沿堤建造的堤岸防护工程和工程观测设施的观测站或观测剖面,应设立统一制作的标志牌和护栏,并进行统一编号。在堤防工程管理范围内,如有血吸虫等地方病疫区,应设立警示牌。沿堤防工程全程,两个不同行政区管辖的相邻堤段处和沿护堤地分界线,应统一设置界碑和界标。

沿堤防工程全程设计,宜采用标准化结构形式。护堤屋宜建造在堤防背水侧的墩台、隙地或专门加宽的堤顶上。堤防工程沿线与交通道路交叉的道口,应设置交通管理标志牌和拦车卡。

3)探查维护设施。管理三级以上堤防,长度达 50～100 km 的管理单位,应配置一套隐患探测仪和锥探灌浆设备,包括打锥机、拌浆机、灌浆机、翻斗车及小型移动式发电机组等机具设备。管理堤长超过 100 km 时,根据需要,可适当增加探查和灌浆等设备。为满足工程经常维修任务的需要,三级以上堤防工程,每 10～15 km 堤长,可配置一台小型翻斗车或拖拉机。

根据工程管理和测试工作的需要,堤防管理单位可配置除草机、刮平机、灭虫洒药机及简易土工、水化试验、白蚁防治、气象观测等仪器设备。

4)防汛抢险设施。堤防工程的重要堤段以及险工段、防洪水库枢纽工程等,需根据维修管理及防汛抢险需要,在堤坝背水侧设堆料平台,储备一定的土料、砂石料等。堆料平台应设置在站台或堤脚以外,以免影响堤坝稳定和交通。

防汛抢险时效性强,为及时掌握险情,堤防和水库大坝应配备防汛抢险需要的定位仪、测深仪、红外线测距仪、隐患探测仪,并配备必要交通工具、照明设施。

5)工期施工期和运行管理。

① 施工期工程管理。施工期间,依据管理单位机构和定员人数以及施工期间实际需要,确定管理人员的配备。提前进场人员按定编人数的比例:大型水库 10%～11%,中型12%,并根据施工进度和交付使用的工程数量,逐步增加管理人员。竣工时,生产职工培训人员应不少于定员人数的 30%,管理人员应达到额定的定员人数。其管理经费,按现行有关规定执行。

管理单位要参与工程质量检查、监督,并按照基本建设验收规程参加工程验收。

② 工程运用管理。水库的调动运用,应根据水库工程的任务、防洪兴利调度运用原则和工程建筑物的运用条件,制定水库调度运用规程要点。根据水库防洪、兴利要求和水文站网情况,提出雨、水情的测报要求,并编制水文预报方案。

6)水库综合经营。要因地制宜,充分发挥水库水土资源优势,选择有经济效益的综合经营项目,在工程总概算中,按主体建筑工程投资的 0.3%～1.5%(工程投资大的取值趋向下限,投资小的取值趋向上限)列出综合经营启动资金。工程投资在限额以下的,可酌情增加投资率。具有养鱼条件的水库,且经认证水库管理单位有实际经济效益的,应将水库渔业设施一并设计。

复习思考题:

1. 城市防洪工程管理的一般原则和基本内容是什么?

2. 在工程管理设计中管理机构和人员编制应确定哪几项内容?

3. 按照建筑性质和使用功能分类,管理单位的生产、生活区建设项目可分为哪几类?

4. 城市防洪工程管理范围指的是什么?

5. 工程观测包括哪些方面?观测的配套设备配置有哪些要求?

单元三　防洪与抢险技术

项目五　防汛组织及应急预案编制

学习目标：

1. 了解防汛组织机构与工作职责；
2. 了解防汛责任体系；
3. 了解防汛抢险应急预案编制的基本内容。

重点难点：

1. 全国各级防洪组织机构的职能；
2. 防汛责任体系的作用；
3. 防洪抢险应急预案编制的方法。

　　防汛是人们同灾害性洪水作斗争所组成的一项社会活动。由于洪水危害到国家经济建设和人民生命财产的安全，涉及整个社会生活的安定，所以国家历来都把防汛作为维护社会安定的一件大事。《中华人民共和国防洪法》中规定，"各级人民政府应当组织有关部门、单位，动员社会力量，做好防汛抗洪和洪涝灾害后的恢复与救济工作"。"任何单位和个人都有保护防洪工程设施和依法参加防汛抗洪的义务"。还规定，"县级以上地方人民政府水行政主管部门在本级人民政府的领导下，负责本行政区域内防洪的组织、协调、监督、指导等日常工作。县级以上地方人民政府建设行政主管部门和其他有关部门在本级人民政府的领导下，按照各自的职责，负责有关的防洪工作"。对县级以上各级人民政府防汛指挥机构的职责权限等，也都作出原则性规定。为加强防汛工作，国务院还颁发了《中华人民共和国防汛条例》，对防汛的任务、组织、职责等都做了明确规定。实践证明，建立强有力的防汛组织机构和制定严格的责任制度是做好防汛抢险的保证。

　　为加强防汛工作的组织领导，做到统一指挥，统一行动，上下游、左右岸统筹兼顾，密切协作，团结抗洪，从中央到地方都建立防汛指挥部负责这项工作，实行防汛岗位责任制，并建立相应的办事机构和抢险队伍，明确职责范围和工作制度，做到思想、组织、工具料物和抢险技术四落实。汛前有计划地进行防汛抢险技术培训和实战演练，抗洪抢险时达到招之即来，来之能战，战之能胜的要求。同时，建立奖惩制度，严格组织纪律，以确保防汛抢险组织领导和抢险队伍的高度组织性、纪律性。

　　防汛工作担负着发动群众、组织社会力量、从事指挥决策等重大任务，而且具有多方面的协调和联系，因此需要建立起强有力的组织机构，负责有机的配合和科学的决策，做到统一指挥、统一行动。

一、城市防洪组织及机构职责

1. 防洪组织

(1)防洪组织和管理机构职能。防汛抢险工作是一项综合性很强的工作,牵涉面广,责任重大,不能简单的理解是水利部门的事情,必须动员全社会各方面的力量参与。防汛组织机构担负着发动群众,组织各方面的社会力量,从事防汛指挥决策等重大任务,并且在组织防汛工作中,还需进行多方面的联系和协调。因此,需要建立强有力的组织机构,做到统一指挥,统一行动。

1)防洪组织机构。《中华人民共和国防洪法》规定,防汛抗洪工作实行各级人民政府行政首长负责制,统一指挥,分级、分部门负责。国务院设立国家防汛抗旱总指挥部,由国务院副总理任总指挥,领导全国的防汛工作。国家防汛抗旱总指挥部成员由中央军委总参谋部和国务院有关部门负责人组成。其日常办事机构即办公室,设在国务院水行政主管部门。全国防汛抗旱组织机构系统如图 5-1 所示。

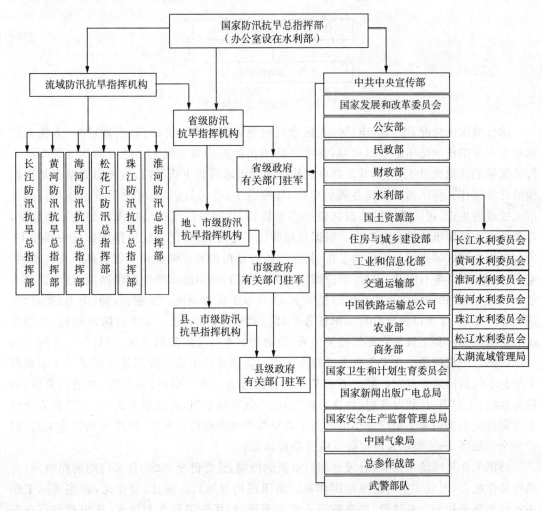

图 5-1　全国防汛抗旱组织机构图

　　有防汛任务的省(自治区、直辖市)级人民政府,成立防汛指挥部(有的是防汛抗旱指挥部,有的是防汛抗旱防风指挥部),由同级人民政府有关部门、当地驻军和人民武装部负责人组成,省级人民政府首长任指挥。其办事机构设在同级水行政主管部门,或由人民政府指定的其他部门,负责所辖范围内的防汛日常工作,并指导辖区内各地、市防汛工作。某省防汛组织机构如图5-2所示。

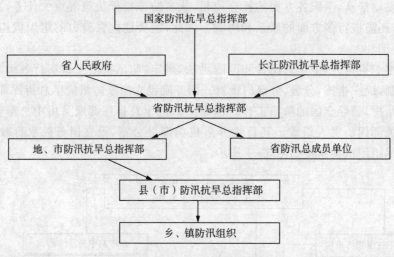

图5-2　某省防汛组织机构图

　　结合城市的情况,市、县(市、区)人民政府应分别设立由有关部门、当地驻军、人民武装部负责人等组成的防汛防旱指挥部,在上级防汛指挥机构和本级人民政府的领导下指挥本行政区域的防汛抗洪工作,其常设办事机构设在同级水行政主管部门,具体负责防汛指挥机构的日常工作。防汛指挥机构各成员单位,按照分工,各司其职,做好防汛抗洪工作。经该市人民政府决定,可以设立城市市区防汛办事机构,在同级防汛抗旱指挥部的统一领导下,负责城市市区防汛抗洪日常工作。根据区域防汛工作需要,市防汛抗旱指挥部统一领导下,负责组织协调区域内的防汛抗洪工作,其办事机构设在相关市属水利工程管理单位。水利、电力、气象、海洋等有水文、雨量、潮位测报任务的部门,汛期组织测报报汛站网,建立预报专业组织,向上级和同级防汛指挥部门提供水文、气象信息和预报。城建、石油、电力、铁道、交通、航运、邮电、煤炭以及所有有防汛任务的部门和单位,汛期建立相应的防汛机构,在当地政府防汛指挥部和上级主管部门的领导下,负责做好本行业的防汛工作。如图5-3所示为某市防汛组织机构图。在发生重大或特大灾害时防指成员单位可按照各自职责分工组成若干应急小组协同防灾救灾。如江苏省某市就将防总成员单位组成:综合组,水情气象组,转移安置组,工程组,计划财务组,物资器材组,次生灾害防治组,后勤服务组,执法监督安全保卫组和救灾捐赠组等十个应急小组协同市防汛指挥部进行防灾救灾,保障人民群众生命、财产安全。如图5-4所示为该市防汛应急指挥体系。

　　防汛工作按照统一领导、分级分部门负责的原则;建立健全各级、各部门的防汛机构,有机地协作配合,形成完整的防汛组织体系。防汛机构要做到正规化、专业化,并在实际工作中不断加强机构的自身建设,提高防汛人员的素质,引用先进设备和技术,逐步提高信息系统、专家系统和决策水平,充分发挥防汛机构的指挥战斗作用。

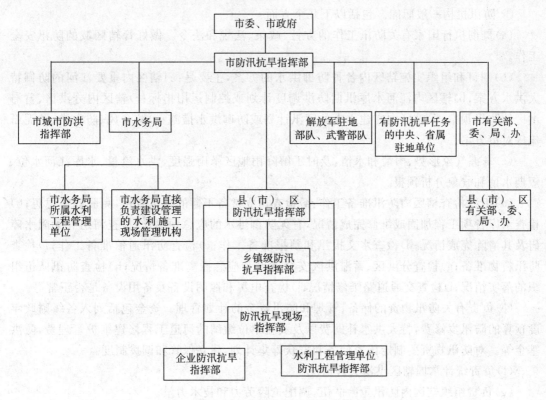

图 5-3　某市防汛组织机构图

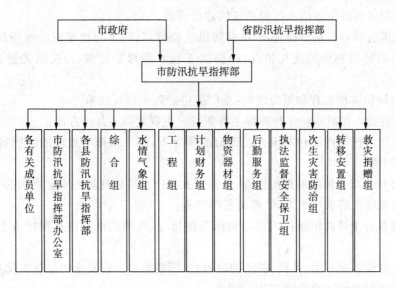

图 5-4　某市防汛应急指挥体系图

2）防汛机构的职责。各级防汛指挥部在同级人民政府和上级防汛指挥部的领导下，是所辖地区防汛的权力机构，具有行使政府防汛指挥权和监督权。根据政府行政首长统一指挥，分级、分部门负责的原则，各级防汛机构要明确职责，保持工作的连续性，做到及时反映本地区的防汛情况，果断地执行防汛抢险调度指令。

① 防汛机构一般职能。包括以下几个方面：

(a)贯彻执行国家有关防汛工作的方针、政策、法规和法令。做好管辖区域的防汛安全工作。

(b)制订和组织实施辖区内各种防御洪水的方案，主要是：a)辖区内重要江河的防御特大洪水方案；b)辖区内江河水库汛期防洪调度计划或控制运用指标；c)辖区内分洪区、蓄滞洪区的防汛预案；d)辖区内在建水库的度汛计划或防御洪水措施；e)防台风、防山洪、防泥石流等对策方案。

(c)掌握气象形势、雨情和水情，及时了解降雨地区暴雨强度，洪水流量、水库江河水位、短期水情和气象分析预报。

(d)组织检查辖区内防汛准备工作：a)检查树立常备不懈的防汛意识，克服麻痹思想；b)检查水库各项工程加固或维修完成情况，有无防御洪水的应急预案；c)检查河道有无阻水障碍及其清除完成情况；d)检查水文报汛和预报准备工作；e)检查防汛通信准备工作；f)检查防汛料物准备；g)检查分洪区、蓄滞洪区安全建设和应急撤离准备情况；h)检查防汛队伍组织的落实情况；i)检查交通道路维修情况；j)检查电源和照明设备及备用设备是否正常等。

(e)负责有关防汛物资的储备、管理和防汛资金的计划管理。资金包括列入各级财政年度预算的防汛岁修费，特大洪水补助费以及受益单位缴纳的河道工程修建维护管理费，防洪基金等。对防汛物资要制定国家储备和群众筹集计划，建立保管和调拨制度。

(f)负责统计掌握辖区洪涝灾害情况。

(g)负责组织辖区内防汛抢险队伍，调配抢险劳力和技术力量。

(h)督促蓄滞洪区安全建设和应急撤离转移准备工作。

(i)组织辖区内防汛通信和报警系统的建设管理。

(j)组织汛后检查。主要检查：a)汛期防汛经验教训；b)本年度暴雨洪水特征；c)防洪工程水毁情况；d)防汛物资的使用情况；e)防洪工程水毁修复计划；f)抗洪先进事迹表彰情况等。

(k)开展防汛宣传教育和组织培训，推广先进的防汛抢险技术。

② 地方各级人民政府防汛指挥部主要职责。主要有以下几个方面：

(a)在上级防汛指挥部和本级人民政府的领导下，统一指挥本地区的防汛抗洪工作，协调处理有关问题；

(b)部署和组织本地区的汛前检查，督促有关部门及时处理影响安全度汛的有关问题；

(c)按照批准的防御洪水方案，落实各项措施；

(d)贯彻执行上级防汛指挥机构的防汛调度指令，按照批准的洪水调度方案，实施洪水调度；

(e)依法清除影响行洪、蓄洪、滞洪的障碍物，影响防洪工程安全的建筑物及其他设施；

(f)负责发布本地区的汛情、灾情通告；

(g)负责防汛经费和物资的计划、管理和调度；

(h)检查督促防洪工程设施的水毁修复。

③ 地方各级防汛指挥部办公室职责。各级防汛防旱指挥部办公室是各级防汛防旱指挥部的常设办事机构，一般设置在各省、市、县(区)水利厅(局)，直接承办各级防汛抗旱总指挥部的日常工作。要求其做到是掌握信息、研究对策、组织协调、科学调度、监督指导，应做

到机构健全、人员精干、业务熟悉、善于管理、指挥科学、灵活高效、协调有力、装备先进。具体说来分为以下几个方面：

(a)贯彻国家有关防汛抗旱工作的方针、政策、法律、法规及规范性文件。在各级人民政府防汛指挥部的领导下,执行上级防汛指挥部的决定和命令。

(b)按照分级责任制管理的原则,组织编制、审查、实施省、市、县(区)的防汛发展规划、防洪应急预案、山洪灾害防御预案和江河、水库防洪调度方案,研究解决地方汛的重大技术问题。

(c)掌握省、市、县(区)防洪工程的运行情况,组织实施水利工程汛前、汛期和汛后的安全检查工作。向防汛指挥部领导提出决策意见,向上级防汛指挥部报告重大问题,组织做好应急度汛工程建设和水毁工程修复工作。

(d)负责防汛抗旱指挥调度系统的规划、建设、管理及实施工作;保证防汛指挥调度系统的正常运行;组织指导防灾救灾、防洪抢险工作。

(e)掌握雨情、水情、灾情,及时、准确地向有关单位和领导通报情况,必要时发布洪水、台风、泥石流预报、警报和汛情、灾情通报。

(f)负责防汛物资的组织、储备、管理、调度,负责防汛指挥部成员单位的联系,负责组织防汛抢险队伍的建设和管理。

(g)负责防汛抢险、灾害统计上报等档案资料的管理。

(h)组织水利信息化项目的规划、防汛通信和预报、预警系统的建设和管理。

(i)组织防汛宣传,总结推广防汛抢险经验,培训抢险技术人员,开展政策研究,建立配套法规。

3)地方各级防汛抗旱指挥部成员单位职责。防汛是一项社会性的防洪抗灾工作,需要动员和调动各有关部门有关行业的力量,在当地政府和防汛指挥部的统一领导下,同心协力共同完成抗御洪水灾害的任务。地方各级防汛指挥部成员主要由当地政府相关部门、驻军和武警部队以及相关的企、事业单位组成,政府主要负责人出任总指挥,各有关部门的防汛职责如下：

当地驻军、武警部队:支持地方防洪抢险工作,根据汛情需要,担负防洪抢险、营救群众、转移物资、抗旱救灾及抗旱措施的任务,保护国家财产和群众生命安全,汛情紧急时负有执行重大防洪抢险措施的使命。

发展和改革委员会(局):协调安排防汛防旱工程建设、除险加固、水毁修复计划和资金的落实、抗洪抗旱救灾资金和电力、物资计划。

对外贸易经济合作局:负责组织、协调有关防汛抢险、抗旱、救灾物资与器材的调拨和供应。

公安局:负责防汛治安管理和安全保卫工作,维护防汛抢险秩序和灾区社会治安秩序,确保抗洪抢险、救灾物资运输车辆畅通无阻;依法查处盗窃、哄抢防汛物资及破坏水利、水文、通信设施的案件,打击犯罪分子,协助做好水事纠纷的处理;遇特大洪水紧急情况,协助防汛部门组织群众撤离和转移,保护国家财产和群众生命安全;协助做好河道、湖泊清障及抢险救灾通信工作,打击河道非法采砂。

民政局:负责洪涝旱灾地区灾民的组织搬迁、生活安置和救济工作。

财政局:负责安排和调拨防汛抗旱、应急抢险救灾资金,并监督使用,及时安排险患处理、抢险救灾、水毁修复经费。

国土资源局:负责组织监测与防治因台风、暴雨、滑坡、泥石流等山洪引起的山地灾害,制订、实施山地地质灾害的监测、抢险救灾方案。

住房和城乡建设局:负责城市防汛排涝工程的规划建设和安全管理,根据江河防洪规划方案做好城区防洪、排水规划,制定城市防灾减灾的应急预案,负责所辖防洪工程的防汛抢险。

交通局:负责水运和公路设施的防洪安全;负责抢险救灾物资调运;负责安排滞洪区、行洪区人员的撤退和物资运输的交通设施;汛情紧张时,通知船只限速行驶直至停航、车辆绕道;协同公安部门,保证防汛抢险救灾车辆船只的畅通无阻。

水利(务)局:提供雨情、水情、工情、灾情及水情预报,做好防汛调度;制定辖区防汛措施以及工程防汛维修和应急处理及水毁修复工程计划;部署辖区防汛准备工作;提出防汛所需经费、物资、设备、油电方案;负责防汛工程的行业管理,按照分级管理的原则,负责工程的安全管理;负责城市防洪工作;负责所辖已建和存建的水库、堤、闸工程的维护管理,防洪调度方案的实施以及组织防汛抢险工作。

农业局:负责及时收集、整理和提供农业灾害情况,负责洪涝灾害后农业生产与恢复。

卫生局:负责受灾区的居民群众和防汛抢险人员疾病预防控制和医疗救护工作。灾害发生后,及时向防汛抗旱指挥部提供水旱灾区疫情与防治信息,组织卫生部门和医疗卫生人员赶赴灾区,开展防病治病,预防和控制疫病的发生和流行。

环保局:负责水质监测,及时提供水源污染情况,做好污染源的调查和处理工作。

海洋与渔业局:负责所辖港口渔船和水产养殖场的防风、防洪安全,做好船舶回港避风工作,组织海洋与水产行业抗灾和灾后复产工作;负责河湖非法圈围、拉网养殖所形成滞洪障碍的清除。

气象局:负责及时提供天气预报和实时气象信息,以及对灾害性天气的监测预报;负责暴雨、台风、潮位和异常天气的监测和预报,按时向防汛指挥部门及有关成员单位发布气象预报和有关公报。

水文局:负责汛期各水文站网的测报报汛。当流域内降雨,水库、江河水位,流量达到一定标准,应及时向防汛部门提供雨情、水情和有关预报。

供销社:负责提供防汛抢险物资供应和必要的储备,例如草包、毛竹、芦席、塑料薄膜等防汛物资储备或供应。必要时组织供应超计划货源;做好防汛抢险和生产救灾物资的调运供应工作。汛情紧张阶段,有储备任务的单位要日夜值班,确保抢险物资随时调拨。建材公司负责防汛抢险所需的砂石料、木料、油毛毡等建筑材料的组织供应。

商业局:负责保障防汛抢险人员、灾区群众的物品、食品的供应。

农机局(公司):负责排涝机械设备的供应和调配。

供电局:负责保证防汛抢险、排涝用电,及时组织抢修水毁的电力设施;负责所辖水电站工程的汛期防守和防汛调度计划的实施。

电信局:负责通讯设备的防洪安全,确保防汛通讯畅通,做好对付特大洪水应急通讯的两手准备。邮政、通讯部门应在汛期提供有限通话的条件,保持通讯畅通。

石油公司:负责防汛抢险油料等货源的组织、储备、供应和调运。

2. 防汛责任体系

防汛是一项责任重大而复杂的工作,关系到国民经济的发展和城乡人民生命财产的安全。洪水到来时,工程一旦出现险情,防汛抢险是压倒一切工作的大事,需要动员和调动各部门各方面的力量投入战斗;必要时还要当机立断,做出牺牲局部、保存全局的重要决策,必须建立和健全各种防汛责任制,实现防汛工作正规化和规范化,做到所有工作各司其职,奖罚分明,这是做好防汛工作的关键。

(1)防汛责任制度。根据《中华人民共和国防洪法》第三十八条:"防汛抗洪工作实行各级人民政府行政首长负责制,统一指挥、分级分部门负责。"因此各级防汛抗旱指挥部要建立健全切合本地实际的防汛管理责任制度。防汛责任制度包括行政首长负责制、分级管理责任制、部门责任制、包干责任制、岗位责任制、技术责任制、值班工作责任制。

1)行政首长负责制。是指由各级政府及其所属部门的首长对本政府或本部门的工作负全面责任的制度,这是一种适合于中国行政管理的政府工作责任制。行政首长负责制是各种防汛责任制的核心,是取得防汛抢险胜利的重要保证,也是历来防汛斗争中最行之有效的措施。防汛抢险需要动员和调动各部门各方面的力量,党、政、军、民全力以赴,发挥各自的职能优势,同心协力共同完成。因此,防汛指挥机构需要政府主要负责人亲自主持,全面领导和指挥防汛抢险工作,实行防汛行政首长负责制。按照国家防汛抗旱总指挥部国汛[1995]6号文件的要求,各地人民政府行政首长防汛工作职责如下:

① 负责制定本地区有关防汛抗旱的法规、政策。组织做好防汛抗旱宣传和思想动员工作,增强各级干部和广大群众水的忧患意识。

② 根据流域总体规划,动员全社会的力量,广泛筹集资金,加快本地区防汛抗旱工程建设,不断提高抗御洪水和干旱灾害的能力。负责督促本地区重大清障项目的完成。负责督促本地区加强水资源管理,厉行节约用水。

③ 负责组建本地区常设防汛抗旱办事机构,协调解决防汛抗旱经费和物资等问题,确保防汛抗旱工作顺利进行。

④ 组织有关部门制订本地区的防御江河洪水、山洪和台风灾害的各项预案(包括运用蓄滞洪区方案等),制订本地区抗旱预案和旱情紧急情况下的水量调度预案,并督促各项措施的落实。

⑤ 掌握汛情、旱情,及时做出防汛抗旱工作部署,组织指挥当地群众参加抗洪抢险和抗旱减灾,坚决贯彻执行上级的防汛调度命令和水量调度指令。在防御洪水设计标准内,要确保防洪工程的安全;遇超标准洪水,要采取一切必要措施,尽量减少洪水灾害,切实防止因洪水而造成人员伤亡事故;尽最大努力减轻旱灾对城乡人民生活、工业生产和生态环境的影响。重大情况及时向上级报告。

⑥ 水旱灾害发生后,要立即组织各方面力量迅速开展救灾工作,安排好群众生活,尽快恢复生产,修复水毁防洪和抗旱工程,保持社会稳定。

⑦ 各级行政首长对本地区的防汛抗旱工作必须切实负起责任,确保安全度汛和有效抗旱,防止发生重大灾害损失。如因思想麻痹、工作疏忽或处置失当而造成重大灾害后果的,要追究领导责任,情节严重的要绳之以法。

2)分级责任制。根据水系及水库、地方、水闸等防洪工程所在行政区域、工程等级、重要程度和防洪标准等,确定省、地(市)、县、乡、镇分级管理运用、指挥调度的权限责任。在统一领导下,对防洪工程实行分级管理、分级调度、分级负责。

3)部门责任制。防汛抢险工作涉及面广,需要调动全社会各部门的力量参与,防汛指挥机构各部门单位,应按照分工情况,各司其职,责任层层落实到位,做好防汛抗洪工作。

4)包干责任制。为确保重点地区防洪工程和下游保护对象的汛期安全,省、地(市)、县、乡级政府行政负责人和防汛指挥部领导成员试行分包工程责任制,将水库、河堤、蓄滞洪区等工程的安全度汛责任分包,责任到人,有利于防汛工作的开展。

5)岗位责任制。汛期管好用好水利工程,特别是防洪工程,对做好防汛减灾工作至关重要。工程管理单位的业务处室和管理人员以及堤防巡护人员要制定岗位职责,明确任务和要求,定岗定责,落实到人。在实行岗位责任制的过程中,要调动职工的积极性,强调严格遵守纪律。要加强管理,落实检查制度,发现问题及时纠正。

6)技术责任制。在防汛抢险工作中,为充分发挥技术人员的专长,实现科学抢险、优化调度以及提高防汛指挥的准确性和可能性,凡是评价工程抗洪能力、确定预报数字、制定调度方案、采取的抢险措施等有关技术问题,均应由专业技术人员负责、建立技术责任制。关系重大的技术决策,要组织相当技术级别的人员进行咨询,以防失误。县、乡的技术人员也要实行技术负责制,责任到人,对水库、闸坝、地方安全做到技术负责。

7)值班工作责任制。为了随时掌握汛情,防汛指挥机构在汛期应建立防汛值班制度,汛期值班室 24 小时不离人。值班人员必须坚守岗位,忠于职守,熟悉业务,及时处理日常事务,以便及时加强上下联系,多方协调,充分发挥水利工程防汛减灾的作用。汛期值班主要责任是:

① 及时掌握汛情。汛情一般包括水情、工情和灾情。(a)水情:按时了解雨情、水情实况和水文、气象预报;(b)工情:当雨情、水情达到某一数值时,要了解水库和河道等防洪工程的运用和防守情况;(c)灾情:主动了解受灾地区的范围和人员伤亡情况以及抢救的措施。

② 按时报告、请示、传达。对于重大汛情及灾情要及时向上级汇报。对需要采取的防洪措施要及时请示批准执行;对授权传达的指挥调度命令及意见,要及时准确传达。做到不延时、不误报、不漏报,并随时落实和登记处理结果。

③ 及时掌握各地水库发生的险情及处理情况。对发生的重大汛情要整理好值班记录,以备查阅,并归档保存。

④ 熟悉所辖地区的防汛基本资料。对所发生的各种类型洪水要根据有关资料进行分析研究。

⑤ 严格执行交接班制度,认真履行交接班手续。

⑥ 做好保密工作,严守国家机密。

(2)灾后表彰奖励与责任追究。

1)表彰奖励。在防汛抗洪斗争中,广大干部、群众和人民解放军指战员,为抗御洪水灾害,保障国家经济建设的顺利进行和人民生命财产的安全做出了重大贡献,根据《中华人民共和国防汛条例》有关规定,可以由县级以上人民政府给予表彰或者奖励。根据《国家防汛抗旱应急预案》规定:对防汛抢险工作做出突出贡献的劳动模范、先进集体和个人,由人力资源和社会保障部及国家防汛抗旱总指挥部联合表彰;对防汛抢险工作中英勇献身的人员,按有关规定追认为烈士。

2)责任追究。在防汛抢险中,因工作中玩忽职守造成损失的,或发生违纪违法的案件,一经发现,迅速查实,严肃处理,视情节和危害后果,由其所在单位或者上级主管机关给予行政处分;应当给予治安管理处罚的,依照《中华人民共和国治安管理处罚条例》的规定处罚;构成犯罪的,依法追究刑事责任。

(3)防汛抢险纪律。为确保防汛抢险应急预案的决策和部署贯彻实施,减少灾害损失,应严明防汛抗洪抢险工作纪律:

1)严守纪律,个人服从组织,下级服从上级,一切行动听指挥。

2)严格执行防汛抢险工作岗位责任制和各项的规章制度。

3)严格实行 24 小时值班制度,不准擅离职守,临阵脱逃。

4)不准擅自变更调度方案,不准违章操作,不准设置新障碍。

5)不准拖拉扯皮,贻误战机;不准以邻为壑,制造纠纷。

6)必须及时、准确、客观地逐级上报信息和工作情况,不准谎报汛、险、灾情。

各级纪检监察组织要积极投入到防汛抗洪抢险第一线,加强监督检查,为防汛抗洪抢险工作提供强有力的纪律保证。

二、防洪排涝应急预案编制

1. 防洪排涝应急预案

防洪排涝应急预案是防御江河洪水灾害、山地灾害(山洪、泥石流、滑坡等)、台风暴潮灾害、冰凌洪水灾害以及垮坝洪水灾害等方案的统称,是在现有工程设施条件下,针对可能发生的各类洪水灾害而预先制订的防御方案、对策和措施,是各级防汛指挥部门实施指挥决策和防洪调度、抢险救灾的依据。

为了防止和减轻洪水灾害,根据《防汛条例》关于制订防御洪水方案的规定,国家防汛抗旱总指挥部办公室在专题研讨、充分征求意见的基础上。提出了《防洪预案编制要点》,以指导和推动各地防洪排涝应急预案编制工作。

编制防洪排涝应急预案的必要性。我国地域辽阔,自然地理、气候条件复杂,是世界上洪涝灾害最严重的国家之一。我国位于亚洲季风气候区,降雨时空分布严重不均,东部地区夏秋季多暴雨洪水,台风活动亦很频繁,长江、黄河、海河、淮河、松花江、辽河和珠江等 7 大江河中下游平原地区均受洪水、台风暴潮的影响。上述地区均是我国社会经济的发达地区,集中了全国近半数的人口和 70% 的工农业产值,曾多次发生严重的洪涝灾害。新中国成立以来,在党和政府的领导下,对江河湖泊进行了大规模的治理,根据 2013 年发布的《第一次全国水利普查公报》统计,目前全国已建成江河堤防 413 679 km,其中 5 级及以上堤防长度 275 945 km;已建成大中小型水库 98 002 座,其中已建水库 97 246 座,在建水库 756 座;全国已建过闸流量大于 5 m³/s 的水闸 96 226 座,其中大型水闸 860 座,全国有防洪任务的河段长度为 373 910 km,其中已治理河段总长度 123 571 km,占有防洪任务河段总长度的 33.0%;在已治理的河段中,治理达标河段长度 64 624 km。已初步形成了工程措施和非工程措施相结合的防洪体系。但从总体上讲,防洪标准仍然比较低,仅能防御常遇洪水,对于大洪水和特大洪水还不能有效控制。截至 2006 年年底全国有防洪任务的 642 座城市中,主城区防洪标准低于 20 年一遇洪水的城市数量达 221 座,低于 50 年一遇洪水的城市数量达 444 座,其中还有 72 座城市防洪标准低于 10 年一遇,占全国有防洪任务城市的 11.2%。在这种情况下,为了减轻洪涝灾害,根据可能出现的各种洪水,制订防洪预案,预做对策,十分必要。

　　编制防洪预案,可以进一步明确各级各部门的防汛任务和职责,调动各级各部门的积极性,使其各司其职,各尽其责,既做好本身的防汛工作,又加强相互之间的协作配合,做好全局防汛工作。

　　编制防洪预案,便于指挥调度。由于干部的轮岗、交流、升迁、选用、年轻化、换届等,再加上有的地方已经几十年没洪水,使得目前防洪一线的指挥和防汛人员新手多,很多人没有经历过大洪水,对汛怎么防、险怎么抢、灾怎么救没有经验,胸中无数。有了预案,可以按部就班,迅速进入角色,届时按照分工,上岗到位,统一指挥,分头行动;有了预案,可以尽快熟悉指挥操作流程,对届时该干什么,不该干什么,什么时候什么情况下做什么,可以一目了然,做到心中有数,增加抗洪抢险救灾工作的计划性、条理性和连贯性、有利于提高指挥决策的科学性、合理性。

　　编制防洪预案,也是动员各行各业和广大军民投入防洪的过程,可以提高全民和整个社会的防洪减灾意识。

　　防洪的中间环节很多,制订防洪预案,除了加强了各个环节外,更为重要的是加强了各个环节之间的衔接,堵塞了漏洞,消除了死角。

　　编制防洪预案,可以把工程措施和非工程措施有机地结合起来,不仅使河道、堤防、水库、水闸、分蓄洪区、湖泊、洼地等诸工程单元的功能得到充分发挥,而且进一步健全防御体系,使防洪系统发挥其整体最优作用。

　　防洪斗争的长期实践和无数事实证明,有了预案,可对抗洪抢险救灾工作进行适时有效地调度和科学果断地决策,减少灾害损失;反之不是不知所措,束手无策,贻误战机,就是盲目决策,忙中出错,加重损失。

　　2.防洪排涝应急预案编制方法

　　(1)防洪排涝应急预案编制的基本原则和要求。

　　1)编制防洪预案的依据。编制防洪预案的依据是有关涉及防洪减灾的法律、条例、规定、政策等。如《中华人民共和国水法》、《中华人民共和国防洪法》、《中华人民共和国防汛条例》、《中华人民共和国河道管理条例》、《水库大坝安全条例》、《蓄滞洪区安全建设指导纲要》等国家有关法规、条例和政策;流域防洪规划和防御洪水方案;上级和同级人民政府颁布的有关法规以及上级人民政府有关部门制定的防洪预案等。

　　为了规范和指导水库、城市等应急预案的编制,国家出台了《水库防洪抢险应急预案编制大纲》和《城市防洪应急预案编制大纲》、《水库大坝安全管理应急预案编制导则(试行)》等。各省、市、县(区)及相关行业、部门等,也应该根据各地实际情况编制防洪抢险应急预案。

　　2)编制防洪预案应遵循的原则。应落实防汛党政主要领导负责制为核心的各种责任制,包括党政首长负责制、防汛岗位责任制、各部门防汛责任制等;贯彻"安全第一,常备不懈,以防为主,全力抢险"的防汛方针;坚持全面部署,保证重点,服从大局,团结抗洪;实现统一指挥、统一调度;实行工程措施和非工程措施相结合;要调动全社会的积极因素。

　　3)编制防洪预案的主要目的。编制防洪预案以加强防范为出发点,切实做好遭遇突发事件的应急处理,最大程度的保障人民群众的生命安全,避免和减少人员伤亡、保障城乡经济社会安全稳定和可持续发展,以减轻灾害损失为主要目的。

　　要合理确定防洪保护重点,不同地区、不同层次、不同部门、不同量级的洪水,防洪保护重点有所不同,但重要水库、重要堤坝、重要闸坝、大中城市、重要交通干线、重要设施和重要经济区域必须予以确保。

4)编制范围和审批权限。根据《中华人民共和国防汛条例》第十二条至十四条的规定,有防汛任务的地方,应当根据经批准的防御洪水方案制订洪水调度方案。长江、黄河、淮河、海河(海河流域的永定河、大清河、漳卫南运河和北三河)、松花江、辽河、珠江和太湖流域的洪水调度方案,由有关流域机构会同有关省、自治区、直辖市人民政府制定,报国家防汛总指挥部批准。跨省、自治区、直辖市的其他江河的洪水调度方案,由有关流域机构会同有关省、自治区、直辖市人民政府制定,报流域防汛指挥机构批准;没有设立流域防汛指挥机构的,报国家防汛总指挥部批准。其他江河的洪水调度方案,由有管辖权的水行政主管部门会同有关地方人民政府制定,报有管辖权的防汛指挥机构批准。

洪水调度方案经批准后,有关地方人民政府必须执行。修改洪水调度方案,应当报经原批准机关批准。

有防汛抗洪任务的企业应当根据所在流域或者地区经批准的防御洪水方案和洪水调度方案,规定本企业的防汛抗洪措施,在征得其所在地县级人民政府水行政主管部门同意后,由有管辖权的防汛指挥机构监督实施。

水库、水电站、拦河闸坝等工程的管理部门,应当根据工程规划设计、经批准的防御洪水方案和洪水调度方案以及工程实际状况,在兴利服从防洪,保证安全的前提下,制订汛期调度运用计划,经上级主管部门审查批准后,报有管辖权的人民政府防汛指挥部备案,并接受其监督。

经国家防汛总指挥部认定的对防汛抗洪关系重大的水电站,其防洪库容的汛期调度运用计划经上级主管部门审查同意后,须经有管辖权的人民政府防汛指挥部批准。

汛期调度运用计划经批准后,由水库、水电站、拦河闸坝等工程的管理部门负责执行。

有防凌任务的江河,其上游水库在凌汛期间的下泄水量,必须征得有管辖权的人民政府防汛指挥部的同意,并接受其监督。

5)防汛预案的实施。防汛预案经批准后,有关地方人民政府、部门、单位、企业必须执行。这在《防洪条例》中是明确规定的。各省、自治区、直辖市、地、市、县的党政主要领导对所辖区的防洪预案的实施总负责。

(2)防洪排涝应急预案的基本内容。防洪预案按灾害形式可简单地划分为:防御洪水灾害预案、防御山地灾害(山洪、泥石流、滑坡等)预案、防御冰凌洪水灾害预案、防御台风暴潮灾害预案、防御突发性洪水(由于防洪工程失事如溃堤、倒闸、垮坝等而造成的灾害性洪水)预案等。各地可根据当地存在的主要灾害种类编制一种或几种防洪预案。

一个完整的防洪预案应包括当地和防护对象基本情况的描述,防、抗、抢、救诸方面的措施,要有洪水调度方案和具体实施方案,以及方案实施所必需的保障条件等。以防御洪水预案为例,简要概述如下:

1)概况。为方便领导指挥决策,对流域或区域内的基本情况进行简要描述。主要包括:

① 自然地理、气象、水文特征。

② 区内社会经济状况,如耕地、人口、城镇、重要设施、资产、产值等。

③ 洪水特性。历史大洪水情况、淹没范围、灾害损失;对防洪不利的各种类型洪水及洪水特征;各典型年不同频率设计洪水特征,如洪峰水位、流量、洪量、历时等。现有防洪工程

的防洪标准和能力;重点防洪保护对象及其防洪能力。

2)洪灾风险图。根据现有防洪工程的防洪标准和重点防护对象的防洪能力,对可能成灾的范围进行分析,绘制洪灾风险图。

3)洪水调度方案。根据各级典型洪水的频率、洪峰、洪量,结合现有防洪工程的防洪标准、防洪能力及调度原则,确定河道、堤防、水库、闸坝、湖泊、蓄滞洪区的调度运用方案。对水库按照防洪调度规则、操作规程和泄水建筑物的运用程序,结合上下游河道的蓄滞洪区和湖泊的洪水调度方案,制订水库的各级洪水的优化调度(包括梯级水库和水库群的联合调度)方案。制订分蓄洪区分洪运用的具体方案及人员转移与安置方案。洪水调度要按照"以泄为主、蓄泄兼施"的原则,合理安排洪水的蓄滞和排泄。在调度方案中既要充分发挥每个工程的作用,又要通过优化配置,有机组合,联合调度,发挥防洪工程体系和非工程措施的整体优势。

4)防御超标准洪水方案。防洪工程的标准是一定的、有限的,对防洪标准以内的洪水要确保安全,对超过防御标准的洪水要尽可能地降低危害和减少损失。对超标准洪水,在已经充分使用了现有河道的排洪能力、水库、湖泊的调蓄能力、蓄滞洪区的分蓄能力后,还不能解除洪水威胁的情况下,要制定非常分蓄洪措施,确定应急分洪方案和人员转移安置方案,把灾害损失减至最低限度。此方案要着重分析遇超标准洪水时在何时何地分洪损失较小。如淮河、长江、永定河等都有遭遇超标准洪水的措施。

5)防御突发性洪水方案。对于位于重要城镇、设施、交通干线、企业等重要防护对象上游的水库(特别是病险水库)、堤防,要制订垮坝、倒闸、决堤洪水的调度方案,以防止像青海沟后水库、河南板桥水库那样的悲剧重演。分析确定垮坝洪水的沿程洪峰流量、水位、洪水流路、淹没影响范围。此防御方案侧重于监视、预警、人员转移和应急控制措施,尽量减少人员伤亡和灾害损失,把灾害控制在有限范围。

6)实施方案。实施方案是指各类防洪方案在实际应用中的具体操作措施。包括暴雨洪水的监测、水文情报预报、通信预警、工程监视、防护抢险、蓄洪滞洪、人员转移安置、救灾防疫、水毁修复等,均要分别制订具体操作方案。

如蓄洪滞洪运用包括最佳分洪时机的确定、分洪方式(分洪闸或爆破口门分洪)、分洪控制等内容。对口门爆破作业方案中炸药、工具、器材的调运;爆破实施人员和组织;安全、后勤、通信、电力等保障条件;爆破后口门的控制等都要做出具体明确的方案措施。

再如防洪工程抢险,抢险队伍、人员的组织;是否需动用部队抢险;抢险物料的储存、调运方式和路线;各种险情的不同抢险对策等,都要事先确定,以防届时有人无料,有料无人,或不知如何抢护。

7)保障措施。为了使上述调度方案和实施方案能顺利实施,必须有一定的保障条件和措施,主要应包括以下几点:

党政首长职责,各部门防洪职责,防汛岗位责任制,技术责任制,防汛指挥机构及必要的指挥手段和条件,防汛抢险队伍(专业机动抢险队、民兵、部队抢险组织、群众抢险组织),防汛物料储备,紧急情况下对车船等运输工具、物料等临时调用的权力,对道路、航道的强行管制乃至对灾区实施紧急状态等,都要予以明确规定,予以必要的保障。

防御山地灾害、台风暴潮灾害、冰凌洪水灾害预案可参照防御洪水预案进行编制,其防御措施和对策应以监视、预报、预警、避险为主,辅以其他措施。

（3）防洪排涝应急预案编制的注意事项。防洪预案内容广泛,涉及关系和问题较多,编写任务较重,难度较大。在编写时应注意以下事项:

1）在人员和组织上予以保障。编写防洪预案是防汛工作正规化、规范化建设中的一项重要内容,是一项重要的非工程措施,费省效宏,对此应予以足够的重视,组织得力人员集中编写,在组织、人员、经费、时间上予以一定的保障。

2）编写预案应从防大汛抗大洪出发,从最坏处设想,向最好处努力,要对各种可能发生的情况及其恶劣遭遇都要考虑,都要涵盖,制订相应的防御对策,以防"临时抱佛脚"。另外,编写时应注意各项工作之间的结合部分,注意衔接,一环扣一环,防止出现漏洞和死角。

3）防洪预案应全面贯彻责任制。防汛是政府行为。从防洪的实践看,责任制是关键。因此,党政主要领导负责制不仅体现在汛期,而且要体现在全年,必须贯穿到汛前、汛中和汛后防汛工作的全过程,把责任落到实处。

4）防洪预案应具有实用性和可操作性。在编制防洪预案时,要密切结合当地的气候、地理特点、洪水特性、防洪工程现状、社会经济情况,从实战出发,因地制宜地进行编制,要有针对性、连贯性和完整性,以实用和便于操作为目的。

5）防洪预案要翔实具体,由于编写预案难、繁、量人,在编写时可以先易后难、先简后繁,不断补充,逐步完善。各地要根据在防汛中出现的新情况、新问题,每年修订一次。

三、防洪排涝应急预案案例

××市城市防洪应急预案

1　总则

1.1　编制目的

为做好××城市区洪涝、山洪、台风等灾害事件的防范和处置工作,保证城市抗洪抢险救灾工作高效有序进行,最大限度地减少人员伤亡和灾害损失,保障城市经济社会安全稳定和可持续发展。

1.2　编制依据

依据《中华人民共和国水法》、《中华人民共和国防洪法》、《中华人民共和国防汛条例》、《国家防汛抗旱应急预案》《城市防洪应急预案编制大纲》和《××省抗旱条例》、《××省实施〈中华人民共和国防洪法〉办法》、《××省防汛抗旱应急预案》、《××市城市防洪规划》、《××市突发公共事件总体应急预案》、《××市防汛抗旱应急预案》等有关法律法规之规定,制订本预案。

1.3　适用范围

本预案适用于自然或人为因素导致的城市区(主要包括:××区、××区、市郊区近郊地区、××县城关地区和西联圩、新城区)内洪水(含江河洪水和山洪)、暴雨涝渍、台风等灾害事件的防御和处置。

1.4　工作原则

贯彻以人为本的方针和行政首长负责制;坚持以防为主、防抢结合;坚持因地制宜、突出重点;坚持统一领导、统一指挥、统一调度;坚持服从大局、分工合作、各司其职;坚持公众参与、军民联防;坚持工程与非工程措施相结合等原则。

2　城市概况(略)

3 组织体系和职责

3.1 指挥机构

3.1.1 组织机构

市人民政府设立市防汛抗旱指挥部(以下简称市防指),负责组织、指挥全市的防汛抗旱工作及城市防汛抗洪工作,其办事机构市防指办公室(以下简称市防指办)设在市水利局。

市防指由市委书记任政委,市政府市长任指挥长,市委副书记任副政委,市政府分管副市长任第一副指挥长,军分区参谋长、市政府分管副秘书长、市农委主任、市水利局局长任副指挥长,市委组织部、宣传部、有色公司、铜化集团、市发改委、经委、安监局、建委、农委、财政局、民政局、公安局、国土局、交通局、气象局、水利局、港口局、市电信公司、卫生局、监察局、环保局、广电局、供销社、物资协调服务中心、市供电公司、中国保险××市分公司负责人为指挥。

3.1.2 防汛抗洪责任分工

(1)市防汛抗旱指挥部责任分工

市政府市长负总责。市政府分管农业副市长全面指挥,军分区参谋长、市政府分管副秘书长、市农委主任、市水利局局长协助指挥。军分区、市公安局负责组织抢险队伍,军分区司令部、市公安局参加。

(2)市政府领导防汛抗洪工作分工

市政府分管财经副市长(常务副市长)联系负责市郊区和城市江堤横港段[(0+000)~(7+180)],市财政局、市防洪工程管理办公室参加。市政府分管工业副市长联系负责矿山企业,市经委参加。市政府分管农业副市长联系负责××县,市农委、水利局参加。市政府分管政法副市长联系负责市经济技术开发区、××区,市发改委、交通局参加。市政府分管城建副市长联系负责城市区及山洪地质灾害防治,市建委、国土局参加。市政府分管文教卫副市长联系负责××区及所辖城市江堤新民段[(7+180)~(11+410)]、新民圩堤、黑砂河口堤、闸,市卫生局、市长江河道管理处参加。××县、市郊区、××区、×××区、市经济技术开发区也要实行领导分工负责制并报市防指备案。

3.1.3 分级分部门负责制

××市城市防汛抗洪工作按照属地行政首长负责制的原则,落实指挥体系,实行受益单位分段把守负责。

市防汛抗旱指挥部成立城区江堤防汛指挥部负责城市江堤横港段[(0+000)~(7+180)]防汛抗洪工作。××区防汛指挥部负责所辖范围的防汛抗洪工作,负责城市江堤新民段[(7+180)~(11+410)]、新民圩堤及黑沙河封闭堤、闸防汛抗洪工作。××县防指负责所辖范围内防汛抗洪工作,负责城市江堤城关段[(11+530)~(12+300)]和西联圩防汛抗洪工作。城市区防汛分指挥部负责城市区防洪排涝和五公里堤防防汛抗洪工作。市郊区防指负责所辖范围的防汛抗洪工作,参与城区江堤横港段防汛工作。狮子山区防汛抗旱指挥部负责所辖范围防汛抗洪工作,负责东湖撇洪沟浦尚桥段的防汛抗洪工作。市经济技术开发区防指负责所辖范围的防汛抗洪工作,并按照1998年市防指协调的事项,做好西联圩责任段的防汛抗洪工作。

3.1.4 工作职责

(1)市防指职责

负责组织、指挥全市的防汛抗旱工作(包括城市防汛抗洪工作),主要职责是组织制订主要江河防御洪水方案,及时掌握全市汛情、灾情并组织实施抗洪抢险工作,组织灾后水毁修复及做好相关协调工作。

(2)市成员单位职责(略)

(3)办事机构职责

承办市防指的日常工作,及时掌握全市汛情、旱情、工情;根据市防指决策,具体统一调度全市骨干防洪抗旱工程;组织拟定主要江河湖泊防御洪水方案、洪水调度方案、水库调度运用办法和抗旱预案,并监督实施;指导、督促县、区防指制订并实施防御洪水方案和抗旱预案;指导、检查、督促受涝地区开展排涝工作;指导、检查、督促有关地方和部门制订山洪、泥石流等灾害的防御预案并组织实施;督促指导有关防汛指挥机构清除河道、湖泊、行蓄洪区范围内阻碍行洪的障碍物;负责中央水利建设基金、特大防汛抗旱补助经费、省级防汛抗旱经费、市级防汛抗旱经费、农业抗灾用电指标计划安排及市级防汛抗旱物资的储备、管理和调拨;组织、指导防汛机动抢险队和抗旱服务队的建设和管理;组织全市防汛抗旱指挥系统的建设和管理等

4 预防与预警

4.1 预防预警信息

4.1.1 气象水文信息

(1)气象信息。主要包括:降水量及天气形势分析,预报中、短期降水量及天气形势、台风生成及走向趋势、蒸发量以及其他有关气象信息。

市气象局要及时掌握气象信息,当有可能发生灾害性天气时,要加强与上级和周边地区气象部门的会商,滚动预报最新气象变化趋势,并及时报送市人民政府和市防汛抗旱指挥部。

(2)水文信息。主要包括:水位、流量、水量及其变化趋势和洪峰水位、流量、预计出现时间等水文特征值。

市防指办负责长江干流横港水位测报,加强与省内外水文机构联系,掌握相关水文信息,并做好分析预测工作。当预测长江河道超警戒水位、水库超汛限水位时,按每日2时段加密测报水位;当预测接近保证水位时,按每日4时段测报水位,必要时应随时加密测报。河道、湖泊、水库、塘坝的蓄水情况报送,非汛期实行月报,汛期实行旬报。旱情严重时,增加上报频次。

4.1.2 河道堤防(涵闸、泵站)信息

城市区长江河道堤防(涵闸、泵站)信息主要包括:实时内外水位、流量、工程运行状况、巡堤查险有关情况(包括查险队伍人员组成、人数、交接班等);工程出险情况(包括出险时间、地点、类别、程度、处置等情况);负责处理险情的行政责任人、技术责任人和应急通信联络方式、抢险队伍、抢险物资消耗等。现场防汛指挥机构、工程管理单位应随时掌握城市区长江河道堤防(涵闸、泵站)信息,认真做好记录。当长江河道水位超设防水位时,水利工程管理单位负责巡堤查险并及时将情况报告同级防指和上级主管单位。当长江河道水位超警戒水位时,由当地防指组织民工上堤巡堤查险和防守。现场防汛指挥机构应及时将有关工程及防汛信息报当地防指,并逐级上报至市防指办。当长江干流达到警戒水位后,县、区防指办应按每日2时段(即8时、20时)向市防指办报告汛情、工情信息,并根据汛情发展趋势增加报告次数。重要堤防、涵闸等发生重大险情应在险情发生后1小时内报到市防指办,市

防指在险情发生后 2 小时内报市政府和省防指。

4.1.3　洪涝灾害信息

洪涝信息主要包括:灾害发生时间、地点、范围、程度、受灾人口以及群众财产、农林牧渔、交通运输、邮电通信、水电设施等方面的损失;灾害对工业生产、城市生活、生态环境等方面造成的影响。

灾害发生后,各级民政部门应及时向防汛抗旱指挥机构报告灾情。当地防汛抗旱指挥机构应及时收集洪涝动态信息,按规定报同级政府和上一级防汛抗旱指挥机构,重大防汛抗洪行动情况应及时上报。对有人员伤亡和较大财产损失的灾情,须核实后立即上报。重大灾情市防指在灾害发生后 2 小时内将初步情况报市政府和省防指,并对实时灾情组织核实,核实后及时上报。

4.2　预警级别划分

根据城市洪水(包括长江洪水和境内山洪)、暴雨渍涝、台风暴雨等灾害事件的严重程度,城市防洪预警级别划分为四级,由重到轻分别是Ⅰ、Ⅱ、Ⅲ、Ⅳ四级,分别用红色、橙色、黄色、蓝色表示。

4.3　预防预警行动

4.3.1　预防预警准备

县、区要建立健全防汛抗旱指挥机构,落实防汛抗洪队伍,检查维护防汛抗洪工程设施,储备足够的防汛抗洪物资,修订完善各类防汛抗洪预案,保证通信畅通。

4.3.2　江河洪水预警行动

(1)当长江河道水位达到警戒水位后,市防汛抗旱指挥机构在本区域内通过新闻媒体向社会发布汛情信息。当长江河道水位接近保证水位,堤防、涵闸等发生重大险情时,市防汛抗旱指挥机构可视情依法宣布进入紧急防汛期。

(2)当城市区河道堤防及涵闸、泵站等穿堤建筑物出现重大险情时,水工程管理单位或现场防汛抗旱指挥机构应及时向当地防汛抗旱指挥机构和水工程主管部门报告,当地政府应迅速成立现场抢险指挥机构,负责组织抢险,并立即向可能淹没的区域发出预警,同时向市防汛抗旱指挥部报告。

(3)当遭遇特大暴雨洪水或其他不可抗拒因素可能导致内圩堤溃破时,所在地防汛抗旱指挥机构应及时向下游预警,同时向市防汛抗旱指挥部报告。

4.3.3　山洪灾害预警行动

(1)城市区山洪灾害易发地区政府应明确山洪监测防治机构的设置及职责,国土、水利、气象等部门应密切联系,相互配合,实现信息共享,组织制订、完善本区域山洪灾害防治预案,划分并确定易发山洪灾害的地点及范围,制订群众、重要物资安全转移方案,及时发布预警预报。

(2)山洪灾害易发区由国土部门负责建立专业监测与群测群防相结合的监测体系,落实观测和预报措施。当预报或发生强降雨时,实行 24 小时值班巡逻,加强观测。街道办事处、社区和相关单位都要落实信号发送员,一旦发现危险征兆,立即向周边群众报警,实现快速转移,并报本地防汛抗旱指挥机构,以便及时组织抗灾救灾。

4.3.4　台风暴雨(包括集中强降雨)灾害预警行动

(1)市气象局应密切监视台风(含热带风暴、热带低压等),做好趋势预报。对可能造成灾害的台风暴雨,及时将台风中心位置、强度、移动方向、速度和台风暴雨的量级和雨区分布等信息,与水利部门、防汛抗旱指挥机构会商,并报告同级人民政府。台风影响临近时及时将有关信息通过新闻媒体向社会发布。

(2)预报城市区将受台风暴雨影响,各级各部门防汛抗旱指挥机构应加强值班,组织气象、水利、国土资源等部门会商,并将有关信息及时向社会发布。

4.4　主要防御方案

4.4.1　长江洪水防御方案

(1)当长江水位达到设防水位(横港水位 12.5 m,坝埂头水位 11.5 m)并继续上涨时:

① 工程管理单位进入防汛工作状态。堤防管理单位要组织管理人员 24 小时值班巡查;泵站、涵闸管理人员 24 小时值班,做好设备调试工作。

② 参加防汛分工的各级领导要深入分工负责的地区和工程现场,进行督查和指导,帮助解决具体困难和问题。

③ 防汛物资器材落实到位并定点现场存放。

④ 抢险队伍要完成编成,明确分工,进行战前动员,组织技能培训和实战演练。

(2)当长江干流水位达到警戒水位(横港水位 14.0 m、坝埂头水位 13.0 m)并继续上涨时:

① 市、县(区)防指主持日常工作的指挥长及主要成员和技术人员上岗办公。县、区参加防汛分工的领导进驻一线,坐镇现场,靠前指挥协调。气象、电信、公安、供销、物资、交通等有关部门安排人员 24 小时值班,确保与同级防指联系畅通。

② 长江干堤的前线指挥部(分部、所)全部进驻一线,上岗办公,组织防守、巡查工作。

③ 增加防守力量。要按《安徽市长江、淮河干支流主要堤防巡逻抢险规定》上足防汛民工,巡堤查险和防守。长江干堤按平均每公里 5~10 人组织防守力量。

④ 强化防守措施。圩堤每 1 公里搭盖 1 个哨所,险工险段和涵闸斗门每处搭盖 1 个哨所,接通照明,24 小时不间断巡查,发现险情,及时处理并报告;认真做好清障、挡浪、预备土料、调运抢险物料等工作。加强险工险段、穿堤涵闸等重点部位的防守。

⑤ 常备抢险队、机动抢险队集结待命,做好抢险的各项准备,随时投入抢险。

⑥ 科学稳妥地处理长江防洪与内圩排涝的矛盾,以控制内外水头差,尽可能减小渗透压力,保圩堤安全。

(3)当横港水位达到 15.83 m、坝埂头水位达到 14.74 m(1998 年实测最高水位)并继续上涨时:

① 全民动员,城乡一体,全力抗洪抢险救灾,确保不死人,无大疫发生,努力减小损失。

② 长江干堤组织二线防汛民工上堤防守巡查排险,做好堤身防浪、预备土料、导渗压渗等护堤工作,抢险队伍现场集结,及时抢救险情。

③ 如遇破圩,及时请求舟桥部队救援。

(4)当长江水位达到长江干堤保证水位(横港站 16.32 m、坝埂头站 15.12 m),发生 1954 年型特大洪水时:

① 动员全社会力量,支援抗洪抢险,确保长江干流堤防安全度汛。

② 组织长江干堤保护范围内老、弱、病、残、妇女、儿童及粮食、大牲畜和重要财产首批转移至安全地带。

③ 遇超标准洪水,人力确实不可抗拒,要预先把群众全部转移到安全地带,具体由县区防汛抗旱指挥部负责;确保不死人,确保无大疫发生,尽最大努力保堤护堤,把灾害损失减小到最低限度。

4.4.2　山洪灾害防御方案

当预报可能发生山洪灾害时,由当地防指或国土部门及时发出警报,当地政府对是否紧急转移群众作出决策,如需转移,应立即组织人员安全撤离。转移群众应本着就近、迅速、安全、有序的原则进行,先人员后财产,先老幼病残后其他人员,先转移危险区人员后警戒区人员。转移过程中要防止出现道路堵塞和意外事件的发生。当发生山洪泥石流等灾害时,国土资源部门应组织专家和技术人员及时赶赴灾害点,加强监测,采取应急措施;当地政府应组织民政、水利、交通、电力、通信等有关部门,采取相应措施,防止山洪灾害造成更大灾害损失。发生山洪灾害后,若有人员伤亡,或滑坡体堵塞河道,当地政府应立即组织人员或抢险突击队进行紧急抢救、抢险,必要时向市防指请求增援。具体执行《××市山洪灾害防御预案》。

4.4.3　台风暴雨防御方案

(1)台风可能影响地区的各级政府及有关部门防汛负责人应立即上岗到位,根据当地防御台风暴雨方案进一步检查各项防御措施落实情况。对台风暴雨可能严重影响的地区,当地县级以上人民政府发布防台风暴雨动员令,组织防台风暴雨工作,派出工作组深入第一线,做好宣传和组织发动工作,落实防台风暴雨措施和群众安全转移措施,指挥防台风暴雨和抢险排涝工作。

(2)防汛指挥机构督促相关地区组织力量加强巡查,督促对病险堤防、涵闸进行抢护或采取必要的紧急处置措施。台风暴雨可能明显影响的地区,根据降雨量、洪水预测,控制运用水闸及江河洪水调度运行;湖泊水位高的应适当预排。

(3)台风中心可能经过或严重影响的地区,当地政府应动员和组织居住在低洼地、危险区、危旧房特别是人员集中的学校、医院等人员的及时转移,在长江、大湖(河)面作业的船只回港避风,高空作业人员停止作业。电力、通信部门落实抢修人员,一旦损坏迅速组织抢修,保证供电和通信畅通。城建部门做好市区广告宣传标牌固定、树木的保护工作。医疗卫生部门做好抢救伤员的应急处置方案。国土资源部门对山洪泥石流、滑坡易发地区加强监测频次,采取应急措施。

(4)电视、广播、报纸等新闻媒体及时播发台风预报警报、防台风暴雨措施以及防汛抗旱指挥部的防御部署。

具体执行《××市防御台风应急工作预案》。

5　应急响应

5.1　应急响应的总体要求

(1)按洪涝、旱灾的严重程度和范围,参照《国家防汛抗旱应急预案》、《安徽省防汛抗旱应急预案》,将应急响应行动分为四级。

(2)进入汛期,各级防汛抗旱指挥机构应实行 24 小时值班制度,跟踪掌握雨水情、工情、灾情,并根据不同情况启动相关预案。水工程管理单位应配合当地防指加强巡查,发现险情立即向当地防指和主管部门报告,同时采取措施,努力控制险情。防指各成员单位应按照防汛抗旱指挥机构的统一部署和职责分工开展工作并及时报告有关工作情况。

(3)洪涝灾害发生后,按照属地管理原则,由当地政府和防汛抗旱指挥机构负责组织实施抗洪抢险、排涝、抗旱等方面工作。按照权限和职责负责所辖水工程的调度,并向本级政府和上一级防汛抗旱指挥机构及时报告情况,重大突发事件可直接向市防指报告。任何单位和个人发现堤防等工程发生险情时,应立即向有关部门报告。对跨区域发生的洪涝灾害,或者突发事件将影响到临近行政区域的,在报告同级人民政府和上级防汛抗旱指挥机构的同时,应及时向受影响地的防汛抗旱指挥机构通报情况。

5.2 应急响应分级与行动

5.2.1 I 应急响应

(1)当出现下列情况之一者,为 I 级应急响应

① 长江流域发生特大洪水,水位达到或超过长江干堤保证水位,即城区江堤:发生横港站水位达到或超过 16.71 m、坝埂头站水位达到或超过 15.60 m 的洪水(1954 年型长江洪水)。西联圩:发生横港站水位达到或超过 16.32 m、坝埂头站水位达到或超过 15.12 m 的洪水(1954 年实测洪水位)。

② 城区长江干流堤防或主要河堤发生决口;

③ 发生特大型山洪灾害险情和灾情;

④ 6 小时内可能或者已经受台风影响,平均风力可达 12 级以上,或者已经达 12 级以上并可能持续。

(2)I 级响应行动

① 在省防指的指导下,市防指指挥长主持会商,防指全体成员参加,作出相应的工作部署,并迅速将情况上报市委、市政府和省防指。情况严重时,提请市委常委会听取汇报并作出工作部署。可在××日报、市电台、市电视台发布《汛(旱)情通告》。按照《防洪法》等有关规定,宣布进入紧急防汛(抗旱)期。

② 市防指按程序申请解放军、武警部队支持抢险救灾市级抢险突击队全力投入抗洪抢险。按权限调度水利、防洪工程;根据预案转移危险地区群众,组织强化巡堤查险和堤防防守。市防指办紧急调拨防汛抗旱物资。市财政局及时筹集下达防汛抗旱及救灾资金。市交通局为防汛抗旱物资提供运输保障。市民政局及时救助受灾群众。市卫生局及时派出医疗卫生专业防治队伍赴灾区协助开展医疗救治和疾病防控工作。市环保局及时监测水质,加强污染源的监控。市防指其他成员单位按照职责分工做好相关工作。

③ 当防洪工程、设施出现险情时,各级各部门防指应立即成立现场抢险指挥机构,全力组织抢险。市防指领导到现场督查指导抢险工作,派出专家组进行技术指导,安排市级抢险队增援抢险。

5.2.2 II 应急响应

(1)当出现下列情况之一者,为 II 级应急响应

① 长江流域发生大洪水,即发生横港站水位超过 15.83 m、坝埂头站水位超过 14.74 m 的洪水(1998 年型长江洪水);

② 城区长江干流堤防或主要河堤发生重大险情,涵闸、泵站出现重大险情;

③ 发生大型山洪灾害险情和灾情;

④ 12 小时内可能受强热带风暴影响,平均风力可达 10 级以上,或阵风 11 级以上;或者已经受强热带风暴影响,平均风力为 10～11 级,或阵风 11～12 级并可能持续。

（2）II级响应行动

① 在省防指指导下，市防指指挥长或委托第一副指挥长主持会商，作出相应工作部署，加强防汛抗洪工作的指导。按权限调度水利、防洪工程；根据预案转移危险地区群众，组织强化巡堤查险和堤防防守，及时控制险情，或组织强化抗旱工作。在2小时内将情况上报市政府和省防指，通过防汛抗旱快报等方式通报市防指成员单位。必要时，由市政府召开专题会议听取汇报并作出工作部署。可定期在××日报、市电台、市电视台发布《汛（旱）情通告》。按照《防洪法》等有关规定，可视情宣布部分地区进入紧急防汛（抗旱）期，市防指派出工作组、专家组赴一线指导防汛抗旱工作。市财政局为灾区及时提供资金帮助，市防指其他成员单位按照职责分工做好相关工作。

② 当防洪工程、设施出现险情时，当地防指应立即成立现场抢险指挥机构，全力组织抢险。必要时，可按程序申请解放军、武警部队参加抗洪抢险。市防指派出专家组赴现场指导抢险工作。

5.2.3 III级应急响应

（1）当出现下列情况之一者，为III级应急响应

① 长江流域发生较大洪水，水位超警戒水位，即发生横港站水位超过14.00 m、坝埂头站水位超过13.00 m的洪水；

② 城区长江干流堤防或主要河堤出现一般险情，涵闸、泵站出现较大险情；

③ 发生中型山洪灾害险情和灾情；

④ 24小时内可能受强热带风暴影响，平均风力可达8级以上，或阵风9级以上；或者已经受强热带风暴影响，平均风力为8~9级，或阵风9~10级并可能持续。

（2）III级响应行动

① 市防指第一副指挥长或委托有关负责人主持会商，作出相应工作安排，密切监视汛情发展趋势，加强防汛抗洪工作的指导，在1小时内将情况上报市政府和省防指，并通过防汛抗旱快报等方式通报市防指成员单位。可在××日报、市电台、市电视台发布《汛（旱）情通告》。市防指视情派出工作组赴一线指导防汛抗旱工作。

② 有关县、区防指可视情依法宣布本地区进入紧急防汛期，当地防指应按职责承担本区域的防汛抗旱工作，按规定上足防汛民工，加强防汛查险，并将工作情况报同级政府和上一级防指。

③ 当防洪工程、设施出现险情时，当地政府及防指应立即成立现场抢险指挥机构组织抢险。必要时，市、县（区）防指派出专家组赴现场指导抢险工作。

5.2.4 IV级应急响应

（1）当出现下列情况之一者，为IV级应急响应

① 长江流域发生一般洪水，水位超设防水位，即发生横港站水位超过12.5 m、坝埂头站水位超过11.5 m的洪水；

② 涵闸、泵站出现一般险情；

③ 发生小型山洪灾害险情和灾情

④ 12小时内可能受强热带低压影响，平均风力可达6级以上，或阵风7级以上；或者已经受强热带低压影响，平均风力为6~7级，或阵风7~8级并可能持续。

（2）Ⅳ级响应行动

① 市防指办负责人主持会商,作出相应工作安排,加强汛情的监视和防汛抗洪工作的指导,并将情况上报市防指领导和省防指办。市防指办视情派出检查组赴一线指导防汛工作。

② 有关水工程管理单位应密切监视汛情,按职责加强巡逻查险,并将巡查情况上报同级防汛抗旱指挥机构和上级主管部门。

③ 当地防指应按职责承担本区域的防汛抗旱工作,按规定组织民工上堤防汛查险,组织开机排涝,并将工作情况报同级政府和上一级防指办。当防洪工程、设施出现险情时,当地政府应立即组织抢险。

5.3　主要应急响应措施

5.3.1　长江洪水

详见(4.4.1)长江洪水防御方案

5.3.2　堤防决口、水闸垮塌

（1）当出现堤防决口、水闸垮塌前期征兆时,当地防汛指挥机构要立即启动抢险预案,迅速调集人力、物力全力组织抢险,尽可能控制险情,同时立即向当地政府和上级防指报告,向下游可能受灾区域的当地政府预警。

（2）工程出险地点的下游地区政府或防汛指挥机构应迅速组织转移淹没区或洪水风险区内群众,控制洪水影响范围或减缓洪水推进速度。

（3）当堤防决口、水闸垮塌,启动堵口抢护预案,充实现场抢险领导力量,设立技术专家组、施工组、物资器材组、后勤保障组、转移安置组等,迅速实施堵口抢护。

5.3.3　山洪灾害

（1）加强领导。县区要建立健全山洪灾害防御工作指挥机构。各部门在政府统一领导下,履行各自职责,密切配合,协同做好山洪灾害的防御工作。

（2）务实调查。各级国土部门对山洪灾害易发区内的社会经济、自然地理、气象水文、历年洪灾、现有防御体系、灾害隐患点等情况进行全面的调查摸底。

（3）科学论证,编制预案。县区防汛指挥部门在实际调查的基础上,从气象、水文、地质、生态环境等多种因素对区域山洪灾害的成因、特点及发展趋势进行科学的论证。在充分掌握第一手资料的基础上,精心编写区域山洪灾害防御预案,绘制区域内山洪灾害风险图,划分并确定区域内"三区"地点、范围,制定安全转移方案,明确组织机构的设置及职责,并制订防御防治的工程和非工程措施规划,逐步实施。

（4）落实各项制度。一是落实值班制度。山洪灾害易发区每年4～9月份要坚持24小时值班制。二是落实预警信号制度。每个村(社区)、组、院落都要确定1～2名信号发送人。信号一般为预先设定的如口哨、打锣、放铳或警报器等。三是各级防指要落实应急资金和物资器材。四是落实避灾演习。县区防指每年在重点防范区组织群众进行一次避灾演习活动,提高群众的防范意识。

（5）加大宣传力度。为进一步提高山区群众对山洪灾害的认识,强化躲灾、避灾意识,县区防指每年进行一次全方位、多层次、多形式的宣传发动,采取层层召开会议;出动宣传车,出标语、横幅、宣传栏;设立警示牌;编印发送山洪灾害防御手册等多种形式的宣传活动,使有关法律、法规、山洪灾害防御常识和对策做到家喻户晓。

(6)强化工程措施。水利部门要通过山洪灾害易发区内的工程措施规划,逐年实施工程措施。搞好水毁工程恢复,治理水土流失,加大对病险水库、山塘的处理力度,开展退耕还林还草工作,提高生态质量,有效预防水土流失,减轻山洪灾害损失。

(7)发现险情征兆时,县区防指要及时果断地按预定方案组织人员撤离或转移。

5.3.4　台风暴雨灾害

(1)市气象局要加强观测,及时发布台风的最新情况,密切关注台风动向。排涝泵站管理人员要坚持24小时值班,密切关注降雨情况,随时开机排涝。

(2)在台风来临之前,街道(镇)、村(社区)要督促居民固定好花盆、空调室外机、雨篷,建筑工地上的零星物品等,防止强风吹落高空物品,造成砸伤砸死事故。

(3)城建、市政、房管部门和街道(镇)、村(社区)要组织力量做好在建工程脚手架、户外广告、高空设施以及各类危房加固。停止高空及户外危险作业;停止各种露天集体活动和室内大型集会。居民不要随意外出,不要在危旧住房、工棚、临时建筑、脚手架、电线杆、树木、广告牌、铁塔等容易造成伤亡的地点避风避雨。

(4)台风携带的暴雨容易引发山体滑坡、泥石流等地质灾害,造成人员伤亡。山地灾害易发地区和已发生高强度大暴雨地区,要提高警惕,及时撤离。

(5)在长江和大湖水面上作业的船只要回港或就近避风。

(6)要迅速转移危房住户应;切断霓虹灯、广告牌的室外电源。中小学、幼儿园、托儿所可视情决定临时停课。

(7)当台风信号解除以后,要在撤离地区被宣布为安全以后才可以返回,并要遵守规定,不要涉足危险和未知的区域,在尚未得知是否安全时,不要随意使用煤气、自来水、电线线路等,并随时准备在危险发生时向有关部门呼救。

5.4　应急响应的组织工作

5.4.1　信息报送和处理

(1)信息内容。防汛抗洪信息主要包括:雨水情、汛情、工情、险情、灾情,水工程调度运用情况,参加防汛抗洪人力调集情况,防汛抗洪物资及资金投入情况,因洪涝灾害转移人口及安置等情况。

(2)信息报送。防汛抗洪信息实行归口管理,逐级上报。防汛抗洪信息的报送和处理应快速、准确、翔实,重要信息实行一事一报,因客观原因一时难以准确掌握的信息,应及时报告基本情况,同时抓紧了解核实,随后补报详情。

(3)信息处理。一般信息由防指办负责人审核签字后报出,重要和需要上级帮助、指导处理的信息,须经防指负责人审签。本级防汛抗洪的一般信息,报送本级防指办有关负责人处理;重要信息经本级防汛抗洪指挥机构负责人签批后,按领导批示分头办理,防指办负责督办。

(4)信息核查。凡本级或上级防汛抗洪指挥机构准备采用和发布的洪涝灾害、工程抢险等信息,由当地防汛抗旱指挥机构根据上级部署立即调查核实。

5.4.2　指挥和调度

(1)出现洪涝灾害后,事发地的防汛抗旱指挥机构应立即启动应急预案,并根据需要成立现场指挥部。在采取紧急措施的同时,向上一级防汛抗旱指挥机构报告。根据现场情况,及时收集、掌握相关信息,判明事件的性质和危害程度,并及时上报事态的发展变化情况。

（2）事发地的防汛抗旱指挥机构负责人应迅速上岗到位，分析事件的性质，预测事态发展趋势和可能造成的危害程度，并按规定的处置程序，组织指挥有关单位或部门按照职责分工，迅速采取处置措施，控制事态发展。

（3）发生重大洪涝灾害后，上一级防汛抗旱指挥机构应派出工作组赶赴现场指导工作，必要时成立前线指挥部。

（4）根据受灾程度和影响范围，市委、市政府适时派工作组（包括专家组）赴灾区慰问、指导工作；或委托市防指及其他有关部门向灾区派工作组协助指导工作，并表示慰问。

5.4.3　群众转移和安全

（1）人员转移的原则

人员转移以集体、有组织转移为主。遵循先人员后财产、先老弱病残人员后一般人员、先转移危险区人员后转移警戒区人员、信号发布责任人和转移组织者最后撤离的原则。信号发送和转移责任人有权对不服从转移命令的人员采取强制转移措施。转移安置好的人员应在危险解除后方可返回。

（2）转移地点、路线的确定

转移地点、路线的确定遵循就近、安全的原则。各乡（镇、办事处）、村（居委会）汛前拟定好转移路线、安置地点，汛期必须经常检查转移路线、安置地点是否出现异常，如有异常应及时修补或改变线路。

（3）安置方式

按通常的做法，应根据不同受灾点急需安置的人数分别采取不同的方式进行安置：人数少时，可采取投亲靠友或对户挂靠的方式分散安置，使灾民迅速安定下来；人数较多的地方，有条件的可以利用村部、学校等公用房屋，没有条件的则搭建临时帐篷，以本村为主进行集中安置、统一管理。

人员转移安置后，各级政府的民政、医疗部门要着手解决吃、住、穿、医等问题；对伤、病员要及时就近转送医院救治。

5.4.4　抢险与救灾

（1）出现洪涝灾害或防洪工程发生重大险情后，事发地的防汛抗旱指挥机构应根据事件的性质，迅速对事件进行监控、追踪，并立即与相关部门联系。

（2）事发地的防汛抗旱指挥机构应根据事件具体情况，按照预案立即提出紧急处置措施，供当地政府或上一级相关部门指挥决策。

（3）事发地防汛抗旱指挥机构应迅速调集本部门的资源和力量，提供技术支持；组织当地有关部门和人员，迅速开展现场处置或救援工作。干流堤防决口的堵复应按照事先制定的抢险预案进行，并由防汛机动抢险队或抗洪抢险专业部队等实施。

（4）处置洪涝灾害和工程重大险情时，应按照职能分工，由防汛抗旱指挥机构统一指挥，各单位或各部门应各司其职，团结协作，快速反应，高效处置，最大限度地减少损失。

5.4.5　安全防护和医疗救护

（1）各级人民政府和防汛抗旱指挥机构应高度重视应急人员的安全，调集和储备必要的防护器材、消毒药品、备用电源和抢救伤员必备的器械等，以备随时应用。

（2）抢险人员进入和撤离现场由防汛抗旱指挥机构视情况作出决定。抢险人员进入受威胁的现场前，应采取防护措施以保证自身安全。参加一线抗洪抢险的人员，必须穿救生衣。当现场受到污染时,应按要求为抢险人员配备防护设施,撤离时应进行消毒、去污处理。

(3)出现洪涝灾害后,事发地防汛抗旱指挥机构应及时做好群众的救援、转移和疏散工作。

(4)事发地防汛抗旱指挥机构应按照当地政府和上级领导机构的指令,及时发布通告,防止人、畜进入危险区域或饮用被污染的水源。

(5)对转移的群众,由当地人民政府负责提供紧急避难场所,妥善安置灾区群众,保证基本生活。

(6)出现水旱灾害后,事发地人民政府和防汛抗旱指挥机构应组织卫生部门加强受影响地区的疾病和突发公共卫生事件监测、报告工作,落实各项防病措施,并派出医疗小分队,对受伤的人员进行紧急救护。必要时,事发地政府可紧急动员当地医疗机构在现场设立紧急救护所。

5.4.6　社会力量动员和参与

(1)出现洪涝灾害后,事发地的防汛抗旱指挥机构可根据事件的性质和危害程度,报经当地政府批准,对重点地区和重点部位实施紧急控制,防止事态及其危害的进一步扩大。

(2)必要时可通过当地人民政府广泛调动社会力量积极参与应急突发事件的处置,紧急情况下可依法征用、调用车辆、物资、人员等,全力投入抗洪抢险。

5.5　应急响应结束

(1)江河水位落至设防水位以下、险情得到有效控制,并预报无较大汛情时,市防汛抗旱指挥机构可按规定的权限宣布解除紧急防汛期。

(2)依照有关紧急防汛期规定征用、调用的物资、设备、交通运输工具等,在汛期结束后应及时归还或按有关规定给予适当补偿。

(3)紧急处置工作结束后,事发地防汛抗旱指挥机构应协助当地政府进一步恢复正常生活、生产、工作秩序,修复水毁基础设施,尽可能减少突发事件带来的损失和影响。

6　应急保障

6.1　通信与信息保障

(1)任何通信运营部门都有依法保障防汛抗旱信息畅通的责任。

(2)出现突发事件后,通信部门应启动应急通信保障预案,迅速调集力量抢修损坏的通信设施,努力保证防汛抗旱通信畅通。必要时,调度应急通信设备,为防汛通信和现场指挥提供通信保障。

(3)在紧急情况下,应充分利用公共广播和电视等媒体以及手机短信等手段发布信息,通知群众快速撤离,确保人民生命的安全。

6.2　抢险与救援保障

(1)对历史上的重点险工险段或易出险的水利工程设施,应提前编制工程应急抢险预案,以备紧急情况下因险施策;当出现新的险情后,应派水利工程技术人员赶赴现场,研究优化除险方案,并由防汛行政首长负责组织实施。

(2)防汛抗旱指挥机构和防洪工程管理单位以及受洪水威胁的其他单位,储备的常规抢险机械、设备物资和救生器材,应能满足抢险急需。

(3)任何单位和个人都有依法参加防汛抗洪的义务。解放军、武警部队和民兵是抗洪抢险的重要力量。防汛抢险队伍分为:群众抢险队伍、非专业部队抢险队伍和专业抢险队伍。

6.3 供电与运输保障

(1)供电部门负责城市区抗洪抢险、抢排渍涝、抗洪救灾等方面的供电需要和应急救援现场的临时供电。

(2)交通运输部门负责优先保证防汛抢险人员、防汛抗旱救灾物资运输;危险区安全转移时,负责群众安全转移所需地方车辆、船舶的调配;负责大洪水时河道航行和渡口的安全;负责大洪水时用于抢险、救灾车辆、船舶的及时调配。

6.4 治安与医疗保障

(1)公安部门主要负责做好洪涝灾区的治安管理工作,依法严厉打击破坏抗洪抢险救灾行动和工程设施安全的行为,保证抗灾救灾工作的顺利进行;负责组织搞好防汛抢险、群众转移、分洪爆破时的戒严、警卫工作,维护灾区的社会治安秩序。

(2)医疗卫生防疫部门主要负责洪涝灾区疾病防治的业务技术指导;组织医疗卫生队赴灾区巡医问诊,负责灾区防疫消毒、抢救伤员等工作。

6.5 物资与资金保障

6.5.1 物资储备和调拨(略)

(1)物资储备

(2)物资调拨

6.5.2 资金保障

(1)各级财政预算每年要安排防汛抗旱经费,用于辖区内防汛物资储备、水利设施运行与维护、水利工程应急除险、抗旱应急水源工程、防汛抢险和卫生防疫。因汛情、旱情需要,可动用市长、县长预备费和其他资金。争取中央财政和省级财政的特大防汛抗旱补助费支持。

(2)按照有关规定,可以在防洪保护区范围内依法征收河道工程修建维护管理费。征收河道工程修建维护管理费应足额用于城市防洪工程建设。

(3)按照有关规定,每年从城市建设维护费中拿出15%用于城市防洪工程建设。

6.6 社会动员保障

(1)防汛抗旱是社会公益性事业,任何单位和个人都有保护水利工程设施和参加防汛抗洪的责任。

(2)汛期,各级防汛抗旱指挥机构应根据洪涝灾害的发展,做好动员工作,组织社会力量投入防汛抗旱。

(3)各级防汛抗旱指挥机构的组成部门,在严重水旱灾害期间,应按照分工,特事特办,急事急办,解决防汛抗洪的实际问题,同时充分调动本系统的力量,全力支持抗灾救灾和灾后重建工作。

(4)各级人民政府应加强对防汛抗洪工作的统一领导,组织有关部门和单位,动员全社会的力量,做好城市防汛抗洪工作。在城市防汛抗洪的关键时刻,各级防汛抗旱行政首长应靠前指挥,组织广大干部群众奋力抗灾减灾。

(5)各级防汛抗旱指挥机构应建立专家库,当发生水旱灾害时,由防汛抗旱指挥机构统一调度,派出专家组,指导城市防洪工作。

6.7 宣传、培训和演习

6.7.1 宣传

(1)汛情、工情、灾情及防汛抗旱工作等方面的公众信息交流,实行分级负责制,一般公众信息可通过媒体向社会发布。

(2)当主要江河发生超警戒水位以上洪水,呈上涨趋势;山区发生暴雨山洪,造成较为严重影响;按分管权限,由本地区的防汛抗旱指挥部统一发布汛情通报,以引起社会公众关注,参与防汛抗旱救灾工作。

6.7.2 培训

(1)采取分级负责的原则,由各级防汛抗旱指挥机构统一组织培训。

(2)培训工作应做到合理规范课程、考核严格、分类指导,保证培训工作质量。

(3)培训工作应结合实际,采取多种组织形式,定期与不定期相结合,每年汛前至少组织一次培训。

6.7.3 演习

(1)各级防汛抗旱指挥机构应定期举行不同类型的应急演习,以检验、改善和强化应急准备和应急响应能力。

(2)专业抢险队伍必须针对当地易发生的各类险情有针对性地每年进行抗洪抢险演习。

7. 后期处置

发生水旱灾害的地方人民政府应组织有关部门做好灾区生活供给、卫生防疫、救灾物资供应、治安管理、学校复课、水毁修复、恢复生产和重建家园等善后工作。

7.1 灾后救助

(1)民政部门负责受灾群众生活救助。应及时调配救灾款物,组织安置受灾群众,作好受灾群众临时生活安排,负责受灾群众倒塌房屋的恢复重建,保证灾民有粮吃、有衣穿、有房住,切实解决受灾群众的基本生活问题。

(2)卫生部门负责调配医务技术力量,抢救因灾伤病人员,对污染源进行消毒处理,对灾区重大疫情、病情实施紧急处理,防止疫病的传播、蔓延。

(3)当地政府应组织对可能造成环境污染的污染物进行清除。

7.2 抢险物资补充

针对当年防汛抢险物料消耗情况,按照分级筹措和常规防汛的要求,及时补充到位。

7.3 水毁工程修复

(1)对影响当年防洪安全的水毁工程,应尽快修复。防洪工程应力争在下次洪水到来之前,做到恢复主体功能;抗旱水源工程应尽快恢复功能。

(2)遭到毁坏的交通、电力、通信、水文以及防汛专用通信设施,应尽快组织修复,恢复功能。

(3)各级财政要安排一定的资金用于水毁工程修复。

7.4 灾后重建

各相关部门应尽快组织灾后重建工作。灾后重建原则上按原标准恢复,在条件允许情况下,可提高标准重建。

7.5 保险与补偿

中国保险××市分公司负责洪涝旱灾发生后的灾后保险理赔监督工作。

7.6 调查与总结

每年汛后有关部门应组织专家开展调查研究,针对城市防汛抗洪工作的各个方面和环节进行定性和定量的总结、分析、评估。引进外部评价机制,征求社会各界和群众对城市防汛抗洪工作的意见和建议,总结经验,找出问题,从防洪工程的规划、设计、运行、管理以及防汛抗洪工作的各个方面提出改进建议,以进一步做好城市防汛抗洪工作

8 附则

8.1 名词术语定义

(1)洪水风险图:是融合地理、社会经济信息、洪水特征信息,通过资料调查、洪水计算和成果整理,以地图形式直观反映某一地区发生洪水后可能淹没的范围和水深,用以分析和预评估不同量级洪水可能造成的风险和危害的工具。

(2)防御洪水方案:是有防汛抗洪任务的县级以上地方人民政府根据流域综合规划、防洪工程实际状况和国家规定的防洪标准,制订的防御江河洪水(包括对特大洪水)、山洪灾害(山洪、泥石流、滑坡等)、台风暴潮灾害等方案的统称。

(3)一般洪水:洪峰流量或洪量的重现期5~10年一遇的洪水。

(4)较大洪水:洪峰流量或洪量的重现期10~20年一遇的洪水。

(5)大洪水:洪峰流量或洪量的重现期20~50年一遇的洪水。

(6)特大洪水:洪峰流量或洪量的重现期大于50年一遇的洪水。

(7)紧急防汛期:根据《中华人民共和国防洪法》规定,当江河、湖泊的水情接近保证水位或者安全流量,水库水位接近设计洪水位,或者防洪工程设施发生重大险情时,有关县级以上人民政府防汛指挥机构可以宣布进入紧急防汛期。

(8)特大型山洪灾害险情和灾情:受灾害威胁,需搬迁转移人数在1000人以上或潜在可能造成的经济损失1亿元以上的山洪灾害险情为特大型山洪灾害险情。因灾死亡30人以上或因灾造成直接经济损失1000万元以上的山洪灾害灾情为特大型山洪灾害灾情。

(9)大型山洪灾害险情和灾情:受灾害威胁,需搬迁转移人数在500人以上、1000人以下,或潜在经济损失5000万元以上、1000万元以下的山洪灾害险情为大型山洪灾害险情。因灾死亡10人以上、30人以下,或因灾造成直接经济损失500万元以上、1000万元以下的山洪灾害灾情为大型山洪灾害灾情。

(10)中型山洪灾害险情和灾情:受灾害威胁,需搬迁转移人数在100人以上、500人以下,或潜在经济损失500万元以上、5000万元以下的山洪灾害险情为中型山洪灾害险情。因灾死亡3人以上、10人以下,或因灾造成直接经济损失100万元以上、500万元以下的山洪灾害灾情为中型山洪灾害灾情。

(11)小型山洪灾害险情和灾情:受灾害威胁,需搬迁转移人数在100人以下,或潜在经济损失500万元以下的山洪灾害险情为小型山洪灾害险情。因灾死亡3人以下,或因灾造成直接经济损失100万元以下的山洪灾害灾情为小型山洪灾害灾情。

(12)本预案有关数量的表述中,"以上"含本数,"以下"不含本数。

8.2 预案管理与更新

本预案由市防汛指挥部办公室负责管理,并负责组织对预案进行评估。每年对本预案修订一次。各级防汛抗旱指挥机构(包括有关部门)根据本预案制订相关防汛抗旱应急预案。

8.3 奖励与责任追究

对防汛抢险工作作出突出贡献的劳动模范、先进集体和个人,由市人事局和市防汛抗旱指挥部联合表彰;对防汛抢险工作中英勇献身的人员,按有关规定追认为烈士;对防汛抗旱

工作中玩忽职守造成损失的,依据《中华人民共和国防洪法》、《中华人民共和国防汛条例》、《公务员管理条例》追究当事人的责任,并予以处罚,构成犯罪的,依法追究其刑事责任。

8.4　预案解释部门

本预案由市防指办会同市政府办公室负责解释。

8.5　预案实施时间

本预案自印发之日起实施。

复习思考题:

1. 我国防汛组织机构有哪些部门? 各部门的工作职责主要有哪些?

2. 我国防汛责任体系的内容是什么?

3. 行政首长负责制的防汛工作职责有哪些? 与各部门的防汛工作职责主要有哪些不同?

4. 防汛抢险应急预案的编制包括哪些基本内容?

项目六　险情抢护技术

学习目标：

1. 了解巡堤查险任务、方法及内容和有关规定；掌握汛前对堤防、土坝、穿堤建筑物险情的观察内容和检查方法；
2. 了解堤防土坝常见的几种险情；
3. 掌握堤防漫溢的原因及修筑子堤的施工要求；
4. 掌握堤坝散浸险情的原因和抢护原则；
5. 理解管涌和流土的区别，掌握管涌产生的原因和抢护的原则、方法；
6. 掌握漏洞的抢护原则、方法和具体要求，抢护漏洞险情应注意事项；
7. 了解土质堤坝土体裂缝产生的原因及处理方法；
8. 掌握背水滑坡产生的原因和抢护原则、方法，了解临水崩塌的几种情形；
9. 了解跌窝（陷坑）险情产生的原因和抢护原则、方法；
10. 了解风浪险情产生的两个基本原因和抢护原则；
11. 掌握穿堤建筑物（水闸等）发生整体滑动的原因和抢护方法；
12. 了解建筑物上、下游出现险情的原因和抢护方法；
13. 了解闸门可能出现险情的三种情况；
14. 了解土工织物在防汛抢险中的应用。

难点重点：

1. 堤防巡查的几项规定，掌握"五时"、"四勤"、"三清"、"三快"的具体要求；
2. 堤防九种险情产生的原因、抢护原则、方法和具体要求；
3. 水库、穿堤建筑物（水闸等）常见的险情及抢护方法。

一、堤防险情抢护技术

1. 巡堤查险方法

汛前对堤防工程应进行全面检查，汛期更要加强巡堤查险工作。检查的重点是险情调查资料中所反映出来的险工、险段。巡查要做到两个结合，即"徒步拉网式"的工程普查与对险工险段、水毁工程修复情况的重点巡查相结合；定时检查与不定时巡查相结合。同时做到三加强三统一，即加强责任心，统一领导，任务落实到人；加强技术指导，统一填写检查记录的格式，如记述出现险情的时间、地点、类别，绘制草图，同时记录水位和天气情况等有关资料，必要时应进行测图、摄影和录像，甚至立即采取应急措施，并同时报上一级防汛指挥部；加强抢险意识，做到眼勤、手勤、耳勤、脚勤和发现险情快、抢护处理快、险情报告快，统一巡查范围、内容和报警方法。巡查范围包括堤身、堤（河）岸；堤背水坡脚 200 m 以内水塘、洼地、房屋、水井以及与堤防相接的各种交叉建筑物。检查的内容包括裂缝、滑坡、跌窝、洞穴、渗水、塌岸、管涌（泡泉）、漏洞等。

（1）巡堤查险任务与方法。江河防汛除工程和防汛料物等物质基础外，还必须有坚强的指挥机构和精干的防汛队伍。巡堤查险是防汛队伍上堤防守的主要任务。

1)巡查任务。要战胜洪水,保证堤防坝垛安全,首先必须做好巡堤查险工作,组织精干队伍,认真进行巡查,及时发现险情,迅速处理,防微杜渐。

① 堤防上,一般500~1000 m设有一座防汛屋,通常以一个乡为一个责任段(连、队),以村为基层防守单位,设立防守点。每个点根据设防堤段具体情况组织适当数量的基干班(组),每班(组)12人,设正副班长各1人。班(组)一般以防汛屋(或临时搭建的棚屋)为巡查联络地点。作为防守的主力,防汛基干队成员在自己的责任段内,要切实了解堤防、险工现状,并随时掌握工情、水情、河势的变化情况,做到心中有数,以便预筹抢护措施。

② 防汛队伍上堤防守期间,要严格按照巡堤查水和抢险技术各项规定进行巡堤查险,发现问题,及时判明情况,采取恰当处理措施,遇有较大险情,应及时向上级报告。

③ 防汛队伍上堤防守期间,要及时平整堤顶,填垫水沟浪窝,捕捉害堤动物,检查处理堤防隐患,清除高秆杂草、蒺藜棵。在背河堤脚、背河堤坡及临河水位以上0.5 m处,整修查水小道,临河查水小道应随着水位的上升不断整修。要维护工程设施的完整,如护树草、护电线、护料物、护测量标志等。

④ 发现可疑险象,应专人专职做好险象观测工作。

⑤ 提高警惕,防止一切破坏活动,保卫工程安全。

2)巡查方法。洪水偎堤后,各防守点按基干班(组)分头巡查,昼夜不息。根据不同的情况,其巡查范围主要分临河、背河堤坡及背河堤脚外50~100 m范围内的地面,对有积水坑塘或堤基情况复杂的堤段,还需扩大巡查范围。巡查人员还要随身携带探水杆、草捆、土工布、铁锹、手灯等工具。具体巡查方法是:

① 各防汛指挥机构汛前要对所辖河段内防洪工程进行全面检查,掌握工程情况,划分防守责任堤段,并实地标立界桩,根据洪水预报情况,组织基干班巡堤查险。

② 基干班上堤后,先清除责任段内妨碍巡堤查险的障碍物,以免妨碍视线和影响巡查,并在临河堤坡及背河堤脚平整出查水小道,随着水位的上涨,及时平整出新的查水小道。

③ 巡查临河时,一人背草捆在临河堤肩走,一人(或数人)拿铁锹走堤坡,一人手持探水杆顺水边走。沿水边走的人要不断用探水杆探摸和观察水面起伏情况,分析有无险情,另外2人注意察看水面有无漩涡等异常现象,并观察堤坡有无裂缝、塌陷、滑坡、洞穴等险情发生。在风大溜急、顺堤行洪或水位骤降时,要特别注意堤坡有无坍塌现象。

④ 巡查背河时,一人走背河堤肩,一人(数人)走堤坡,一人走堤脚。观察堤坡及堤脚附近有无渗水、管涌、裂缝、滑坡、漏洞等险情。

⑤ 对背河堤脚外50~100 m范围以内的地面及坑塘、沟渠,应组织专门小组进行巡查。检查有无管涌、翻沙、渗水等现象,并注意观测其发展变化情况。对淤背或修后戗的堤段,也要组织一定力量进行巡查。

⑥ 发现堤防险情后,应指定专人定点观测或适当增加巡查次数,及时采取处理措施,并向上级报告。

⑦ 每班(组)巡查堤段长一般不超过1 km,可以去时巡查临河面,返回时巡查背河面。相邻责任段的巡查小组巡查到交界处接头的地方,必须互越10~20 m,以免疏漏。

⑧ 巡查间隔时间,根据不同情况定位10~60 min。巡查组次,一般有如下规定:当水情不太严重时,可由一个小组临、背河巡回检查,以免漏查;水情紧张或严重时,两组同时一临一背交互巡查,并适当增加巡查次数,必要时应固定人员进行观察;水情特别严重或降暴雨

时,应缩短巡堤查水间隔时间,酌情增加组次及每小组巡查人数。各小组巡查时间的间隔应基本相等,特殊情况下,要固定专人不间断巡查。这时责任段的各级干部也要安排轮流值班参加查险。

⑨ 巡查时要成横排走,不要成单线走,走堤肩、堤坡和走水边堤脚的人齐头并进拉网式检查,以便彼此联系。

(2)巡查工作要求、范围及内容。汛期堤坝及建筑物险情的发生和发展,都有一个从无到有,由小到大的变化过程,只要发现及时,抢护措施得当,即可将其消灭在初期,及时地化险为夷。巡视检查则是防汛抢险中一项极为重要的工作,切不可掉以轻心,疏忽大意。具体要求是:

1)巡视检查人员必须挑选熟悉堤坝情况,责任心强,有防汛抢险经验的人担任,编好班组,力求固定,全汛期不变。

2)巡视检查工作要做到统一领导,分段分项负责。要确定检查内容、路线及检查时间(次数),把任务分解到班组,落实到人。

3)汛期当发生暴雨、台风、地震、水位骤升骤降及持续高水位或发现堤坝有异常现象时,应增加巡视检查次数,必要时应对可能出现重大险情的部位实行昼夜连续监视。

4)巡视检查人员要按照要求填写检查记录(表格应统一规定)。发现异常情况时,应详细记述时间、部位、险情和绘出草图,同时记录水位和气象等有关资料,必要时应测图、摄影或录像,并及时采取应急措施,上报主管部门。

5)出现险情后,应按约定的信号报警。比如,利用广播电视、移动电话、对讲机、报警器报警时,警示信号可现场约定;当没有条件采用现代设备进行报警时,可因地制宜地采用口哨、锣鼓,甚至鸣枪报警,信号应事先约定;出险和抢险的地点,要做出显著的标志,如红旗、红灯等;无论用何种报警器具和方法,都要有严密的组织和纪律,并广而告之,使之家喻户晓。

检查人员必须注意"五时",做到"四勤"、"三清"、"三快"。

"五时":①黎明时(人员疲乏);②吃饭时(思想最松动);③换班时(检查容易间断);④黑夜时(看不清容易忽视);⑤狂风暴雨交加时(出险不易判断)。这些时候最容易疏忽忙乱,注意力不集中,容易遗漏险情。特别是对已处理的险情和隐患,还要注意检查,必须提高警惕。

"四勤":眼勤、手勤、耳勤、脚勤。

"三清":险情查清、信号记清、报告说清。

"三快":发现险情快、处理快、报告快。

做到了以上几点,才能及时做到发现险情,分析原因,小险迅速处理,防止发展扩大,重大险情,应立即报告,尽快处理,避免溃决失事,造成严重灾害。

检查范围及内容为:

1)检查堤顶、堤坡、堤脚有无裂缝、坍塌、滑坡、陷坑、浪坎等险情发生;

2)堤顶背水坡脚附近或较远处积水潭坑、洼地渊塘、排灌渠道、房屋建筑物内外容易出险又容易被人忽视的地方有无管涌(泡泉、翻沙鼓水)现象;

3)迎水坡砌护工程有无裂缝损坏和崩塌,退水时临水边坡有无裂缝、滑塌,特别是沿堤闸涵有无裂缝、位移、滑动、闸孔或基础漏水现象,运用是否正常等。巡视力量按堤段闸涵险夷情况配备;对重点险工险段,包括原有和近期发现并已处理的,尤应加强巡视。要求做到全线巡视,重点加强。

　　2. 堤防常见险情抢护

　　堤防常见险情一般可分为:漫溢、渗水(散浸)、管涌(泡泉,翻沙鼓水)、漏洞、滑坡、跌窝、裂缝、风浪、崩岸、决口等。

　　(1)漫溢。

　　1)漫溢的定义。土堤不允许洪水漫顶过水,但当遭遇超标准洪水等原因时,就会造成堤防漫溢过水,形成溃决大险。

　　2)漫溢产生的主要原因。

　　① 实际发生的洪水超过了河道的设计标准。设计标准一般是准确而具权威性的,但也可能因为水文资料不够,代表性不足或由于认识上的原因,使设计标准定得偏低,形成漫溢的可能。这种超标准洪水的发生属非常情况。

　　② 堤防本身未达到设计标准。这可能是投入不足,堤顶未达设计高程,也可能因地基软弱,夯填不实,沉陷过大,使堤顶高程低于设计值。

　　③ 河道严重淤积、过洪断面减小并对上游产生顶托,使淤积河段及其上游河段洪水位升高。

　　④ 因河道上人为建筑物阻水或盲目围垦,减少了过洪断面,河滩种植增加了糙率,影响了泄洪能力,洪水位增高。

　　⑤ 防浪墙高度不足,波浪翻越堤顶。

　　⑥ 河势的变化、潮汐顶托以及地震引起水位增高。

　　3)漫溢险情的预测。对已达防洪标准的堤防,当水位已接近或超过设计水位时以及对尚未达到防洪标准的堤防,当水位已接近堤顶,仅留有安全超高富余时,应运用一切手段,适时收集水文、气象信息,进行水文预报和气象预报,分析判断更大洪水到来的可能性以及水位可能上涨的程度。为防止洪水可能的漫溢溃决,应根据准确的预报和河道的实际情况,在更大洪峰到来之前抓紧时机,尽全力在堤顶临水侧部位抢筑子堰。

　　一般根据上游水文站的水文预报,通过洪水演进计算的洪水位准确度较高。没有水文站的流域,可通过上游雨量站网的降雨资料,进行产汇流计算和洪水演进计算,作洪峰和汇流时间的预报。目前气象预报已具有了相当高的准确程度,能够估计洪水发展的趋势,从宏观上提供加筑子堰的决策依据。

　　大江大河平原地区行洪需历经一定时段,这为决策和抢筑子堰提供了宝贵的时间,而山区性河流汇流时间就短得多,抢护更为困难。

　　4)漫溢险情的抢护方法。通过对气象、水情、河道堤防的综合分析,对有可能发生漫溢的堤段,其抢护的有效措施是:抓紧洪水到来之前的宝贵时间,在堤顶上加筑子捻。首先要因地制宜,迅速明确抢筑子堰捻的形式、取土地点以及施工路线等,组织人力、物料、机具,全线不留缺口,完成子熄的抢筑,并加强工程检查监督,确保保堰的施工质量,使其能承受水压,抵御洪水的浸泡和冲刷。堰顶高要超出预测推算的最高洪水位,做到子堰不过水,但从堤身稳定考虑,子堰也不宜过高。各种子堰的外脚一般都应距大堤外肩 0.5～1.0 m。抢筑各种子地前应彻底清除地基的草皮、杂物,将表层刨毛,以利新老土层结合,并在堰轴线开挖一条结合槽,深 20 cm 左右,底宽 30 cm 左右。子堰的形式大约有以下几种,可根据实际情况确定。

① 粘性土堰。现场附近拥有可供选用含水量适当的粘性土,可筑均质粘土堰,不得用沼泽腐殖土或沙土填筑,要分层夯实,堰顶宽 0.6~1.0 m,边坡不应陡于 1:1,子堰水面可用编织布防护抗冲刷,编织布下端压在堰基下。当情况紧急,来不及从远处取土时,堤顶较宽的可就近在背水侧堤肩的浸润线以上部分堤身借土筑堰,如图 6-1 所示。这是不得已而为之,当条件许可时应抓紧修复。

② 袋装土堰。这是抗洪抢险中最为常用的形式,土袋临水可起防冲作用,广泛采用的是土工编织袋,麻袋和草袋亦可,汛期抢险应确保充足的袋料储备。此法便于近距离装袋和输送。为确保子堰的稳定,袋内不得装填粉细沙和稀软土,因为它们的颗粒容易被风浪冲刷吸出,宜用粘性土、砾质土装袋。装袋 7~8 成,最好不要用绳索扎口,可用尼龙线缝合袋口,使土袋砌筑服帖,袋口朝背水面,排列紧密,错开袋缝,上下袋应前后交错,上袋退后,成 1:0.3~1:0.5 的坡度。不足 1 m 高的子堰临水面叠铺一排(或一丁一顺),较高于捻底层可酌情加宽为两排以上。土袋内侧缝隙可在铺砌时分层用沙土填密实,外露缝隙用稻草、麦秸等塞严,以免袋后土料被风浪抽吸出来。土袋的背水面修土戗,应随土袋逐层加高而分层铺土夯实,如图 6-2 所示。

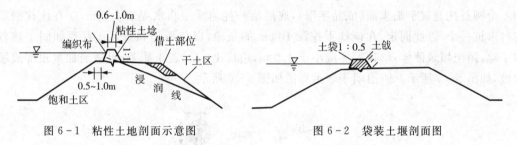

图 6-1 粘性土地剖面示意图　　　　　　图 6-2 袋装土堰剖面图

③ 桩柳(桩板)土堰。当抢护堤段缺乏土袋,土质较差,可就地取材修筑桩柳(桩板)土堰。将梢径 6~10 cm 的木桩打入堤顶,深度为桩长的 1/3~1/2,桩长根据堰高而定,桩距 0.5~1.0 m,起直立和固定柳把(木板或门板)的作用。柳把是用柳枝或芦苇、秸料等捆成,长 2~3 m,直径 20 cm 左右,用铅丝或麻绳绑扎于桩后(亦可用散柳厢修),自下面上紧靠木桩逐层叠捆。应先在堤面抽挖 10 cm 的槽沟,使第一层柳把置入沟内。柳把起防风浪冲刷和挡土作用,在柳把后面散置一层厚约 20 cm 的秸料,在其后分层铺土夯实(要求同粘性土捻)作成土戗。也可用木板(门板)、秸箔等代替柳把。

临水面单排桩柳(桩板)捻,顶宽 1.0 m,背水坡 1:1,如图 6-3 所示。当抢护堤段堤顶较窄时,可用双排桩柳或壮板的子捻,里外两排桩的净桩距:桩柳取 1.5 m,桩板取 1.1 m。

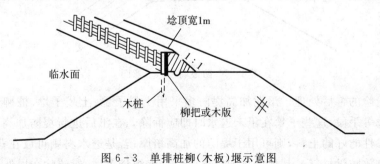

图 6-3 单排桩柳(木板)堰示意图

对应两排桩的桩顶用 18～20 号铅丝拉紧或用木杆连接牢固。两排桩内侧分别绑上柳把或散柳、木板等,中间分层填土并夯实,与堤结合部同样要开挖轴线结合槽,如图 6-4 所示。

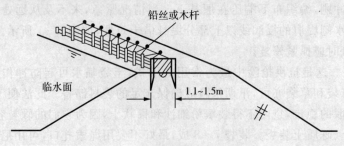

图 6-4 双排桩柳(木板)堰示意图

④ 柳石(土)枕埝。对取土特别困难而当地柳源丰富的抢护堤段,可抢筑柳石(土)枕埝。用 16 号铅丝扎制直径 0.15 m、长 10 m 的柳把,铅丝扎捆间距 0.3 m,由若干条这样的柳把,围包裹作为枕芯的石块(或土),用 12 号铅丝间距 1 m 扎成直径 0.5 m 的圆柱状柳枕。若子埝高 0.5 m,只需 1 个柳石枕置于临水面即可,若子埝是 1.0 m 和 1.5 m 高,则应需 3 个和 6 个柳石枕叠置于临水面(成品字形),底层第一枕前缘距临水堤肩 1.0 m,应在该枕两端各打木桩一个,以此固定,在该枕下挖深 10 cm 的条槽,以免滑动和渗水。枕后如同上述各种子埝,用土填筑戗体,埝顶宽不应小于 1.0 m,边坡 1:1。若土质差,可适当加宽顶部放缓边坡,如图 6-5 所示。防浪墙子堰示意图如图 6-6 所示。

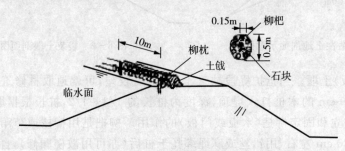

图 6-5 柳石(土)枕堰示意图

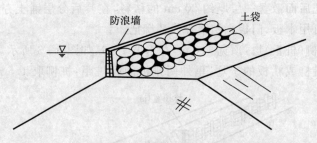

图 6-6 防浪墙子堰示意图

5)漫溢抢险的善后处理。汛期加高堤防多采用土料子埝、土袋子埝、桩柳(桩板)子埝、柳石(土)子埝等手段,这些子埝在汛末退水时即应拆除。在汛后进行堤防加高培厚时,若子埝用料是防渗性能好的土料,则可用于堤防的加高培厚;若是透水料则可放在背水坡用作压浸台或留作堆放防汛材料。其他杂物如树木、杂草、编织袋等,均应清除在堤外。

（2）渗水。

1）渗水的定义。高水位下浸润线抬高，背水坡出逸点高出地面，引起土体湿润或发软，有水逸出的现象，称为渗水，也叫散浸或洇水，是堤防较常见的险情之一。当浸润线抬高过多，出逸点偏高时，若无反滤保护，就可能发展为冲刷、滑坡、流土，甚至陷坑等险情。

2）渗水险情产生的原因。堤防产生渗水的主要原因有：

① 超警戒水位持续时间长；

② 堤防断面尺寸不足；

③ 堤身填土含沙量大，临水坡又无防渗斜墙或其他有效控制渗流的工程措施；

④ 由于历史原因，堤防多为民工挑土而筑，填土质量差，没有正规的碾压，有的填筑时含有冻土、团块和其他杂物，夯实不够等；

⑤ 堤防的历年培修，使堤内有明显的新老接合面存在；

⑥ 堤身隐患，如蚁穴、蛇洞、暗沟、易腐烂物、树根等。

3）渗水险情的判别。渗水险情的严重程度可以从渗水量、出逸点高度和渗水的浑浊情况等三个方面加以判别，目前常从以下几方面区分险情的严重程度：

① 堤背水坡严重渗水或渗水已开始冲刷堤坡，使渗水变浑浊，有发生流土的可能，证明险情正在恶化，必须及时进行处理，防止险情的进一步扩大。

② 渗水是清水，但如果出逸点较高（粘性土堤防不能高于堤坡的 1/3，而对于沙性土堤防，一般不允许堤身渗水），易产生堤背水坡滑坡、漏洞及陷坑等险情，也要及时处理。

③ 因堤防浸水时间长，在堤背水坡出现渗水。渗水出逸点位于堤脚附近，为少量清水，经观察并无发展，同时水情预报水位不再上涨或上涨不大时，可加强观察，注意险情的变化，暂不处理。

④ 其他原因引起的渗水。通常与险情无关，如堤背水坡江水位以上出现渗水，系由雨水、积水排出造成。

应当指出的是，许多渗水的恶化都与雨水的作用关系甚密，特别是填土不密实的堤段。在降雨过程中应密切注意渗水的发展，该类渗水易引起堤身凹陷，从而使一般渗水险情转化为重大险情。

4）堤身渗水的抢护原则。渗水的抢护原则应是"前堵后排"。"前堵"即在堤临水侧用透水性小的粘性土料做外帮防渗，也可用篷布、土工膜隔渗，从而减少水体入渗到堤内，达到降低堤内浸润线的目的；"后排"即在堤背水坡上做一些反滤排水设施，用透水性好的材料如土工织物、沙石料或稻草、芦苇做反滤设施，让已经渗出的水，有控制地流出，不让土粒流失，增加堤坡的稳定性。需特别指出的是，背水坡反滤排水只缓解了堤坡表面土体的险情，而对于渗水引起的滑动效果不大，需要时还应做压渗固脚平台，以控制可能因堤背水坡渗水带来的脱坡险情。

5）渗水险情的抢护方法。

① 临水截渗。为减少堤防的渗水量，降低浸润线，达到控制渗水险情发展和稳定堤防边坡的目的，特别是渗水险情严重的堤段，如渗水出逸点高、渗出浑水、堤坡裂缝及堤身单薄等，应采用临水截渗。临水截渗一般应根据临水的深度、流速、风浪的大小，取土的难易，酌情采取以下方法：

（a）复合土工膜截渗。堤临水坡相对平整和无明显障碍时，采用复合土工膜截渗是简便易行的办法。具体做法是:在铺设前,将临水坡面铺设范围内的树枝、杂物清理干净,以免损坏土工膜。土工膜顺坡长度应大于堤坡长度 1 m,沿堤轴线铺设宽度视堤背水坡渗水程度而定,一般超过险段两端 5～10 m,幅间的搭接宽度不小于 50 cm。每幅复合土工膜底部固定在钢管上,铺设时从堤坡顶沿坡向下滚动展开,土工膜铺设的同时,用土袋压盖,以免土工膜随水浮起,同时提高土工膜的防冲能力,也可用复合土工膜排体作为临水面截渗体。

(b)抛粘土截渗。当水流流速和水深不大且有粘性土料时,可采用临水面抛填粘土截渗。将临水面堤坡的灌木、杂物清除干净,使抛填粘土能直接与堤坡土接触。抛填可从堤肩由上向下抛,也可用船只抛填。当水深较大或流速较大时,可先在堤脚处抛填土袋构筑潜堰,再在土袋潜堰内抛粘土。粘土截渗体一般厚 2～3 m,高出水面 1 m,超出渗水段 3～5 m。

② 背水坡反滤沟导渗。当堤背水坡大面积严重渗水,而在临水侧迅速做截渗有困难时,只要背水坡无脱坡或渗水变浑情况,可在背水坡及其坡脚处开挖导渗沟,排走背水坡表面土体中的渗水,恢复土体的抗剪强度,控制险情的发展。

(a)根据反滤沟内所填反滤料的不同,反滤导渗沟可分为三种:a)在导渗沟内铺设土工织物,其上回填一般的透水料,称为土工织物导渗沟。b)在导渗沟内填沙石料,称为沙石导渗沟。1998 年汛期,湖北监利和洪湖长江干堤采用效果较好。c)因地制宜地选用一些梢料作为导渗沟的反滤料,称为梢料导渗沟。

(b)导渗沟的布置形式。导渗沟的布置形式可分为纵横沟、"Y"字形沟和"人"字形沟等。以"人"字形沟的应用最为广泛,效果最好,"Y"字形沟次之,如图 6-7(a)所示。

(c)导渗沟尺寸。导渗沟的开挖深度、宽度和间距应根据渗水程度和土壤性质确定。一般情况下,开挖深度、宽度和间距分别选用 30～50 cm、30～50 cm 和 6～10 m。导渗沟的开挖高度,一般要达到或略高于渗水出逸点位置。导渗沟的出口,以导渗沟所截得的水排出离堤脚 2～3 m 外为宜,尽量减少渗水对堤脚的浸泡。

(d)反滤料铺设。边开挖导渗沟,边回填反滤料。反滤料为沙石料时,应控制含泥量,以免影响导渗沟的排水效果;反滤料为土工织物时,土工织物应与沟的周边结合紧密,其上回填碎石等一般的透水料,土工织物搭接宽度以大于 20 cm 为宜;回填滤料为稻糠、麦秸、稻草、柳枝、芦苇等,其上应压透水盖重,如图 6-7(b)、(c)、(d)所示。

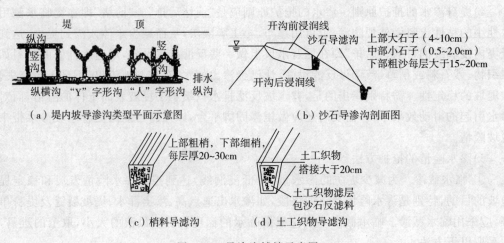

(a)堤内坡导渗沟类型平面示意图　　　(b)沙石导渗沟剖面图

(c)梢料导渗沟　　　(d)土工织物导渗沟

图 6-7　导渗沟铺填示意图

值得指出的是,反滤导渗沟对维护堤坡表面土的稳定是有效的,而对于降低堤内浸润线和堤背水坡出逸点高程的作用相当有限。要彻底根治渗水,还要视工情、水情、雨情等确定是否采用临水截渗合压渗因脚平台。

③ 背水坡贴坡反滤导渗。当堤身透水性较强,在高水位下浸泡时间长久,导致背水坡面渗流出逸点以下土体软化,开挖反滤导渗沟难以成形时,可在背水坡作贴坡反滤导渗。在抢护前,先将渗水边坡的杂草、杂物及松软的表土清除干净;然后,按要求铺设反滤料。根据使用反滤料的不同,贴坡反滤导渗可以分为三种:土工织物反滤层;沙石反滤层;梢料反滤层,如图6-8所示。

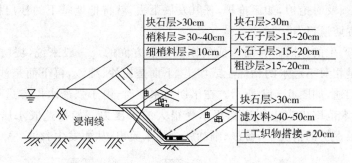

图6-8 土工织物、沙石、梢料反滤层示意图

④ 透水压渗平台。当堤防断面单薄,背水坡较陡,对于大面积渗水,且堤线较长,全线抢筑透水压渗平台的工作量大时,可以结合导渗沟加间隔透水压渗平台的方法进行抢护。透水压渗平台根据使用材料不同,有以下两种方法:

(a)沙土压渗平台。首先将边坡渗水范围内的杂草、杂物及松软表土清除干净,再用沙砾料填筑后戗,要求分层填筑密实,每层厚度30 cm,顶部高出浸润线出逸点0.5~1.0 m,顶宽2~3 m,戗坡一般为1:3~1:5,长度超过渗水堤段两端至少3 m,如图6-9所示。

(b)梢土压渗平台。当填筑砂砾压渗平台缺乏足够料物时,可采用梢土代替沙砾,筑成梢土压浸平台。其外形尺寸以及清基要求与沙土压渗平台基本相同,如图6-10所示,梢土压渗平台厚度为1~1.5 m。贴坡段及水平段梢料均为三层,中间层粗,上、下两层细。

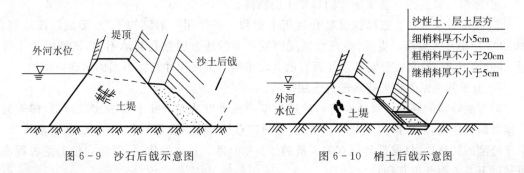

图6-9 沙石后戗示意图   图6-10 梢土后戗示意图

6)渗水抢险的善后处理。渗水抢险常用背水坡开挖导渗沟、做透水后战和临水坡做粘土防渗层的方法,汛后应对这些措施进行复核。凡是处理不当或属临时性措施的均应按新的设计方案组织实施,在施工中要彻底清除各种临时物料。若背水坡采用了导渗沟,对符合反滤要求的可以保留,但要做好表层保护。不符合设计要求的,汛后要清除沟内的杂物及填

料,按设计要求重新铺设。若抢险时误用比堤身渗透系数小的粘土做了后戗台,则应予清除,必要时可重做透水后戗或贴坡排水。

(3)管涌。

1)管涌的定义。汛期高水位时,沙性土在渗流力作用下被水流不断带走,形管状渗流通道的现象,即为管涌,也称翻沙鼓水、泡泉等。出水口冒沙并常形成"沙环",故又称沙沸。在粘土和草皮固结的地表土层,有时管涌表现为土块隆起,称为牛皮包,又称鼓泡。管涌一般发生在背水坡脚附近地面或较远的潭坑、池塘或洼地,多呈孔状冒水冒沙。出水口孔径小的如蚁穴,大的可达几十厘米。个数少则一两个,多则数十个,称作管涌群。

管涌险情必须及时抢护,如不抢护,任其发展下去,就将把地基下的沙层掏空,导致堤防骤然塌陷,造成堤防溃口。

2)管涌险情产生的原因。管涌形成的原因是多方面的。一般来说,堤防基础为典型的二元结构,上层是相对不透水的粘性土或壤土,下面是粉沙、细沙,再下面是沙砾卵石等强透水层,并与河水相通,如图 6-11 所示。在汛期高水位时,由于强透水层渗透水头损失很小,堤防背水侧数百米范围内表土层底部仍承受很大的水压力。如果这股水压力冲破了粘土层,在没有反滤层保护的情况下,粉沙、细沙就会随水流出,从而发生管涌。

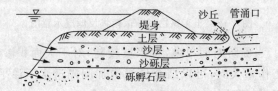

图 6-11　管涌险情示意图

堤防背水侧的地面粘土层不能抗御水压力而遭到破坏的原因大致为:

① 防御水位提高,渗水压力增大,堤背水侧地面粘土层厚度不够。

② 历史上溃口段内粘土层遭受破坏,复堤后,堤背水侧留有渊潭,渊潭中粘土层较薄,常有管涌发生。

③ 历年在堤背水侧取土加培堤防,将粘土层挖薄。

④ 建闸后渠道挖方及水流冲刷将粘土层减薄。

⑤ 在堤背水侧钻孔或勘探爆破孔封闭不实和一些民用井的结构不当,形成渗流通道。如 1995 年荆江大堤柳口堤段,距背水侧堤脚数百米的地方因钻孔封填不实,汛期发生了管涌;1998 年汛期,湖北省公安县及江西省的九江市均因民用井结构不当而出现险情的。

⑥ 由于其他原因将堤背水侧表土层挖薄。

3)管涌险情的判别。管涌险情的严重程度一般可以从以下几个方面加以判别,即管涌口离堤脚的距离;涌水浑浊度及带沙情况;管涌口直径;涌水量;洞口扩展情况;涌水水头等。由于抢险的特殊性,目前都是凭有关人员的经验来判断。具体操作时,管涌险情的危害程度可从以下几方面分析判别:

① 管涌一般发生在背水堤脚附近地面或较远的坑塘洼地。距堤脚越近,其危害性就越大。一般以距堤脚15倍水位差范围内的管涌最危险,在此范围以外的次之。

② 有的管涌点距堤脚虽远一点,但是,管涌不断发展,即管涌口径不断扩大,管涌流量不断增大,带出的沙越来越粗,数量不断增大,这也属于重大险情,需要及时抢护。

③ 有的管涌发生在农田或洼地中，多是管涌群，管涌口内有沙粒跳动，似"煮稀饭"，涌出的水多为清水，险情稳定，可加强观测，暂不处理。

④ 管涌发生在坑塘中，水面会出现翻花鼓泡，水中带沙、色浑，有的由于水较深，水面只看到冒泡，可潜水探摸，是否有凉水涌出或在洞口是否形成沙环。

需要特别指出的是，由于管涌险情多数发生在坑塘中，管涌初期难以发现。因此在荆江大堤加固设计中曾采用填平堤背水侧 200 m 范围内水塘的办法，有效地控制了管涌险情的发生。

⑤ 堤背水侧地面隆起（牛皮包、软包）、膨胀、浮动和断裂等现象也是产生管涌的前兆，只是目前水的压力不足以顶穿上覆土层。随着江水位的上涨，有可能顶穿，因而对这种险情要高度重视并及时进行处理。

4）管涌险情的抢护原则。抢护管涌险情的原则应是制止涌水带沙，而留有渗水出路。这样既可使沙层不再被破坏，又可以降低附近渗水压力，使险情得以控制和稳定。

值得警惕的是，管涌虽然是堤防溃口的极为明显和常见的原因，但对它的危险性仍有认识不足，措施不当，或麻痹疏忽，贻误时机的。如大围井抢筑不及，或高围井倒塌都曾造成决堤灾害。

5）管涌险情的抢护方法。

① 反滤围井。在管涌口处用编织袋或麻袋装土抢筑围井，井内同步铺填反滤料，从而制止涌水带沙，以防险情进一步扩大，当管涌口很小时，也可用无底水桶或汽油桶做围井。这种方法适用于发生在地面的单个管涌或管涌数目虽多但比较集中的情况。对水下管涌，当水深较浅时也可以采用。

围井面积应根据地面情况、险情程度、料物储备等来确定。围井高度应以能够控制涌水带沙为原则，但也不能过高，一般不超过 1.5 m，以免围井附近产生新的管涌。对管涌群，可以根据管涌口的间距选择单个或多个围井进行抢护。围井与地面应紧密接触，以防造成漏水，使围井水位无法抬高。

围井内必须用透水料铺填，切忌用不透水材料。根据所用反滤料的不同，反滤围井可分为以下几种形式：

（a）沙石反滤围井。沙石反滤围井是抢护管涌险情的最常见形式之一。选用不同级别的反滤料，可用于不同土层的管涌抢险。在围井抢筑时，首先应清理围井范围内的杂物，并用编织袋或麻袋装土填筑围井。然后根据管涌程度的不同，采用不同的方式铺填反滤料：对管涌口不大、涌水量较小的情况，采用由细到粗的顺序铺填反滤料，即先装细料，再填过渡料，最后填粗料，每级滤料的厚度为 20～30 cm，反滤料的颗粒组成应根据被保护土的颗粒级配事先选定和储备；对管涌口直径和涌水量较大的情况，可先填较大的块石或碎石，以消杀水势，再按前述方法铺填反滤料，以免较细颗粒的反滤料被水流带走。反滤料填好后应注意观察，若发现反滤料下沉可补足滤料，若发现仍有少量浑水带出而不影响其骨架改变（即反滤料不下陷），可继续观察其发展，暂不处理或略抬高围井水位。管涌险情基本稳定后，在围井的适当高度插入排水管（塑料管、钢管和竹管），使围井水位适当降低，以免围井周围再次发生管涌或井壁倒塌。同时，必须持续不断地观察围井及周围情况的变化，及时调整排水口高度，如图 6-12 所示。

（b）土工织物反滤围井。首先对管涌口附近进行清理平整，清除尖锐杂物。管涌口用粗料(碎石、砾石)充填,以消杀涌水压力。铺土工织物前,先铺一层粗沙,粗沙层厚30~50 cm。然后选择合适的土工织物铺上。需要特别指出的是,土工织物的选择是相当重要的,并不是所有土工织物都适用。选择的方法可以将管涌口涌出的水沙放在土工织物上从上向下渗几次,看土工织物是否淤堵。若管涌带出的土为粉沙时,一定要慎重选用土工织物(针刺型);若为较粗的沙,一般的土工织物均可选用。最后要注意的是,土工织物铺设一定要形成封闭的反滤层土工织物周围应嵌入土中,土工织物之间用线缝合。然后在土工织物上面用块石等强透水材料压盖,加压顺序为先四周后中间,最终中间高、四周低,最后在管涌区四周用土袋修筑围井。围井修筑方法和井内水位控制与沙石反滤围井相同,如图6-13所示。

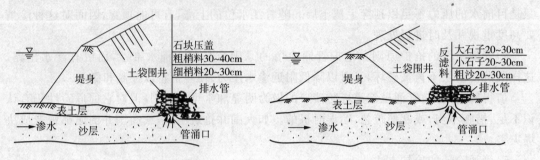

图6-12　沙石反滤围井示意图　　　　　图6-13　土工织物反滤围井示意图

(c)梢料反滤围井。梢料反滤围井用梢料代替沙石反滤料做围井,适用于沙石料缺少的地方。下层选用麦秸、稻草,铺设厚度20~30 cm。上层铺粗梢料,如柳枝、芦苇等,铺设厚度30~40 cm。梢料填好后,为防止梢料上浮,梢料上面压块石等透水材料。围井修筑方法及井内水位控制与沙石反滤围井相同,如图6-14所示。

②反滤层压盖。在堤内出现大面积管涌或管涌群时,如果料源充足,可采用反滤层压盖的方法,以降低涌水流速,制止地基泥沙流失,稳定险情。反滤层压盖必须用透水性好的材料,切忌使用不透水材料。根据所用反滤材料不同,可分为以下几种:

(a)沙石反滤压盖。在抢筑前,先清理铺设范围内的杂物和软泥,同时对其中涌水涌沙较严重的出口用块石或砖块抛填,消杀水势,然后在已清理好的管涌范围内,铺粗沙一层,厚约20 cm,再铺小石子和大石子各一层,厚度均为20 cm,最后压盖块石一层,予以保护,如图6-15所示。

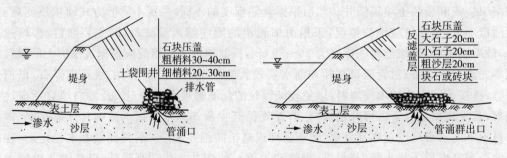

图6-14　梢料反滤围井示意图　　　　　图6-15　沙石反滤压盖示意图

(b)梢料反滤压盖。当缺乏沙石料时,可用梢料做反滤压盖。其清基和消杀水势措施与沙石反滤压盖相同。在铺筑时,先铺细梢料,如麦秸、稻草等,厚10~15 cm,再铺粗梢料,如柳枝、秫秸和芦苇等，厚约 15～20 cm，粗细梢料共厚约 30 cm，然后再铺席片、草垫或苇席等，组成一层。视情况可只铺一层或连铺数层，然后用块石或沙袋压盖，以免梢料漂浮。梢料总的厚度以能够制止涌水携带泥沙、变浑水为清水、稳定险情为原则，如图 6-16 所示。

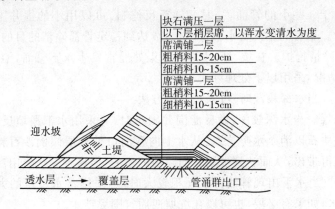

图 6-16　梢料反滤压盖示意图

　　③ 蓄水反压（俗称养水盆）。即通过抬高管涌区内的水位来减小堤内外的水头差，从而降低渗透压力，减小出逸水力坡降，达到制止管涌破坏和稳定管涌险情的目的，如图 6-17 所示。该方法的适用条件是：(a)闸后有渠道，堤后有坑塘，利用渠道水位或坑塘水位进行蓄水反压；(b)覆盖层相对薄弱的老险工段，结合地形，做专门的大围堰（或称月堤）充水反压；(c)极大的管涌区，其他反滤盖重难以见效或缺少沙石料的地方。蓄水反压的主要形式有以下几种：

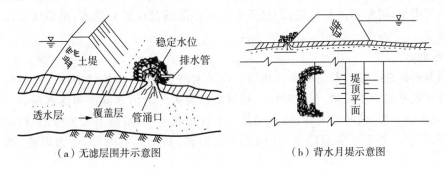

（a）无滤层围井示意图　　　　　　（b）背水月堤示意图

图 6-17　蓄水反压示意图

　　(a)渠道蓄水反压。一些穿堤建筑物后的渠道内，由于覆盖层减薄，常产生一些管涌险情，且沿渠道一定长度内发生。对这种情况，可以在发生管涌的渠道下游做隔堤，隔堤高度与两侧地面平，蓄水平压后，可有效控制管涌的发展。如安徽省的陈洲电排站、新河口站等老险闸站都采用此法除险。

　　(b)塘内蓄水反压。有些管涌发生在塘中，在缺少沙石料或交通不便的情况下，可沿塘四周做围堤，抬高塘中水位以控制管涌。但应注意不要将水面抬得过高，以免周围地面出现新的管涌。

　　(c)围井反压。对于大面积的管涌区和老的险工段，由于覆盖层很薄，为确保汛期安全度汛，可抢筑大的围井，并蓄水反压，控制管涌险情。如 1998 年安庆市东郊马窝段，为长江上的一个老险工段，覆盖层厚度仅 0.8～3 m，汛期抢筑了五个大的围井，有效控制了 5 km

长堤段内管涌险情的发生。

采用围井反压时,由于井内水位高、压力大,围井要有一定的强度,同时应严密监视周围是否出现新管涌。切忌在围井附近取土。

(d)其他。对于一些小的管涌,一时又缺乏反滤料,可以用小的围井围住管涌,蓄水反压,制止涌水带沙。也有的用无底水桶蓄水反压,达到稳定管涌险情的目的。

④ 水下管涌险情抢护。在坑、塘、水沟和水渠处经常发生水下管涌,给抢险工作带来困难。可结合具体情况,采用以下处理办法:

(a)反滤围井。当水深较浅时,可采用这种方法。

(b)水下反滤层。当水深较深,做反滤围井困难时,可采用水下抛填反滤层的办法。如管涌严重,可先填块石以消杀水势,然后从水上向管涌口处分层倾倒沙石料,使管涌处形成反滤堆,使沙粒不再带出,从而达到控制管涌险情的目的,但这种方法使用沙石料较多。

(c)蓄水反压。当水下出现管涌群且面积较大时,可采用蓄水反压的办法控制险情,可直接向坑塘内蓄水,如果有必要,也可以在坑塘四周筑围堤蓄水。

⑤ "牛皮包"的处理。当地表土层在草根或其他胶结体作用下凝结成一片时,渗透水压把表土层顶起而形成的鼓包,俗称为"牛皮包"。一般可在隆起的部位,铺麦秸或稻草一层,厚 10~20 cm,其上再铺柳枝、秫秸或芦苇一层,厚约 20~30 cm。如厚度超过 30 cm 时,可分横竖两层铺放,然后再压土袋或块石。

6)管涌抢险的善后处理。管涌抢险,多数是采用回填反滤料的方法进行处理,有时也采用稻草、麦秆等作临时反滤排水材料。对后者,汛后必须按反滤要求重新处理。对前者则应探明原因,重新复核后分别对待:若汛期无细沙带出,也没有发生沉陷,表明抢险工程基本满足长期运用要求,可不再进行处理;若经汛期证明不能满足反滤要求者,汛后则应按设计要求进行处理。

(4)漏洞。

1)漏洞的概念。漏洞即集中渗流通道。在汛期高水位下,堤防背水坡或堤脚附近出现横贯堤身或堤基的渗流孔洞,俗称漏洞。根据出水清可分为清水漏洞和浑水漏洞。如漏洞出浑水,或由清变浑,或时清时浑,则表明漏洞正在迅速扩大,堤防有发生蛰陷、坍塌甚至溃口的危险。因此,若发生漏洞险情,特别是浑水漏洞,必须慎重对待,全力以赴,迅速进行抢护。

2)漏洞产生的原因。漏洞产生的原因是多方面的,一般说来有:

① 由于历史原因,堤身内部遗留有屋基、墓穴、阴沟、暗道、腐朽树根等,筑堤时未清除;

② 堤身填土质量不好,未夯实,有土块或架空结构,在高水位作用下,土块间部分细料流失;

③ 堤身中夹有砂层等,在高水位作用下,砂粒流失;

④ 堤身内有白蚁、蛇、鼠、獾等动物洞穴,在汛期高水位作用下,将平时的淤塞物冲开,或因渗水沿隐患、松土串联而成漏洞;

⑤ 在持续高水位条件下,堤身浸泡时间长,土体变软,更易促成漏洞的生成,故有"久浸成漏"之说;

⑥ 位于老口门和老险工部位的堤段、复堤结合部位处理不好或产生过贯穿裂缝处理不彻底,一旦形成集中渗漏,即有可能转化为漏洞。

3）漏洞险情的特征。从上述漏洞形成的原因及过程可以知道，漏洞贯穿堤身，使洪水通过孔洞直接流向堤背水侧，如图6-18所示。漏洞的出口一般发生在背水坡或堤脚附近，其主要表现形式有：

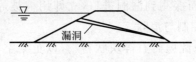

图6-18　漏洞险情示意图

① 漏洞开始因漏水量小，堤土很少被冲动，所以漏水较清，叫做清水漏洞。此情况的产生一般伴有渗水的发生，初期易被忽视。但只要查险仔细，就会发现漏洞周围"渗水"的水量较其他地方大，应引起特别重视。

② 漏洞一旦形成后，出水量明显增加，且渗出的水多为浑水，因而湖北等地形象地称之为"浑水洞"。漏洞形成后，洞内形成一股集中水流，漏洞扩大迅速。由于洞内土的崩解、冲刷，出水水流时清时浑，时大时小。

③ 漏洞险情的另一个表现特征是水深较浅时，漏洞进水口的水面上往往会形成漩涡，所以在背水侧查险发现渗水点时，应立即到临水侧查看是否有漩涡产生。

4）漏洞险情的探测。

① 水面观察。漏洞形成初期，进水口水面有时难以看到漩涡。可以在水面上撒一些漂浮物，如纸屑、碎草或泡沫塑料碎屑，若发现这些漂浮物在水面打漩或集中在一处，即表明此处水下有进水口。

② 潜水探漏。漏洞进水口如水深流急，水面看不到漩涡，则需要潜水探摸。潜水探摸是有效的方法。由体魄强壮、游泳技能高强的青壮年担任潜水员，上身穿戴井字皮带，系上绳索由堤上人员掌握，以策安全。探摸方法：一是手摸脚踩，二是用一端扎有布条的杆子探测，如遇漏洞，洞口水流吸引力可将布条吸入，移动困难。

③ 投放颜料观察水色。适宜水流相对小的堤段。在可能出现漏洞且为水浅流缓的堤段分段分期分别撒放石灰或其他易溶于水的带色颜料，如高锰酸钾等，记录每次投放时间、地点，并设专人在背水坡漏洞出水口处观察，如发现出洞口水流颜色改变，并记录时间，即可判断漏洞进水口的大体位置和水流流速大小。然后改变颜料颜色，进一步缩小投放范围，即可较准确地找出漏洞进水口。

④ 电法探测。如条件允许可在漏洞险情堤段采用电法探测仪进行探查，以查明漏水通道，判明埋深及走向。

5）漏洞险情的抢护原则。一旦漏洞出水，险情发展很快，特别是浑水漏洞，将迅速危及堤防安全。所以一旦发现漏洞，应迅速组织人力和筹集物料，抢早抢小，一气呵成。抢护原则是"前截后导，临重于背"。即在抢护时，应首先在临水找到漏洞进水口，及时堵塞，截断漏水来源，同时，在背水漏洞出水口采用反滤和围井，降低洞内水流流速，延缓并制止土料流失，防止险情扩大，切忌在漏洞出口处用不透水料强塞硬堵，以免造成更大险情。

6）漏洞险情的抢护方法。

① 塞堵法。塞堵漏洞进口是最有效最常用的方法，尤其是在地形起伏复杂，洞口周围有灌木杂物时更适用。一般可用软性材料塞堵，如针刺无纺布、棉被、棉絮、草包、编织袋包、网包、棉衣及草把等，也可用预先准备的一些软楔草捆塞堵，如图6-19所示。在有效控制

漏洞险情的发展后,还需用粘性土封堵闭气,或用大块土工膜、篷布盖堵,然后再压土袋或土枕,直到完全断流为止。1998 年汛期,汉口丹水池防洪墙背水侧发现冒水洞,出水量大,在出口处塞堵无效,险情十分危急,后在临水面探测到漏洞进口,立即用棉被等塞堵,并抛填闭气,使险情得以控制与消除。

在抢堵漏洞进口时,切忌乱抛砖石等块状料物,以免架空,致使漏洞继续发展扩大。

② 盖堵法。

(a)复合土工膜排体(如图 6-20 所示)或篷布盖堵。当洞口较多且较为集中,附近无树木杂物,逐个堵塞费时且易扩展成大洞时,可采用大面积复合土工膜排体或篷布盖堵,可沿临水坡肩部位

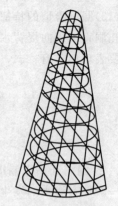

图 6-19 软楔示意图

从上往下,顺坡铺盖洞口,或从船上铺放,盖堵离堤肩较远处的漏洞进口,然后抛压土袋或土枕,并抛填粘土,形成前戗截渗,如图 6-21 所示。

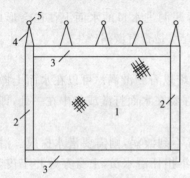

图 6-20 复合土工膜排体

1—复合土工膜;2—纵向土袋筒;
3—横向土袋筒;4—筋绳;5—木桩

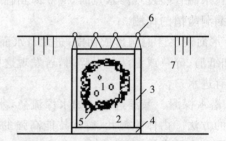

图 6-21 复合土工膜排体盖堵漏洞进口

1—多个漏洞进口;2—复合土工膜排体;
3—纵向土袋枕;4—横向土袋枕;
5—正在填压的土袋;6—木桩;7—临时堤坡

(b)就地取材盖堵。当洞口附近流速较小、土质松软或洞口周围已有许多裂缝时,可就地取材用草帘、苇箔等重叠数层作为软帘,也可临时用柳枝、秸料、芦苇等编扎软帘。软帘的大小也应根据洞口具体情况和需要盖堵的范围决定。在盖堵前,先将软帘卷起,置放在洞口的上部。软帘的上边可根据受力大小用绳索或铅丝系牢于堤顶的木桩上,下边附以重物,利于软帘下沉时紧贴边坡,然后用长杆顶推,顺堤坡下滚,把洞口盖堵严密,再盖压土袋,抛填粘土,达到封堵闭气,如图 6-22 所示。

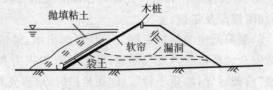

图 6-22 软帘盖堵示意图

采用盖堵法抢护漏洞进口,需防止盖堵初始时,由于洞内断流,外部水压力增大,洞口覆盖物的四周进水。因此洞口覆盖后必须立即封严四周,同时迅速用充足的粘土料封堵闭气。否则一旦堵漏失败,洞口扩大,将增加再堵的困难。

③ 戗堤法。当堤坝临水坡漏洞口多而小,且范围又较大时,在粘土料备料充足的情况

下,可采用抛粘土填筑前戗或临水筑月堤的办法进行抢堵。

(a)抛填粘土前戗。在洞口附近区域连续集中抛填粘土,一般形成厚3~5m、高出水面约1m的粘土前戗,封堵整个漏洞区域,在遇到填土易从洞口冲出的情况下,可先在洞口两侧抛填粘土,同时准备一些土袋,集中填于洞口,初步堵住洞口后,再抛填粘土,闭气截流,达到堵漏目的,如图6-23所示。

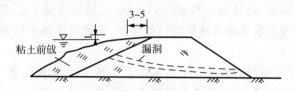

图6-23 粘土前戗截渗示意图

(b)临水筑月堤。如果临水水深较浅,流速较小,则可在洞口范围内用土袋迅速连续抛填,快速修成月形围堰,同时在围堰内快速抛填粘土,封堵洞口,如图6-24所示。

漏洞抢堵闭气后,还应有专人看守观察,以防再次出险。

④ 辅助措施。在临水坡查漏洞进口的同时,为减缓堤土流失,可在背水漏洞出口处构筑围井,反滤导渗,降

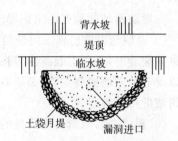

图6-24 临时月堤堵漏示意图

低洞内水流流速。切忌在漏洞出口处用不透水料强塞硬堵,致使洞口土体进一步冲蚀,导致险情扩大,危及堤防安全。

7)漏洞抢险的善后处理。汛期,在堵塞漏洞时可能采用了棉被、稻草、麦秆等其他临时物料,汛后应予清除并按设计要求重新封堵漏洞。

(5)滑坡。

1)滑坡的概念。堤防滑坡俗称脱坡,是由于边坡失稳下滑造成的险情。开始在堤顶或堤坡上产生裂缝或蛰裂,随着裂缝的逐步发展,主裂缝两端有向堤坡下部弯曲的趋势,且主裂缝两侧往往有错动。根据滑坡范围,一般可分为深层滑动和浅层滑动。堤身与基础一起滑动为深层滑动;堤身局部滑动为浅层滑动。前者滑动面较深,滑动面多呈圆弧形,滑动体较大,堤脚附近地面往往被推挤外移、隆起;后者滑动范围较小,滑裂面较浅。以上两种滑坡都应及时抢护,防止继续发展。堤防滑坡通常先由裂缝开始,如能及时发现并采取适当措施处理,则其危害往往可以减轻。否则,一旦出现大的滑动,就将造成重大损失。

2)滑坡产生的原因。堤防的临水面与背水面堤坡均有发生滑坡的可能,因其所处位置不同,产生滑坡的原因也不同,现分述如下:

① 临水面滑坡的主要原因

(a)堤脚滩地迎流顶冲坍塌,崩岸逼近堤脚,堤脚失稳引起滑坡。

(b)水位消退时,堤身饱水,容重增加,在渗流作用下,使堤坡滑动力加大,抗滑力减小。堤坡失去平衡而滑坡。

(c)汛期风浪冲毁护坡,侵蚀堤身引起的局部滑坡。

② 背水面滑坡的主要原因

(a)堤身渗水饱和而引起的滑坡。通常在设计水位以下,堤身的渗水是稳定的,然而,在汛期洪水位超过设计水位或接近设计水位时,堤身的抗滑稳定性降低或达到最低值。再加上其他一些原因,最终导致滑坡。

(b)在遭遇暴雨或长期降雨而引起的滑坡。汛期水位较高,堤身的安全系数降低,如遭遇暴雨或长时间连续降雨,堤身饱水程度进一步加大,特别是对于已产生了纵向裂缝(沉降缝)的堤段,雨水沿裂缝很容易地渗透到堤防的深部,裂缝附近的土体因浸水而软化,强度降低,最终导致滑坡。

(c)堤脚失去支撑而引起的滑坡。平时不注意堤脚保护,更有甚者,在堤脚下挖塘,或未将紧靠堤脚的水塘及时回填等,这种地方是堤防的薄弱地段,堤脚下的水塘就是将来滑坡的出口。

3)堤防滑坡的预兆。汛期堤防出现了下列情况时,必须引起注意。

① 堤顶与堤坡出现纵向裂缝。汛期一旦发现堤顶或堤坡出现了与堤轴线平行而较长的纵向裂缝时,必须引起高度警惕,仔细观察,并做必要的测试,如缝长、缝宽、缝深,缝的走向以及缝隙两侧的高差等,必要时要连续数日进行测试并做详细记录。出现下列情况时,发生滑坡的可能性很大。

(a)裂缝左右两侧出现明显的高差,其中位于离堤中心远的一侧低,而靠近堤中心的一例高。

(b)裂缝开度继续增大。

(c)裂缝的尾部走向出现了明显的向下弯曲的趋势,如图 6-25 所示。

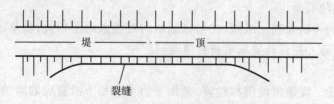

图 6-25　滑坡前裂缝两端明显向下弯曲

(d)从发现第一条裂缝起,在几天之内与该裂缝平行的方向相继出现数道裂缝。

(e)发现裂缝两侧土体明显湿润,甚至发现裂缝中渗水。

② 堤脚处地面变形异常。滑坡发生之前,滑动体沿着滑动面已经产生移动,在滑动体的出口处,滑动体与非滑动体相对变形突然增大,使出口处地面变形出现异常。一般情况下,滑坡前出口处地面变形异常情况难以发现。因此,在汛期,特别是在洪水异常大的汛期,应在重要堤防,包括软基上的堤防,曾经出现过险情的堤防堤段,应临时布设一些观测点,及时对这些观测点进行观测,以便随时了解堤防坡脚或离坡脚一定距离范围内地面变形情况,当发现堤脚下或堤脚附近出现下列情况,预示着可能发生滑坡。

(a)堤脚下或堤脚下某一范围隆起。可以在堤脚或离堤脚一定距离处打一排或两排木桩,测这些木桩的高程或水平位移来判断堤脚处隆起和水平位移量。

(b)堤脚下某一范围内明显潮湿,变软发泡。

③ 临水坡前滩地崩岸逼近堤脚。汛期或退水期,堤防前滩地在河水的冲刷、涨落作用

下,常常发生崩岸。当崩岸逼近堤脚时,堤脚的坡度变陡,压重减小。这种情况一旦出现,极易引起滑坡。

④临水坡坡面防护设施失效。汛期洪水位较高,风浪大,对临水坡坡面冲击较大。一旦某一坡面处的防护被毁,风浪直接冲刷堤身,使堤身土体流失,发展到一定程度也会引起局部的滑坡。

4)临水面滑坡抢护的基本原则。抢护的基本原则是:尽量增加抗滑力,尽快减小下滑力。具体地说,"上部削坡,下部固坡",先固脚,后削坡。

5)临水面滑坡抢护的基本方法。汛期临水面水位较高,采用的抢护方法,必须考虑水下施工问题。

① 增加抗滑力的方法

(a)做土石戗台。在滑坡阻滑体部分做土石戗台,滑坡阻滑体部位一时难以精确划定,最简单的办法是,戗台从堤脚往上做,分二级,第一级厚度 1.5~2.0 m,第二级厚度 1.0~1.5 m,如图 6-26 所示。

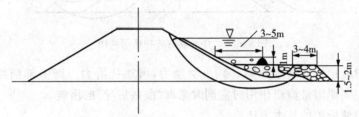

图 6-26　土石戗台断面示意图

土石戗台断面结构,如图 6-27 所示。

图 6-27　土石戗台断面结构示意图

采用本抢护方案的基本条件是:堤脚前未出现崩岸与坍塌险情,堤脚前滩地是稳定的。

(b)做石撑。当做土石戗台有困难时,比如滑坡段较长,土石料紧缺时,应做石撑临时稳定滑坡。该法适用于滑坡段较长,水位较高。采用此法的基本条件与(a)做土石戗台的基本条件相同。石撑宽度 4~6 m,坡比 1:5,撑顶高度不宜高于滑坡体的中点高度,石撑底脚边线应超出滑坡下口 3 m 以远,如图 6-28 所示。石撑的间隔不宜大于 10 m。

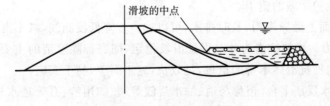

图 6-28　石撑断面示意图

（c）堤脚压重，保证滑动体稳定，制止滑动进一步发展。滑坡是由于堤前滩地崩岸、坍塌而引起的，那么，首先要制止崩岸的继续发展，最简单的办法是堤脚抛石块、石笼、编织袋装土石等抗冲压重材料，在极短的时间内制止崩岸与坍塌进一步发展。

② 背水坡贴坡补强。当临水面水位较高，风浪大，做土石戗台、石撑等有困难时，应在背水坡及时贴坡补强。贴坡的厚度应视临水面滑坡的严重程度而定，一般应大于滑坡的厚度，贴坡的坡度应比背水坡的设计坡度略缓一些。贴坡材料应选用透水的材料，如沙、沙壤土等。如没有透水材料，必须做好贴坡与原堤坡间的反滤层（反滤层做法与渗水抢险中的背水反滤导渗法相同，详见第四章），以保证堤身的渗透条件不被破坏。背水坡贴坡补强断面如图 6-29 所示。背水坡贴坡的长度要超过滑坡两端各 3 m 以上。

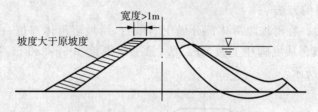

图 6-29　背水坡贴坡补地示意图

6）背水面滑坡抢护的基本原则。减小滑动力，增加抗滑力。即上部削坡，下部堆土压重。如滑坡的主要原因是渗流作用时应同时采取"前截后导"的措施。

7）背水面滑坡抢护的基本方法。

① 减少滑动力

（a）削坡减载。削坡减载是处理堤防滑坡最常用的方法，该法施工简单，一般只用人工削坡即可。但在滑坡还继续发展，没有稳定之前，不能进行人工削坡。一定要等滑坡已经基本稳定后（大约半天至 1 天时间）才能施工。一般情况下，可将削坡下来的土料压在滑坡的堤脚上做压重用。

（b）在临水面上做截渗铺盖，减少渗透力。当判定滑坡是由渗透力而引起的，及时截断渗流是缓解险情的重要措施之一。采用此法的条件是：坡脚前有滩地，水深也较浅，附近有粘土可取。在坡面上做粘土铺盖阻截或减少渗水，尽快减小渗透力，以达到减少滑动力的目的。

（c）及时封堵裂隙，阻止雨水继续渗入。滑坡后，滑动体与堤身间的裂隙应及时处理，以防雨水沿裂隙渗入到滑动面的深层。保护滑动面深处土体不再浸水软化，强度不再降低。封堵裂隙的办法有：用粘土填筑捣实，如没有粘土，也可就地捣实后覆盖土工膜。该法与上述截渗铺盖一样只能是维持滑坡不再继续发展，不能根治滑坡。在封堵滑坡裂隙的同时，必须尽快进行其他抢护措施的施工。

（d）在背水坡面上做导渗沟，及时排水，可以进一步降低浸润线，减小滑动力。

② 增加抗滑力。增加抗滑力才是保证滑坡稳定，彻底排除险情的主要办法。增加抗滑力的有效办法是增加抗滑体本身的重量，见效快，施工简单，易于实施。

（a）做滤（透）水反压平台（俗称马道、滤水后戗等）。如用沙、石等透水材料做反压平台，因沙、石本身是透水的，因此，在做反压平台前无须再做导渗沟。用沙、石做成的反压平台，称透水反压平台。

　　在欲做反压平台的部位(坡面)挖沟,沟深 20～40 cm,沟间距 3～5 m,在沟内放置滤水材料(粗沙、碎石、瓜子片、塑料排水管等)导渗,这与第四章中所述的导渗沟相类似。导渗沟下端伸入排渗体内将水排出堤外,绝不能将导渗沟通向堤外的渗水通道阻塞。做好导渗沟后,即可做反压平台。沙、石、土等均可做反压平台的填筑材料。

　　反压平台在滑坡长度范围内应全面连续填筑,反压平台两端应长至滑坡端部 3 m 以外。第一级平台厚 2 m,平台边线应超出滑坡隆起点 3 m 以远;第二级平台厚 1 m,如图 6-30所示。

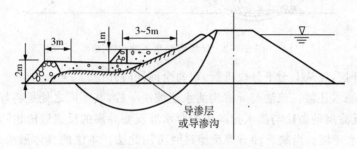

图 6-30　滤(透)水反压平台断面示意图

　　(b)做滤(透)水土撑。当用沙、石等透水材料做土撑材料时,不需再做导渗沟,称此类土撑为透水土撑。由于做反压平台需大量的土石料,当滑坡范围很大,土石料供应又紧张的情况下,可做滤(透)水土撑。滤(透)水土撑,与反压平台的区别是:前者分段,一个一个的填筑而成。每个土撑宽度 5～8 m,坡比 1:5。撑顶高度不宜高出滑坡体的中点高度。这样做是保证土撑基本上压在阻滑体上。土撑底脚边线应超出滑坡下出口 3 m 以外,土撑的间隔不宜大于 10 m。土撑的断面如图 6-31 所示。

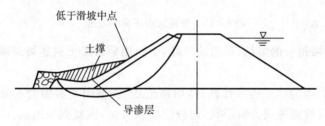

图 6-31　滤(透)水土撑断面示意图

　　(c)堤脚压重。在堤脚下挖塘或建堤时,因取土坑未回填等原因,使堤脚失去支撑而引起滑坡时,抢护最有效的办法是尽快用土石料将塘填起来,至少应及时地把堤脚已滑移的部位,用土石料压住。在堤脚住稳后基本上可以暂时控制滑坡的继续发展,争取时间,从容地实施其他抢护方案。实质上该法就是反压平台法的第一级平台。

　　在做压脚抢护时,必须严格划定压脚的范围,切忌将压重加在主滑动体部位。抢护滑坡施工不应采用打桩等办法,震动会引起滑坡的继续发展。

　　③滤水还坡。汛前堤防稳定性较好,堤身填筑质量符合设计要求,正常设计水位条件下,堤坡是稳定的。但是,如在汛期出现了超设计水位的情况,渗透力超过设计值将会引起滑坡,这类滑坡都是浅层滑坡,滑动面基本不切入地基中,只要解决好堤坡的排水,减少渗透力即可将滑坡恢复到原设计边坡,此为滤水还坡。滤水还坡有以下四种做法:

（a）导渗沟滤水还坡。先清除滑坡的滑动体,然后在坡面上做导渗沟,用无纺土工布或用其他替代材料,将导渗沟覆盖保护,在其上用沙性土填筑到原有的堤坡,如图 6-32 所示。

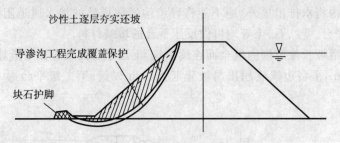

沙性土逐层夯实还坡

导渗沟工程完成覆盖保护

块石护脚

图 6-32　导渗沟滤水还坡示意图

导渗沟的开挖,应从上至下分段进行,切勿全面同时开挖。

（b）反滤层滤水还坡。该法与导渗沟滤水还坡法一样,其不同之处是将导渗沟滤水改为反滤层滤水。反滤层的做法与渗水抢险中的背水坡反滤导渗的反滤做法相同。

（c）梢料滤水还坡。当缺乏沙石等反滤料时可用此法。本法的具体做法是:清除滑坡的滑动体,按一层柴一层土夯实填筑,直到恢复滑坡前的断面。柴可用芦柴、柳枝或其他秸秆,每层柴厚 0.2 m,每层土厚 1~1.5 m。梢料滤水还坡断面如图 6-33 所示。

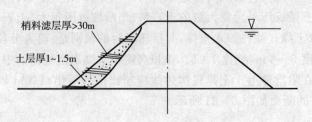

梢料滤层厚>30m

土层厚1~1.5m

图 6-33　梢料滤水还坡示意图

用梢料滤水还坡抢护的滑坡,汛后应清除,重新用原筑堤土料还坡。以防梢料腐烂后影响堤坡的稳定。

（d）沙土还坡。因为沙土透水性良好,用沙土还坡,坡面不需做滤水处理。将滑坡的滑动体清除后,最好将坡面做成台阶形状,再分层填筑夯实,恢复到原断面。如果用细沙还坡,边坡应适当放缓。

填土还坡时,一定严格控制填土的速率,当坡面土壤过于潮湿时,应停止填筑。最好在坡面反滤排水正常以后,在严格控制填土速率的条件下填土还坡。

8)滑坡抢险的善后处理。对汛期出现的滑坡,汛后应进一步查明滑坡原因及滑坡的规模,对抢险措施不当或不能满足要求的抢险工程,应按新的设计方案重新进行处理。对基本满足要求的抢险工程,适当修整加固后可直接变为永久加固工程。

对临水侧滑坡,如系堤身原因引起,则在堤身加固中一并处理;如属崩岸引起,则应在崩岸处理中一并考虑。

（6）跌窝。

1)跌窝的概念。俗称陷坑。一般在大雨过后或在持续高水位情况下,堤防突然发生局部塌陷。陷坑在堤顶、堤坡、戗台（平台）及堤脚附近均有可能发生。这种险情既破坏堤防的完整性,又有可能缩短渗径。有时是由管涌或漏洞等险情所造成的。

2)跌窝形成的原因。

① 堤防隐患。堤身或堤基内有空洞,如獾、狐、鼠、蚁等害堤动物洞穴,坟墓、地窖、防空洞、刨树坑等人为洞穴,树根、历史抢险遗留的梢料、木材等植物腐烂洞穴,等等。这些洞穴在汛期经高水位浸泡或雨水淋浸,随着空洞周边土体的湿软,成拱能力降低,塌落形成跌窝。

② 堤身质量差。筑堤施工过程中,没有进行认真清基或清基处理不彻底,堤防施工分段接头部位未处理或处理不当,土块架空、回填碾压不实,堤身填筑料混杂和碾压不实,堤内穿堤建筑物破坏或土石结合部渗水等,经洪水或雨水的浸泡冲蚀而形成跌窝。

③ 渗透破坏。堤防渗水、管涌、接触冲刷、漏洞等险情未能及时发现和处理,或处理不当,造成堤身内部淘刷,随着渗透破坏的发展扩大,发生土体塌陷导致跌窝。

3)跌窝险情的判别。

① 根据成因判别。由于渗透变形而形成的跌窝往往伴随渗透破坏,极可能导致漏洞,如抢护不及时,就会导致堤防决口,必须作重大险情处理;

其他原因形成的跌窝,是个别不连通的陷洞,还应根据其大小、发展趋势和位置分别判断其危险程度。

② 根据发展趋势判别。有些跌窝形成后会持续发展,由小到大,最终导致瞬时溃堤。因此,持续扩大的跌窝必须慎重对待,及时抢护。否则,后果将是非常严重的。有些跌窝出现后不再发展并趋于稳定状态,其危险程度还应通过其大小和位置进行判别。

③ 根据跌窝的大小判别。跌窝大小不同对堤防安危程度的影响也不同,直径小于0.5 m,深度小于1.0 m的小跌窝,一般只破坏堤防断面轮廓的完整性,而不会危及堤防的安全。跌窝较大时,就会削弱堤防强度,危及堤防的安全。当跌窝很大且很深时,堤防将至失稳状态,伴随而来的可能是滑坡,则是很危险的。

④ 根据跌窝位置判别险情

(a)临(背)水坡较大的跌窝可能造成临(背)水坡滑坡险情,或减小渗径,可能造成漏洞或背水坡渗透破坏。

(b)堤顶跌窝降低部分堤顶高度,削弱堤顶宽度。对于堤顶较大跌窝,将会降低防洪标准,引起堤顶漫溢的危险。

(c)跌窝的抢护原则。根据跌窝形成的原因、发展趋势、范围大小和出现的部位采取不同的抢护措施。但是,必须以"抓紧翻筑抢护,防止险情扩大"为原则,在条件允许的情况下尽可能采用翻挖,分层填土夯实的办法做彻底处理。

条件不许可时,可采取相应的临时性处理措施。如跌窝伴随渗透破坏(渗水、管涌、漏洞等),可采用填筑反滤导渗材料的办法处理。如果跌窝伴随滑坡,应按照抢护滑坡的方法进行处理。如果跌窝在水下较深时,可采取临时性填土措施处理。

4)跌窝的抢护方法。抢护跌窝险情首先应当查明原因,针对不同情况,选用不同方法,备妥料物,迅速抢护。在抢护过程中,必须密切注意上游水情涨落变化,以免发生意外。抢护的方法一般有以下几种:

① 翻填夯实。未伴随渗透破坏的跌窝险情,只要具备抢护条件,均可采用这种方法。具体做法是:先将跌窝内的松土翻出,然后分层回填夯实,恢复堤防原貌。如跌窝出现在水下且水不太深时,可修土袋围堰或桩柳围堤,将水抽干后,再予翻筑。

　　翻筑所用土料应遵循"前截后排"的原则,如跌窝位于堤顶或临水坡时,须用防渗性能不小于原堤土的土料,以利防渗;如位于背水坡则须用排水性能不小于原堤土的土料,以利排渗。

　　翻挖时,必须清除松软的边界层面,并根据土质情况留足坡度或用桩板支撑,以免坍塌扩大。需筑围堰时应适当围得大些,以利抢护方便与漏水时加固。回填时,须使相邻土层良好衔接,以确保抢护的质量。

　　② 填塞封堵。这是一种临时抢护措施,适用于临水坡水下较深部位的跌窝。具体方法是:用土工编织袋、草袋或麻袋装粘性土或其他不远水材料,直接在水下填塞跌窝,全部填满跌窝后再抛投粘性散土加以封堵和帮宽。要求封堵严密,避免从跌窝处形成渗水通道,如图6-34所示。汛后水位回落后,还需按照上述翻填夯实法重新进行翻筑处理。

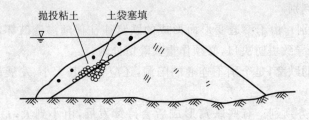

图6-34　填塞封堵跌窝示意图

　　③ 填筑反滤料。对于伴随有渗水、管涌险情,不宜直接翻筑的背水坡跌窝,可采用此法抢护。具体做法是:先将跌窝内松土和湿软土壤挖出,然后用粗沙填实,如渗涌水势较大,可加填石子或块石、砖块、梢料等透水料消杀水势后,再予填实。待跌窝填满后,再按反滤层的铺设方法抢护,如图6-35所示。修筑反滤层时,必须正确选择反滤料,使之真正起到反滤作用。

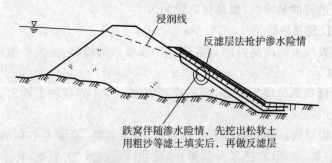

图6-35　填筑滤料示意图

　　④ 伴有滑坡、漏洞险情的抢护

　　(a)跌窝伴有漏洞的险情,必须按漏洞险情处理方法进行抢护。

　　(b)跌窝伴有滑坡的险情,必须按滑坡险情处理方法进行抢护。

　　5)跌窝抢险的善后处理。汛后应对跌窝产生的原因进行分析,判断其是堤防隐患引起的还是堤防质量问题引起的,并对汛期采取的填堵措施进行评价,按照跌窝产生的原因,采用相应的加固补强措施。汛期采用的各种应急措施,凡不满足设计要求的,应予清理、拆除,按新的设计方案处理。

　　(7)裂缝。

　　1)裂缝的概念。堤防裂缝按其出现的部位可分为表面裂缝、内部裂缝;按其走向可分为横向裂缝、纵向裂缝、龟纹裂缝；按其成因可分为沉陷裂缝、滑坡裂缝、干缩裂缝、冰冻裂缝、震动裂缝。其中以横向裂缝和滑坡裂缝危害性最大，应加强监视监测，及早抢护。堤防裂缝是常见的一种险情，也可能是其他险情的先兆。因此，对裂缝应引起足够的重视。

2）裂缝险情的分类。

① 按裂缝产生的成因可分为不均匀沉陷裂缝、滑坡裂缝、干缩裂缝、冰冻裂缝、振动裂缝。其中滑坡裂缝是比较危险的。

② 按裂缝出现的部位可分为表面裂缝、内部裂缝。表面裂缝容易引起人们的注意，可及时处理；而内部裂缝是隐蔽的，不易发现，往往危害更大。

③ 按裂缝走向可分为横向、纵向和龟纹裂缝。其中横向裂缝比较危险，特别是贯穿性横缝，是渗流的通道，属重大险情。即使不是贯穿性横缝，由于它的存在，缩短渗径，易造成渗透破坏，也属较重要险情。

3）裂缝的成因。引起堤防裂缝的原因是多方面的，归纳起来，产生裂缝的主要原因有以下方面：

① 不均匀沉降。堤防基础土质条件差别大，有局部软土层；或堤身填筑厚度相差悬殊，引起不均匀沉陷，产生裂缝。

② 施工质量差。堤防施工时上堤土料为粘性土且含水量较大，失水后引起干缩或龟裂，这种裂缝多数为表面裂缝或浅层裂缝，但北方干旱地区的堤防也有较深的干缩裂缝；筑堤时，填筑土料夹有淤土块、冻土块、硬土块；碾压不实，以及新老堤结合面未处理好，遇水浸泡饱和时，易出现各种裂缝，黄河一带甚至出现蛰裂（湿陷裂缝）；堤防与交叉建筑物接合部处理不好，在不均匀沉陷以及渗水作用下，引起裂缝。

③ 堤身存在隐患。害堤动物如白蚁、獾、狐、鼠等的洞穴，人类活动造成的洞穴如坟墓、藏物洞、军沟战壕等，在渗流作用下，引起局部沉陷产生的裂缝。

④ 水流作用。背水坡在高水位渗流作用下由于抗剪强度降低，临水坡水位骤降或堤脚被掏空，常可能引起弧形滑坡裂缝，特别是背水坡堤脚有塘坑、堤脚发软时，容易发生。

⑤ 振动及其他影响。如地震或附近爆破造成堤防基础或堤身沙土液化，引起裂缝；背水坡碾压不实，暴雨后堤防局部也有可能出现裂缝。总之，造成裂缝的原因往往不是单一的，常常多种因素并存。有的表现为主要原因，有的则为次要因素，而有些次要因素，经过发展也可能变成主要原因。

4）裂缝险情的判别。裂缝抢险，首先要进行险情判别，分析其严重程度。先要分析判断产生裂缝的原因，是滑坡性裂缝，还是不均匀沉降引起；是施工质量差造成，还是由振动引起。而后要判明裂缝的走向，是横缝还是纵缝。如果是横缝要判别探明是否贯穿堤身。如果是局部沉降裂缝，应判别是否伴随有管涌或漏洞。此外还应判断是深层裂缝还是浅层裂缝。必要时还应辅以隐患探测仪进行探测。

5）裂缝险情抢护的原则。根据裂缝判别，如果是滑动或坍塌崩岸性裂缝，应先按处理滑坡或崩岸方法进行抢护。待滑坡或崩岸稳定后，再处理裂缝，否则达不到预期效果。纵向裂缝如果仅是表面裂缝，可暂不处理，但须注意观察其变化和发展，并封堵缝口，以免雨水侵入，引起裂缝扩展。较宽较深的纵缝，即使不是滑坡性裂缝，也会影响堤防强度，降低其抗洪能力，应及时处理，消除裂缝。横向裂缝是最为危险的裂缝。如果已横贯堤身，在水面以下时水流会冲刷扩宽裂缝，导致非常严重的后果。即使不是贯穿性裂缝，也会因缩短渗径，浸润线抬高,造成堤身土体的渗透破坏。因此,对于横向裂缝,不论是否贯穿堤身,均应迅速处理。窄而浅的龟纹裂缝,一般可不进行处理。较宽较深的龟纹裂缝,可用较干的细土填缝,用水洇实。

6)裂缝险情的抢护方法。

① 开挖回填。这种方法适用于经过观察和检查已经稳定,缝宽大于 1 cm,深度超过 1 m 的非滑坡(或坍塌崩岸)性纵向裂缝,施工方法如下:

(a)开挖。沿裂缝开挖一条沟槽,挖到裂缝以下 0.3~0.5 m 深,底宽至少 0.5 m,边坡的坡度应满足稳定及新旧填土能紧密结合的要求,两侧边坡可开挖成阶梯状,每级台阶高宽控制在 20 cm 左右,以利稳定和新旧填土的结合。沟槽两端应超过裂缝 1 m。

(b)回填。回填土料应和原堤土类相同,含水量相近,并控制含水量在适宜范围内。土料过干时应适当洒水。回填要分层填土夯实,每层厚度约 20 cm,顶部高出堤面 3~5 cm,并做成拱弧形,以防雨水入侵。

需要强调的是,已经趋于稳定并不伴随有坍塌崩岸、滑坡等险情的裂缝,才能用上述方法进行处理。当发现伴随有坍塌崩岸、滑坡险情的裂缝,应先抢护坍塌、滑坡险情,待脱险并裂缝趋于稳定后,再按上述方法处理裂缝本身。

② 横墙隔断。此法适用于横向裂缝,施工方法如下:

(a)沿裂缝方向,每隔 3~5 m 开挖一条与裂缝垂直的沟槽,并重新回填夯实,形成梯形横墙,截断裂缝。墙体底边长度可按 2.5~3.0 m 掌握,墙体厚度以便利施工为度,但不应小于 50 cm。开挖和回填的其他要求与上述开挖回填法相同,如图 6-36 所示。

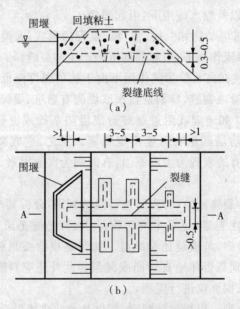

图 6-36 横墙隔断处理裂缝示意图(单位:m)

(a)A—A 剖面图;(b)平面图

(b)如裂缝临水端已与河水相通,或有连通的可能时,开挖沟槽前,应先在堤防临水侧裂缝前筑前戗截流。若沿裂缝在堤防背水坡已有水渗出时,还应同时在背水坡修做反滤导渗,以免将堤身土颗粒带出。

（c）当裂缝漏水严重，险情紧急，或者在河水猛涨，来不及全面开挖裂缝时，可先沿裂缝每隔 3～5 m 挖竖井，并回填粘土截堵，待险情缓和后，再伺机采取其他处理措施。

（d）采用横墙隔断是否需要修筑前戗、反滤导渗，或者只修筑前戗和反滤导渗而不做隔断横墙，应当根据险情情况进行具体分析。

③ 封堵缝口

（a）灌堵缝口。裂缝宽度小于 1 cm，深度小于 1 m，不甚严重的纵向裂缝及不规则纵横交错的龟纹裂缝，经观察已经稳定时，可用灌堵缝口的方法。具体作法如下：

第一步：用干而细的沙壤土由缝口灌入，再用木条或竹片捣塞密实。

第二步：沿裂缝作宽 5～10 cm，高 3～5 cm 的小土埂，压住缝口，以防雨水浸入。

未堵或已堵的裂缝，均应注意观察、分析，研究其发展趋势，以便及时采取必要的措施。如灌堵以后，又有裂缝出现，说明裂缝仍在发展中，应仔细判明原因，另选适宜方法进行处理。

（b）裂缝灌浆。缝宽较大、深度较小的裂缝，可以用自流灌浆法处理。即在缝顶开宽、深各 0.2 m 的沟槽，先用清水灌下，再灌水土重量比为 1：0.15 的稀泥浆，然后再灌水土重量比为 1：0.25 的稠泥浆，泥浆土料可采用壤土或沙壤土，灌满后封堵沟槽。

如裂缝较深，采用开挖回填困难时，可采用压力灌浆处理。先逐段封堵缝口，然后将灌浆管直接插入缝内灌浆，或封堵全部缝口，由缝侧打眼灌浆，反复灌实。灌浆压力一般控制在 50～120 kPa（0.5～1.2 kg/cm^2），具体取值由灌浆实验确定。

压力灌浆的方法适用于已稳定的纵横裂缝，效果也较好。但是对于滑动性裂缝，将促使裂缝发展，甚至引发更为严重的险情。因此，要认真分析，采用时须慎重。

7）裂缝抢险的善后处理。在汛期，裂缝产生原因不完全清楚的情况下，有可能判断失误而采取了不当的抢险措施，也有可能采用各种临时代用料进行封堵。汛后，应对裂缝的产状、分布、规模以及产生的原因作进一步的分析研究。经过论证确认裂缝已经稳定和愈合，不需重新处理的，须经上级主管部门批准。汛期采用临时代用料没有彻底处理或处理不当的，应根据裂缝的形状、规模及其成因采取合理的处理措施。属于滑坡引起的裂缝，按滑坡除险加固方法进行处理，属于基础不均匀沉陷引起的裂缝，按地基加固的方法进行处理。其他原因引起的裂缝，如为纵向表面裂缝，可暂不处理，但应注意观察其变化和发展，并应堵塞缝口，以免雨水进入。较宽较深的纵缝，则应及时处理。横向裂缝不论是否贯穿堤身，均须回填封堵或充填灌浆方法进行处理，龟纹裂缝一般不宽不深，可不进行处理，较宽较深时可用较干的细土予以填缝，或用水洇实。

（8）风浪。

1）风浪的概念。汛期江河涨水后，水面加宽，堤前水深增加，风浪也随之增大，堤防临水坡在风浪的连续冲击淘刷下，易遭受破坏。轻者使临水坡淘刷成浪坎，重者造成堤防坍塌、滑坡、漫溢等险情，使堤身遭受严重破坏，以致溃决成灾。

2）风浪险情的成因。

① 堤前水面宽深，风向与吹程一致，风大浪高对堤坡具有强大的冲击力。

② 高水位时船舶航行波浪会危及堤坡安全。

③ 临水堤坡经受风浪一涌一退的反复冲击，波浪往返爬坡运动，会发生真空作用，堤坡面产生负压，使坡面土料、护坡缝隙内下级配不良的垫层颗粒遭到水流冲击和淘刷，造成堤坡坍塌，严重的以致溃决成灾。

④ 堤身质量不高,土质差,碾压不实,护坡薄弱,垫层不合要求,堤坡抗冲能力差;

⑤ 风浪爬高增加水面以上堤身的饱和范围,降低了土体的抗剪强度。

⑥ 一旦波浪越顶漫溢,极易造成堤防溃决。

3)风浪险情的抢护方法。

① 河段封航。根据《中华人民共和国防洪法》第四十五条,当宣布进入紧急防汛期,必要时,公安、交通等部门可按防汛指挥机构的决定依法实施水面交通管制,对部分或全部河段实行封航措施,消除船舶航行波浪的危害。如1998年汛期,长江干流就实行了较长时间的封航,避免了船行波对堤防的冲击。

② 堤坡防护。对未设置护坡的土堤,临时用防汛料物加工铺压临水堤坡面,增强其抗冲能力,这是常用的方法,具体有以下几种:

(a)土(石)袋防护。用编织袋、麻袋或草袋装土、沙、碎石或碎砖等,平铺迎水堤坡,装袋要求与前述袋装土埝相同。此法适于土堤抗冲能力差,缺少柳、秸等软料,风浪破坏较严重的堤段,4级风可用土、沙袋,6级以上风浪应使用石袋。放置土袋前,对于水上部分或水深较浅的堤坡适当削平,并铺上土工织物,也可铺软草一层大约0.1m厚,起反滤作用,防止风浪把土掏出,在风浪冲击的范围内摆放土袋底向外、口向里,互相叠压,袋间要挤压严密,上下错缝,铺设到浪高以上,确保防浪效果。如果堤坡稍陡或土质太差,土袋容易滑动。可在最下一层土袋前面打木桩一排,长度1m,间隔0.3~0.4m,如图6-37所示。此法制作和铺放简便灵活,可随需要增铺,但要注意土袋中的土易被冲失,石袋为佳;草袋易腐烂,如使用时间长则需更换。

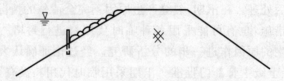

图6-37　土(石)袋防护剖面示意图

(b)土工织物防护。1998年抗洪中已广泛使用了编织布防浪技术,成效显著,应予推广提倡。在受风浪冲击的坡面铺置土工织物之前,应清除堤坡上的块石、土块、树枝等杂物,以免使织物受损。织物宽度不一,一般不小于4m,宽的可达8~9m,可根据需要预先粘贴、焊接,顺堤搭接的长度不小于1m,织物上沿一般应高出洪水位1.5~2.0m。为了避免被风浪揭开,织物的四周可用20cm厚的预制混凝土压块,或碎石袋(土袋不宜)镇压,如果堤坡过陡,压石袋可能向下滑脱,在险情紧迫时,应适当多压。此外,也可顺堤坡每隔2~3m将土工织物叠缝成条形土枕,内充填沙石料,如图6-38所示。

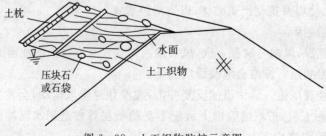

图6-38　土工织物防护示意图

(c)柳箔防护。将柳、苇、稻草或其他秸料编织成席箔,铺在堤坡并加以固定,其抗冲、抗淘刷性也较好。具体做法是用 18 号铅丝捆扎成直径 0.1 m,长约 2 m 的柳把,再连成柳箔,其上端以 8 号铅丝或绳缆系在堤顶打牢的木桩上,木桩 1 m 长,在距临水堤肩 2~3 m 处,打上一排,间隔 3 m 一个。柳箔下端适当坠以块石或土袋,使柳箔贴在堤坡上,柳把方向与堤线垂直,必要时可在柳箔面上再压块石或沙袋,防止其漂浮或滑动。必须把高低水位范围内被波浪冲刷的坡面全部护住,如果铺得不严密,堤土仍很容易被水淘出。使用此方法要随时观察,防止木桩以及起固定作用的沙袋被风浪冲坏,如图 6-39 所示。

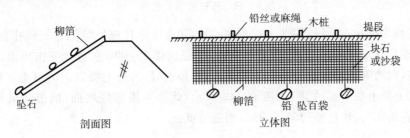

图 6-39　柳箔防护示意图

(d)柴草(桩柳)防护。在受风浪冲击的堤坡水面以下打一排签桩,把柳、芦、秸料等梢料分层铺在堤坡与签桩之间,直到高出水面 1 m,以石块或土袋压在梢料上面,防止漂浮,如图 6-40 所示。当水位上涨,一级不够时,可退后同法做二级或多级。

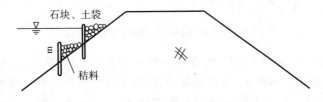

图 6-40　柴草(桩柳)防护剖面示意图

③ 浪防护。为削减波浪的冲击力,可以在靠近堤坡的水面漂浮芦柴、柳枝、湖草和木头等材料的捆扎体,设法锚定,防止被风浪水流冲走。消浪方法具体有以下几种。

(a)柳枝消浪。凡沿江河湖泊堤防种植柳树很多的地方可用此法。用大柳树枝叶多的上部,要求干长 1 m 以上,枝径 0.1 m 左右,也可几棵捆扎使用,在堤顶打木桩,其校长 1.5~2 m,直径 0.1~0.15 m,桩距 2~3 m。用 8 号铅丝或绳子把柳枝干的头部系在木桩上,树梢伸向堤外,并在树杈处捆扎石(沙)袋,使树梢沉入水下,顺坡边坡推柳入水。如果堤坡已有坍塌,则从其下游向上游顺序逐棵压茬。应根据溜坡和坍塌情况确定棵间距及挂深,在主溜附近要挂密一些,边上挂稀一些,根据防护的需要可在已挂柳之间,再补茬签挂。此法一般在 4~5 级风浪下,枝梢面大,消浪作用较好,但要注意枝杈摇动损坏坡面。当柳叶腐烂失效时,可采取补救措施,防止效能的减低,如图 6-41 所示。

(b)枕排消浪。将柳枝、芦苇或秸料扎成枕,其直径 0.5~0.8 m;堤直的用长枕,可达 30~50 m,弯度大的堤用短枕,枕芯卷入直径 5~7 cm 的竹缆二根或粗 3~4 cm 的麻绳做龙筋(芯),枕的纵向隔 0.6~1.0 m 用 10~14 号铅丝捆扎。在堤顶距临水堤肩 2~3 m 到背水坡之间打木桩,校长 0.8~1.2 m,桩距 3~5 m,用绳缆将枕拴牢于桩上,绳缆可以收紧或松开,使枕随水位变化而上下移动,起到消浪作用。

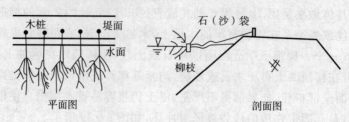

图 6-41 柳枝消浪示意图

拴一枕称为单枕,也可挂用两个或更多的枕,用绳缆木杆或竹竿把它们捆扎在一起成为枕排,也叫连环枕,要使最外面的枕高浮水面,枕径也要大一些,它直接迎击风浪,后面的枕径可小一些,以消除余浪。枕排要比单枕牢固,效果也好,可防七级以下的风浪。枕位不稳,可适当在枕上拴上块石或沙袋,如图 6-42 所示,此法不损坏堤坡面,消浪效果好,制作简单,但必须扎结牢实,柳枕使用时间较短,而造价低。

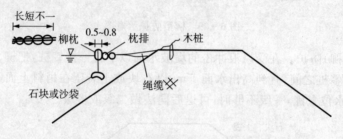

图 6-42 枕排(单枕、多枕)消浪示意图

(c)湖草排消浪。汛期割下湖区菱、茭等各种浮生水草,编扎草排,有些蔓植草类可用木杆、竹竿捆扎,排的面积尽可能大,可用船拖动就位,也可把湖草运到现场捆扎。拴固方法同上述枕排,系在木桩上,也可锚固,使其浮在距堤坡 3～5 m 的水面上。缺湖草时也可用其他软草代替。此法防浪效果好,造价低,但易被风浪破坏,不能防大风浪,如图 6-43 所示。随着洪水位的变化,随时注意调整拴排缆绳和锚索的长短,使湖草排能正常起到消浪的作用。

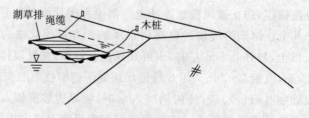

图 6-43 湖草排消浪示意图

(d)木排消浪。使用木排或竹排消浪,效果较好,结构比其他排牢固、耐用,不易散架,汛后还可运用。但用量大,锚链困难,属硬性材料,一旦断开,直接威胁堤坝安全,因此使用时要随时检查,及时加固。将直径为 5～15 cm 的圆木以绳缆或铅丝捆扎,重叠 3～4 层,使厚度达到 30～50 cm(一般为水深的 1/10～1/20 效果较好),宽度 1.5～2.5 m(越宽效果越好),长度 3～5 m,可把几个木排连接起来。圆木间的空隙约为圆木直径的一半,可夹以芦柴把和柳把等,节省木材用量,降低造价。楠竹与圆木处理办法相同。为了增强防浪效果,

应在竹木排下面坠以块石或沙石袋。防浪竹木排应抛锚固定在堤边坡以外 10～40 m 范围，水面越宽，距离应越远，避免撞击堤身。锚链长度应稍大于水深，防止锚链被拔起（走锚）。为了防止木排自己移动，锚链也不要过长。若木排较小，可以直接拴在堤顶木桩上，但要随时调整绳缆，防止撞击堤身。木排距堤坡一般为浪长的 2～3 倍，此时消浪效果较好，太近易撞，太远会失效。所谓浪长指两个浪峰的距离。一般使用木排消浪要特别慎重，使用的不是很多，如图 6 - 44 所示。

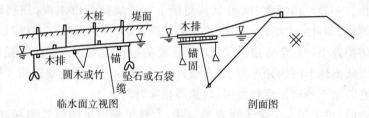

图 6 - 44　木（竹）消浪示意图

　　在选用漂浮物消浪的方法时，注意满足消能作用大、范围宽广的要求，避免余波淘刷，力争多使水体本身干扰消能，少与波浪直接撞击。

　　以上防浪措施中都要注意不要对堤身造成过分损伤。例如，打木桩不宜过密过深，以免破坏堤身土体结构，降低自身的抗洪能力。

　　4）风浪抢险的善后处理。汛后应根据堤防的等级和具体堤段的险情，进行防浪设计，并对已采用的防浪措施进行评价，因地制宜地筛选设计方案。凡不符合选定方案的各种临时措施，均应拆除、清理，尤其是打入堤身的竹桩、木桩以及其他易腐物质，要认真彻底清除。

　　（9）崩岸。

　　1）崩岸的概念。崩岸是在水流冲刷下临水面土体崩落的险情。当堤外无滩或滩地极窄的情况下，崩岸将会危及堤防的安全。堤岸被强环流或高速水流冲刷淘深，岸坡变陡，使上层土体失稳而崩塌。每次崩塌土体多呈条形，其岸壁陡立，称为条崩；当崩塌体在平面和断面上为弧形阶梯，崩塌的长、宽和体积远大于条崩的，称为窝崩。如 1996 年 1 月江西九江长江干堤马湖段和 1998 年湖北省长江干堤石首段均出现了窝崩。发生崩岸险情后应及时抢护，以免影响堤防安全，造成溃堤决口。

　　2）崩岸的成因。崩岸险情发生的主要原因是：水流冲淘刷深堤岸坡脚。在河流的弯道，主流逼近凹岸，深泓紧逼堤防。在水流侵袭、冲刷和弯道环流的作用下，堤外滩地或堤防基础逐渐被淘刷，使岸坡变陡，上层土体失稳而最终崩塌，危及堤防。

　　此外，为了整治河道，控导河势，与险工相结合，在河道的关键部位常建有垛（短丁坝、矶头）、丁坝和顺坝等。由于这些工程的阻水作用，常会在其附近形成回流和漩涡，导致局部冲刷深坑，进而产生窝崩，从而使这些垛、丁坝的自身安全受到威胁。

　　3）崩岸险情的预兆。崩岸险情发生前，堤防临水坡面或顶部常出现纵向或圆弧形裂缝，进而发生沉陷和局部坍塌。因此，裂缝往往是崩岸险情发生的预兆。必须仔细分析裂缝的成因及其发展趋势，及时做好抢护崩岸险情的准备工作。

　　必须指出：崩岸险情的发生往往比较突然，事先较难判断。它不仅常发生在汛期的涨、落水期，在枯水季节也时有发生；随着河势的变化和控导工程的建设，原来从未发生过崩岸的平工也会变为险工。因此，凡属主流靠岸、堤外无滩、急流顶冲的部位，都有发生崩岸险情的可能,都要加强巡查,加强观察。

勘查分析河势变化,是预估崩岸险情发生的重要方法。要根据以往上下游河道险工与水流顶冲点的相关关系和上下游河势有无新的变化,分析险工发展趋势;根据水文预报的流量变化和水位涨落,估计河势在本区段可能发生变化的位置;综合分析研究,判断可能的出险河段及其原因,作好抢险准备。

4)崩岸险情的探测。探测护岸工程前沿或基础被冲深度,是判断险情轻重和决定抢护方法的首要工作。一般可用探水杆、铅鱼从测船上测量堤防前沿水深,并判断河底土石情况。通过多点测量,即可绘出堤防前沿的水下断面图,以大体判断堤脚基础被冲刷的情况及抛石等措施的防护效果。与全球定位仪(GPS)配套的超声波双频测深仪法是测量堤防前沿水深和绘制水下断面地形图的先进方法,在条件许可的情况下,可优先选用。因为这一方法可十分迅速地判断水下冲刷深度和范围,以赢得抢险时间。

在情况紧急时,可采用人工水下探查的方法,大致了解冲坑的位置和深度、急流游涡的部位以及水下护脚破坏的情况,以便及时确定抢护的方法。

5)崩岸险情的抢护方法。崩岸险情的抢护措施,应根据河势,特别是近岸水流的状况,崩岸后的水下地形情况以及施工条件等因素,酌情选用。首先要稳定坡脚,固基防冲。待崩岸险情稳定后,再酌情处理岸坡。处理崩岸险情的主要措施有:护脚固基抗冲、缓流挑流防冲、减载加帮等。

① 护脚固基抗冲。一旦发生崩岸险情,首先应考虑抛投料物,如石块、石笼、土袋和柳石枕等,以稳定基础、防止崩岸险情的进一步发展。

(a)抛石块。抛投石块应从险情最严重的部位开始,依次向两边展开。首先将石块抛入冲坑最深处,逐步从下层向上层,以形成稳定的阻滑体。在抛石过程中,要随时测量水下地形,掌握抛石位置,以达到稳定坡度(一般为1∶1～1∶1.5)为止。

抛投石块应尽量选用大的石块,以免流失。在条件许可的情况下,应通过计算确定抗冲抛石粒径。在流速大、紊动剧烈的坝头等处,石块重量一般应达30～75 kg;在流速较小,流态平稳的顺坡坡脚处,石块重量一般也不应小于15 kg。

抛石的落点受流速、水深、石重等因素的影响,在抛投前应先作简单现场实验,测定抛投点与落点的距离,然后确定抛投船的泊位。

在水深流急情况下抛石,应选择突击抢抛的施工方法。集中力量,一次性抛入大量石块,避免零抛散堆,造成不必要的石块流失。从堤岸上抛投时,为避免砸坏堤岸,应采用滑板,保持石块平稳下落。当堤岸抛石的落点不能达到冲坑最深处时,这一施工方法不宜单独运用。应配合船上抛投,形成阻滑体,否则,起不到抛石的作用。

(b)抛石笼。当现场石块体积较小,抛投后可能被水冲走时,可采用抛投石笼的方法。

抛笼应从险情严重部位开始,并连续抛投至一定高度。可以抛投笼堆,亦可普遍抛笼。在抛投过程中,需不断检测抛投面坡度,一般应使该坡度达到1∶1。

应预先编织、扎结铅丝网、钢筋网或竹网,在现场充填石料。石笼体积一般应达1.0～2.5 m³,具体大小应视现场抛投手段而定。

抛投石笼一般在距水面较近的坝顶或堤坡平台上,或船只上实施。船上抛笼,可将船只锚定在抛笼地点直接下投,以便较准确地抛至预计地点。在流速较大的情况下,可同时从堤顶和船只上抛笼,以增加抛投速度。

　　抛笼完成以后,应全面进行一次水下探摸,将笼与笼接头不严之处,用大块石抛填补齐。

　　(c)抛土袋。在缺乏石料的地方,可利用草袋、麻袋和土工编织袋充填土料进行抛投护脚。在抢险情况下,采用这一方法是可行的。其中土工编织袋又优于草袋、麻袋,相对较为坚韧耐用。

　　每个土袋重量宜在 50 kg 以上,袋子装土的充填度为 70%～80%,以充填沙土、沙壤土为好,装填完毕后用铅丝或尼龙绳绑扎封口。

　　可从船只上,或从堤岸上用滑板导滑抛投,层层叠压。如流速过高,可将 2～3 个土袋捆扎连成一体抛投。在施工过程中,需先抛一部分土袋将水面以下深槽底部填平。抛袋要在整个深槽范围内进行,层层交错排列,顺坡上抛,坡度 1:1,直至达到要求的高度。在土袋护体坡面上,还需抛投石块和石笼,以作保护。在施工中,要严防尖硬物扎破、撕裂袋子。

　　(d)抛柳石枕。对淘刷较严重、基础冲塌较多的情况,仅抛石块抢护,因间隙透水,效果不佳。常可采用抛柳石枕抢护,如图 6-45 所示。

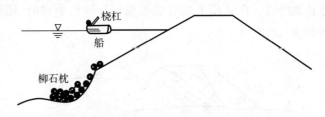

图 6-45　抛柳石枕示意图

　　柳石枕的长度视工地条件和需要而定,一般长 10 m 左右,最短不小于 3 m,直径 0.8～1.0 m。柳、石体积比约为 2:1,也可根据流速大小适当调整比例。

　　推枕前要先探摸冲淘部位的情况,要从抢护部位稍上游推枕,以便柳石枕入水后有藏头的地方。若分段推枕,最好同时进行,以便衔接。要避免枕与枕交叉、搁浅、悬空和坡度不顺等现象发生。如河底淘刷严重,应在枕前再加抛第二层枕。要待枕下沉稳定后,继续加抛,直至抛出水面 1.0 m 以上。在柳石枕护体面上,还应加抛石块、石笼等,以作保护。

　　捆枕和推枕的方法,各地有很多经验,这里不再赘述。

　　选用上述几种抛投料物措施的根本目的,在于固基、阻滑和抗冲。因此,特别要注意将料物投放在关键部位,即冲坑最深处。要避免将料物抛投在下滑坡体上,以免加重险情。

　　在条件许可的情况下,在抛投料物前应先做垫层,可考虑选用满足反滤和透水性准则的土工织物材料。无滤层的抛石下部常易被淘刷,从而导致抛石的下沉崩塌。当然,在抢险的紧急关头,往往难以先做好垫层。一旦险情稳定,就应立即补做此项工作。

　　② 缓流挑流防冲。为了减缓崩岸险情的发展,必须采取措施防止急流顶冲的破坏作用。

　　(a)抢修短丁坝。丁坝、垛、矶等可以导引水流离岸,防止近岸冲刷。这是一种间断性有重点的护岸形式,在崩岸除险加固中常有运用。

　　在突发崩岸险情的抢护中,采用这一方法困难较大,见效较慢。但在急流顶冲明显、冲刷面不断扩大的情况下,也可应急地采用石块、石枕、铅丝石笼、沙石袋等抛堆成短坝,调整水流方向,以减缓急流对坡脚的冲刷。

　　在抢险中,难以对短丁坝的方向、形式等进行仔细规划,但要求坝长不影响对岸。修建丁坝势必增强坝头附近局部河床的冲刷危险,因此要求坝体自身(特别是坝头)具有一定的抗冲稳定性。

应尽量采用机械化施工,以赢得时间,争取主动。

(b)沉柳缓流防冲。这一方法对减缓近岸流速,抗御水流冲刷比较有效。在含沙量较大的河流中,采用这一方法效果更为显著。

首先应摸清淘刷堤脚的下沿位置等,以确定沉柳的底部位置和应沉的数量。用船运载枝叶茂密的柳树头,用铅丝或麻绳将大块石等重物捆扎在柳树头的树杈上。然后,从下游向上游,由低到高,依次抛沉,要使树头依次排列,紧密相联。如一排不能完全掩护淘刷范围,可增加堆沉排数,层层相叠。

此外,还有挂柳缓流防冲等措施,具有防冲、落淤和防风浪作用。

上述缓流挑流防冲的几种措施,一般只能作为崩岸险情抢护的辅助手段,它们可以减缓险情的发展,但不能从根本上解决问题。

③减载加帮等其他措施。在采用上述方法控制崩岸险情的同时,还可考虑临水削坡、背水帮坡的措施,如图6-46所示。

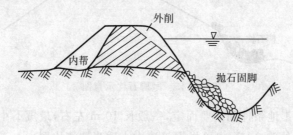

图6-46　抛石固脚外削内帮示意图

为了抑制崩岸险情的继续扩大,维持尚未坍塌堤脚的稳定,应移走堤顶堆放的料物或拆除洪水位以上的堤岸。特别是坡度较陡的砌石堤岸,尽可能拆除,并将土坡削成1:1的坡度,以减轻荷载。因坍塌或削坡使堤身断面过小时,应在堤的背水坡抢筑后戗或培厚堤身。

当崩岸险情发展迅速,一时难以控制时,还应考虑在崩岸堤段后一定距离抢修第二道堤防,俗称月堤。这一方法就是对崩岸险工除险加固中常采用的退堤还滩措施。退堤还滩就是主动将堤防退后重建,以让出滩地,形成对新堤防的保护前沿。在抢险的紧急关头,为防止堤防的溃决,有时也不得不采用这一应急措施,以策安全。

6)崩岸抢险的善后处理。汛后应查明崩岸性质、范围和该堤段的工程地质条件,对已采取的抢险措施进行复核。如果在因岸抢险时使用了木料、竹笼、芦苇枕、梢枕等临时代用料,则应进行清除并重新按设计因岸,对不满足设计要求的其他情况也应按新的处理方案组织施工。在崩岸抢险的紧急情况下,采用抛石固基措施时,往往难以设置滤层。不做滤层或垫层的抛石护脚在运用一段时间后,其抛石下部常被淘刷,从而导致抛石的下沉崩塌。因此,在善后处理时,需考虑滤层的设置。

(10)决口。

1)概述。江河、湖泊堤防在洪水的长期浸泡和冲击作用下,当洪水超过堤防的抗御能力,或者在汛期出险抢护不当或不及时,都会造成堤防决口。堤防决口对地区社会经济的发展和人民生命财产的安全危害是十分巨大的。

在条件允许的情况下,对一些重要堤防的决口采取有力措施,迅速制止决口的继续发展,并实现堵口复堤,对减小受灾面积和缩小灾害损失有着十分重要的意义。对一些河床高于两岸地面的悬河决口,及时堵口复堤,可以避免长期过水造成河流改道。

堤防决口抢险是指汛期高水位条件下,将通过堤防决口口门的水流以各种方式拦截、封堵,使水流完全回归原河道。这种堵口抢险技术上难度较大,主要牵涉到以下几个方面:一是封堵施工的规划组织,包括封堵时机的选择;二是封堵抢险的实施,包括裹头、沉船和其他各种截流方式,防渗闭气措施等。

2)决口封堵时机的选择。堤防一旦出现决口重大险情,必须采取坚决措施,在口门较窄时,采用大体积料物,如篷布、石袋、石笼等,及时抢堵,以免口门扩大,险情进一步发展。

在溃口口门已经扩开的情况下,为了控制灾情的发展,同时也要考虑减少封堵施工的困难,要根据各种因素,精心选择封堵时机。恰当的封堵时机选择,将有利于顺利地实现封堵复堤,减少封堵抢险的经费和减少决口灾害的损失。通常,要根据以下条件,综合考虑,作出封堵时机的决策。

① 口门附近河道地形及土质情况,估计口门发展变化趋势。

② 洪水流量、水位等水义预报情况,一段时间内的上游米水情况及天气情况。

③ 洪水淹没区的社会经济发展情况,特别是居住人口情况,铁路、公路等重要交通干线及重要工矿企业和设施的情况。

④ 决口封堵料物的准备情况,施工人员组织情况,施工场地和施工设备的情况。

⑤ 其他重要情况。

3)决口封堵的组织设计。

① 水文观测和河势勘查。在进行决口封堵施工前,必须做好水文观测和河势助查工作。要实测口门的宽度,绘制简易的纵横断面图,并实测水深、流速和流量等。在可能情况下,要勘测口门及其附近水下地形,并勘查土质情况,了解其抗冲流速值。

② 堵口堤线确定。为了减少封堵施工时对高流速水流拦截的困难,在河道宽阔并具有一定滩地的情况下,或堤防背水侧较为开阔且地势较高的情况下,可选择"月弧"形堤线,以有效增大过流面积,从而降低流速,减少封堵施工的困难。

③ 堵口辅助工程的选择。为了降低堵口附近的水头差和减少流量、流速,在堵口前可采用开挖引河和修筑挑水坝等辅助工程措施。要根据水力学原理,精心选择挑水坝和引河的位置,以引导水流偏离决口处,并能顺流下泄,以降低堵口施工的难度。

对于全河夺流的堤防决口,要根据河道地形、地势选好引河、挑水坝的位置,从而使引河、堵口堤线和挑水坝三项工程有机结合,达到顺利堵口的目的。

④ 抢险施工准备。在实施封堵前,要根据决口处地形、水头差和流量,做好封堵材料的准备工作。要考虑各种材料的来源、数量和可能的调集情况。封堵过程中不允许停工待料,特别是不允许在合龙阶段出现间歇等待的情况。要考虑好施工场地的布置和组织,充分利用机械施工和现代化的运输设备。传统的以人力为主,采用人工打桩、挑土上堤的方法,不仅施工组织困难,耗时长、花费大,而且失败的可能性也较大。因此,要力争采用现代化的施工方式,提高抢险施工的效率。

4)决口抢险的实施。堤防溃口险情的发生,具有明显的突发性质。各地在抢险的组织准备、材料准备等方面都不可能很充分。因此,要针对这种紧急情况,采用适宜的堵口抢险应急措施。

为了实现溃口的封堵，通常可采取以下步骤：

① 抢筑裹头。土堤一旦溃决，水流冲刷扩大溃口口门，以致口门发展速度很快，其宽度通常要达 200～300 m 才能达到稳定状态，如湖北的簰洲湾、江西九江的江心洲溃口。

如能及时抢筑裹头，就能防止险情的进一步发展，减少此后封堵的难度。同时，抢筑坚固的裹头，也是堤防决口封堵的必要准备工作。因此，及时抢筑裹头，是堤防决口封堵的关键之一。

要根据不同决口处的水位差、流速及决口处的地形、地质条件，确定有效抢筑裹头的措施。这里重要的是选择抛投料物的尺寸，以满足抗冲稳定性的要求；选择裹头形式，以满足施工要求。

通常，在水浅流缓、土质较好的地带，可在堤头周围打桩，桩后填柳或柴料厢护或抛石裹护。在水深流急、土质较差的地带，则要考虑采用抗冲流速较大的石笼等进行裹护。除了传统的打桩施工方法，可采用螺旋锚方法施工。螺旋锚杆其首部带有特殊的锚针，可以迅速下铺入土，并具有较大的垂直承载力和侧向抗冲力。首先在堤防迎水面安装两排一定根数的螺旋锚，抛下沙石袋后，挡住急流对堤防的正面冲刷，减缓堤头的崩塌速度；然后，由堤头处包裹向背水面安装两排螺旋锚，抛下沙石袋，挡住急流对堤头的激流冲刷和回流对堤背的淘刷。亦有采用土工合成材料或橡胶布裹护的施工方案，将土工合成材料或橡胶布铺展开，并在其四周系重物使它下沉定位，同时采用抛石等方法予以压牢。待裹头初步稳定后，再实施打桩等方法进一步予以加固。

② 沉船截流。根据九江城防堤决口抢险的经验，沉船截流在封堵决口的施工中起到了关键的作用。沉船截流可以大大减小通过决口处的过流流量，从而为全面封堵决口创造条件。

在实现沉船截流时，最重要的是保证船只能准确定位。在横向水流的作用下，船只的定位较为困难，要精心确定最佳封堵位置，防止沉船不到位的情况发生。

采用沉船截流的措施，还应考虑到由于沉船处底部的不平整，使船底部难与河滩底部紧密结合的情况。这时在决口处高水位差的作用下，沉船底部流速仍很大，淘刷严重，必须迅即抛投大量料物，堵塞空隙。在条件允许的情况下，可考虑在沉船的迎水侧打钢板桩等阻水。在决口抢险时，利用这种特殊的抛石船只，在堵口的关键部位开舱抛石并将船舶下沉，这样可有效地实现封堵，并减少决口河床冲刷。

③ 进占堵口。在实现沉船截流减少过流流量的步骤后，应迅速组织进占堵口，以确保顺利封堵决口。常用的进占堵口方法有：立堵、平堵和混合堵三种。

(a)立堵法。从口门的两端或一端，按拟定的堵口堤线向水中进占，逐渐缩窄口门，最后实现合龙。采用立堵法，最困难的是实现合龙。这时，龙口处水头差大，流速高，使抛投物料难以到位。在这样的情况下，要做好施工组织，采用巨型块石笼抛入龙口，以实现合龙。在条件许可的情况下，可从口门的两端架设缆索，以加快抛投速率和降低抛投石笼的难度。

(b)平堵法。沿口门的宽度，自河底向上抛投料物，如柳石枕、石块、石枕、土袋等，逐层填高，直至高出水面，以堵截水流。这种方法从底部逐渐平铺加高，随着堰顶加高，口门单宽流量及流速相应减小，冲刷力随之减弱，利于施工，可实现机械化操作。这种平堵方式特别适用于前述拱形堤线的进占堵口。平堵有架桥和抛投船两种抛投方式。

(c)混合堵。混合堵是立堵与平堵相结合的堵口方式。堵口时,根据口门的具体情况和立堵、平堵的不同特点,因地制宜,灵活采用。如在开始堵口时,一般流量较小,可用立堵快速进占。在缩小口门后流速较大时,再采用平堵的方式,减小施工难度。

在1998年抗洪斗争中,借助中国人民解放军工兵和桥梁专业的经验,采用了"钢木框架结构、复合式防护技术"进行堵口合龙。这种方法是用40 mm左右的钢管间隔2.5 m沿堤线固定成数个框架。钢管下端插入堤基2 m以上,上端高出水面1~1.5 m做护栏,将钢管以统一规格的连接器件组成框网结构,形成整体。在其顶部铺设跳板形成桥面,以便快速在框架内外由下而上、由里向外填塞料物袋,以形成石、木、钢、土多种材料构成的复合防护层。要根据结构稳定的要求,做好成片连接、框网推进的钢木结构。同时要做好施工组织,明确分工,衔接紧凑,以保证快速推进。

④ 防渗闭气。防渗闭气是整个堵口抢险的最后一道工序。因为实现封堵进占后,堤身仍然会向外漏水,要采取阻水断流的措施。若不及时防渗闭气,复堤结构仍有被淘刷冲毁的可能。

通常,可用抛投粘土的方法,实现防渗闭气。亦可采用养水盆法,修筑月堤蓄水以解决漏水。土工膜等新型材料,也可用以防止封堵口的渗漏。

二、水库险情及抢护技术

1. 水库及其病险水库等级划分

(1)水库的定义。一般在河道、山谷峡口、低洼地等处用土、砂、石或混凝土等材料修筑挡水坝,堵住山溪或河道的水流,把坝上游集水面积内的雨水拦蓄起来,以调节天然径流,为防洪、灌溉、供水和发电等服务,这样的工程称之为水库。

(2)水库的等级划分。水库及其水工建筑物等级,主要根据其所属工程的等别、作用和重要性划分为五级,见表2-1、表2-2所列。对于坝高较大、地质条件特别复杂,或设计与施工实践经验较少的新坝型、新结构等,可提高建筑物的级别;对于低水头或失事后损失不大的水利枢纽,其水工建筑物亦可适当降低级别。

(3)病险水库及其等级划分。病险水库一般是指工程实际洪水标准未达到规定要求的标准,或虽达到规定洪水的标准,但工程存在较严重的质量问题,影响大坝安全,不能正常运行的水库。即水库大坝属《大坝安全鉴定办法》规定的三类坝的水库。这类大坝由于存在安全隐患,需要进行除险加固或重建甚至报废。

大坝安全状况分为三类,分类标准如下:

一类坝:实际抗御洪水标准达到《防洪标准》(GB50201-94)规定,大坝工作状态正常;工程无重大质量问题,能按设计正常运行的大坝。

二类坝:实际抗御洪水标准不低于部颁水利枢纽工程除险加固近期非常运用洪水标准,但达不到《防洪标准》(GB50201-94)规定;大坝工作状态基本正常,在一定控制运用条件下能安全运行的大坝。

三类坝:实际抗御洪水标准低于部颁水利枢纽工程除险加固近期非常运用洪水标准,或者工程存在较严重安全隐患,不能按设计正常运行的大坝。

2. 水库常见险情及抢护方法

水库常见险情有坝体渗水、管涌、流土、裂缝、滑坡、塌坑、崩岸、风浪冲刷等。具体抢护方法如下:

(1)土坝渗水抢护。土坝是由土料筑成的,土料都具有一定程度的透水性。在水库水面以下,水体必然会渗入土坝内,使坝身形成上干下湿的两部分,干湿部分的分界线,称为土坝的浸润线。在持续高水位的情况下,由于土料选择不当,或夯压不密实、施工质量差等原因,渗透到坝体内部的水分较多,浸润线也明显抬高,在背水坡渗水出逸点以下,土体过分湿润或发软,甚至不断地有水渗出,这种现象,称为渗水。渗水是土坝常见的险情之一,如不及时处理,有可能发展为滑坡(或脱坡)、漏洞及塌坑等险情。

1)土坝渗水原因。土坝发生渗水的主要原因是:高水位持续时间较长;坝坡较陡,坝的断面不足,浸润线抬高,在背水坡上出逸;均质坝身夹有沙层,透水性强;土坝填筑时,土料多杂质,有较大的干土块、夯压不实,施工分段接头未能搭接紧密;坝体本身有隐患,如蚁穴、兽洞等;坝体与输水洞、溢洪道结合处填筑不密实;坝基渗水性强,未采取防渗或截渗措施;坝后排水反滤施工质量差或失效,浸润线抬高,渗水从坡面逸出等。

2)土坝渗水抢护措施。抢护原则:临水截渗,背水导渗。即临水坡用透水性小的粘土料抛筑前戗,也可用土工膜隔渗,上压土袋,可以减少水体入渗。背水坡用透水性较大的砂、石或土工织物反滤,把已经入渗的水,通过反滤,有控制地只让清水流出,不让土粒流失,从而降低浸润线,保持坝坡稳定。切忌在背水坡用粘土压渗,这样会阴碍坝体内渗流逸出,反而抬高了浸润线,导致渗水范围扩大,加剧险情。

在抢护渗水之前,必须首先查明发生渗水的原因和险情的程度,结合险情和水情,进行综合分析后,再决定是否需要采取措施。如必须采取措施,应及时抢护。对坝身因渗水时间较长,在背水坡出现散浸,但坡面仅呈湿润发软状态,或渗出少量清水,经观察并无发展,同时水情预报水位不再上涨或上涨不大时,可加强观察,注意险情变化,暂不处理。如遇背水坡渗水严重或已开始出现浑水,说明情况正在恶化,必须及时处理,防止险情扩大。

常用的渗水抢护方法主要有以下几种:

① 临水截渗。为减少向坝身的渗水量,降低浸润线,达到控制渗水险情和稳定坝坡的目的、可采用此法截渗。一般根据临水的深度、流速、风浪的大小,取土的难易,可采取以下方法。

(a)抛粘土截渗。当库水不太深,风浪不大,附近有粘性土料,而且取土较易,在库水又不能放空的情况下可采用此法。具体做法:a)根据坝身临水坡渗水范围和渗水严重程度确定抛筑尺寸。一般顶宽 2~3 m,顺坝轴线长度至少超过渗水段两端各 3 m,戗顶高出渗水面以上约 1 m;b)抛土前应将边坡上杂草、树木尽量清除,以免抛填不实,影响戗体截渗效果;c)在临水坝肩准备好粘性土料,然后集中力量沿临水坡由上而下,由里而外,向水中慢慢推下,由于土料入水后的崩解、沉积和固结作用,即成截渗戗体,如临水较深或土坝有防浪墙,可使用船只或竹(木)排抛土。

(b)土工膜截渗。当缺少粘性土料、水较浅时,可采用土工膜加保护层的办法,达到截渗的目的。具体做法是:

a)铺设前,应清理铺设范围内的边坡和坡脚附近地面,以免造成土工膜的损坏;

b)根据坡面渗水的具体尺寸,确定土工膜沿边坡的宽度,预先粘结或焊接好,以满铺渗

水段边坡并深入临水坡脚以外 1 m 以上为止。顺边坡长度不足时,可以搭接,但搭接长度应大于 0.5 m;

c)铺设前,一般将土工膜卷在 8～10 m 的滚筒上,置于临水面的坝肩。在滚铺前,把土工膜的下边折叠粘牢形成卷筒,并插入直径 4～5 cm 的钢管加重,使土工膜能沿坡紧贴展铺;

d)土工膜铺好后,应在其上满压 1～2 层装有土或沙石的编织袋。由坡脚下端压起,逐层错缝向上压,不留空隙,作为土工膜的保护层,同时起到防风浪的作用。

② 背水反滤导渗沟。当坝的背水坡大面积严重渗水时,可开挖导渗沟、铺设反滤料、土工织物和加筑透水后戗等办法,使渗水集中排出,降低浸润线,避免水流带走土料颗粒,使险情趋于稳定。

坝的背水坡导渗沟的形式一般有纵横沟、"Y"字形沟和"人"字形沟等。沟的尺寸和间距应根据渗水程度确定。顺坝边坡的横沟一般每隔 6～10 m 开挖一条。沟深一般不小于 0.5 m。为了利于背水坡导渗沟渗水集中排出,在抢筑时,可沿坡脚开挖一条排水沟,做好反滤料。纵沟应与附近地面原有排水沟连通,将渗水排至远离坡脚处,然后在边坡上布置导渗沟,与排水纵沟相连。逐段开挖,逐段做好反滤,一直挖填到边坡出现渗水的最高点以上。导渗沟沿坝坡方向的底坡一般与边坡相同,其沟底要求平整顺直。如开沟后,排水仍不显著时,可于横沟之间再增加横沟或斜沟,以改善排渗效果。

导渗沟铺填方式如下:

(a)土工织物导渗沟。土工织物是一种能够防止土粘被带出的导渗层。在铺设时,将土工织物紧贴沟底和沟壁,并在沟口边露出一定宽度,然后向沟内细心地填满一般透水料,不必再分粒径分层。在填料时,要避免有棱角或尖头的料物直接与土工织物接触,以免刺破。土工织物长宽尺寸不足时,可采用搭接形式,其搭接宽度不小于 50 cm。在透水料铺好后,再压以块石或土袋保护。在铺放土工织物过程中,应尽量缩短日晒时间,并使保护层厚度不得小于 0.5 m。在坡脚应设置排水沟,与附近排水沟渠连通,将渗水集中排向远处。在紧急情况下,也可用土工织物包梢料捆成枕放在导渗沟内,然后上面铺盖土、沙保护层。

(b)砂石导渗沟。导渗沟内要按反滤层要求分层填筑粗砂、小石子(卵石或碎石,一般粒径 0.5～0.2 cm)、大石子(卵石或碎石,一般粒径 0.5～2 cm)、大石子(卵石或碎石,一般粒径 4～10 cm),每层要大于 20 cm。沙石料可用天然料或人工料,但务必洁净,否则要影响反滤效果。反滤料铺筑时,要严格掌握下细上粗,两侧细中间粗,分层铺设,切忌粗料(石子)与导渗沟底、沟壁土壤接触,并要求粗细层次分明,不能掺混。为防止泥土掉入导渗沟内阻塞渗水通道,可在导渗沟的砂石料上面铺盖草袋、席片或麦秸,然后压块石或土袋保护。

(c)梢料导渗沟。在土工织物和砂石料都缺少的情况下,为了及时抢护,也可就地采用梢料导渗。开沟方法与土工织物导渗沟相同。

③ 背水反滤层。当土坝坝身透水性强,背水坡土体过于稀软,经挖沟试验,采用上述导渗确有困难,就地反滤料又比较容易取得时,可采用此法抢护。该法是在渗水边坡上满铺反滤材料,使渗水排出。具体方法有:

(a)砂石反滤层。在抢护前,先将渗水边坡的软泥、草皮及杂物等清除,其厚度约 10～20 cm。然后,按要求铺设反滤料。反滤料的质量要求、铺填方法以及保护措施与砂石导渗沟铺筑反滤料相同。

(b)土工织物反滤层。按沙石反滤层的要求,在渗水边坡清好后,先铺设一层符合滤层要求的土工织物。铺设时应保持搭接宽度不小于 50 cm。然后再满铺一般透水沙石料,其厚度 40～50 cm。最后再压块石或土、沙袋保护。

(c)梢料反滤层(柴草反滤层)。在土工织物和沙石料都缺少的情况下,为及时抢护,也可就地采用梢料反滤层导渗。按沙石反滤层要求,先将渗水处边坡清好后,铺设一层稻糠、麦秸、稻草等细梢料,其厚度不小于 10 cm,再铺设一层树枝等粗梢料,其厚度不小于 40 cm。所铺设的各层梢料应粗枝朝上,细梢朝下,从下往上铺置,在枝梢接头处,应搭接一部分。梢料反滤层做好后,再压以块石或土袋保护。

④ 透水后戗(透水压浸台)。在渗水严重,且坝的断面单薄,背水坡较陡时筑透水后戗,此法既能排出渗水,防止渗透破坏,又能加大坝的断面,达到稳定边坡的目的。方法有两种:

(a)沙砾料后戗。在抢筑前,先将背水坡渗水范围内的软泥、草皮及杂物等清除,其深度为 10～20 cm。然后在清好的基础上,先采用比坝身透水性大的砂料,铺筑厚度 30～50 cm,然后再填筑沙砾料,分层夯实。后戗一般高出浸润线逸出点 0.5～1 m,顶宽 2～4 m,戗坡一般 1∶3～1∶5,长度超过渗水坝段两端至少 3 m。

(b)梢土后戗。当附近沙土料缺乏、情况紧急时,可采用此法。其外形尺寸及清基要求与沙砾料后戗基本相同。地基清好后,在坡脚拟抢筑后戗的地面上铺梢料厚为 30～40 cm。在铺料时,要分三层,上下层均用细梢料,如麦秸和稻草等,其厚度 5～10 cm,中层用粗梢料,如树枝等,其厚度 20～30 cm。粗梢部向外,并伸出戗身,以利排水。在铺好梢料透水层上,采用砂料分层填筑夯实,填厚 1～1.5 m。然后仍按地面铺梢料办法,如此层梢层土,直到计划高度。多层梢料透水层要求梢料铺放平顺,并垂直坝轴方向应做成顺坡,以便排水。对渗水严重坝段的背水坡上,为加速渗水的排出,也可顺边坡隔一定距离,铺设梢料透水带,与梢土后戗同时施工。在边坡上铺放梢料透水带,粗料也要顺边坡头尾相接,梢部向下,与梢土后戗内的分层梢料透水层接好,有利于坡面渗水排出,防止边坡土料带出和戗土进入梢料透水层,造成堵塞。

⑤ 渗水抢险应注意事项

(a)对渗水险情的抢护,原则上应遵守"临水截渗,背水导渗"。但临水截渗,需在水下摸索进行,施工困难,效果较差。为了避免贻误时机,应在临水截渗措施实施的同时,还在在背水面抢护反滤导渗。

(b)在使用土工织物、土工膜及土工编织袋等化纤材料的运输、存放和施工过程中,应尽量避免和缩短其直接受阳光暴晒的时间,并在完工以后,对其表面覆盖一定厚度的保护层。

(c)在渗水坝段的坝脚附近,如系老河道、坑塘,在抢护渗水险情的同时,应在坝脚处抛填块石或土袋固基,以免因坝基变形而引起险情扩大。

(d)采用沙石料导渗,应严格按照质量要求分层铺设,并尽量减少在已铺好的层面上践踏,以免造成滤层的人为破坏。

(e)导渗沟开挖形式,从导渗效果看,斜沟("Y"和"人"形)较好,因为斜沟导渗面积较大,渗水收效快,可结合实际,因地制宜,选定沟的开挖形式。

(f)使用梢料导渗,可以就地取材,施工简便,效果也很显著。但梢料容易腐烂,汛后须拆除,重新采取其他加固措施。

(g)在抢护渗水险情中,应尽量避免在渗水范围内来往践踏,以免加大加深稀软范围,造成施工困难和扩大险情。

（2）漏洞抢护。在高水位情况下，坝的背水坡及坡脚附近出现横贯坝身或基础的渗流孔洞，称为漏洞。如漏洞出流浑水，或由清变浑，或时清时浑，均表明漏洞正在迅速扩大，土坝有可能发生塌陷，甚至有溃决的危险。因此，对待漏洞的险情，必须慎重，全力以赴，迅速进行抢护。

（3）土坝塌坑抢护。在持续高水位情况下，在坝的顶部、迎水坡、背水坡及其坡脚附近突然发生局部下陷而形成的险情，称为塌坑。这种险情既破坏坝的完整性，又有可能缩短渗经，有时还伴随渗水、管涌、流土或漏洞等险情同时发生，危急坝的安全。

1）塌坑产生的原因。塌坑险情发生的主要原因是：

① 施工质量差，土坝分段施工，接头处未处理好，夯压不实；

② 基础未处理或处理不彻底；

③ 坝体与输水涵管和溢洪道结合部填筑质量差，在高水头渗透水流的作用下，或沙壳浸水湿陷，而形成的塌坑；

④ 坝身有隐患，如白蚁的蚁穴、蚁路等形成的空洞，遇高水头的浸透或暴雨冲蚀，隐患周围土体湿软下陷，而形成塌坑；

⑤ 伴随管涌、渗水或坝身漏洞的形成，未能及时发现和处理，使坝身或基础内的细土料局部被渗透水流带走、架空，最后上部土体支撑不住，发生下陷，也能形成塌坑。

2）塌坑的抢护原则。塌坑险情抢护原则：根据险情出现的部位，首先必须查明原因，然后针对不同情况，采取相应的措施，防止险情扩大。如系局部塌陷或湿陷塌坑，在条件允许的情况下，可采用翻挖分层填土夯实的办法予以处理。如塌坑处伴有管涌、渗水或漏洞等险情，可采用填筑反滤导渗材料的办法处理。当条件不许可时，如水位较高，一时难以查明原因，也可作临时性的回填处理，防止险情继续扩大。

3）塌坑险情抢护的主要方法。

① 翻填夯实。凡是在条件许可的情况下，而又未伴随管涌、渗水或漏洞等险情时，可采用此法。具体做法是：先将塌坑内的松土翻出，然后按原坝体部位要求的土料回填。如有护坡，必须按垫层和块石护砌的要求，恢复原坝状为止。均质土坝翻筑所用土料，如塌坑位于坝顶部或临水坡时，宜用渗透性能小于原坝身的土料，以利截渗；如位于背水坡，宜用透水性大于原坝身的土料，以利排渗。

② 填塞封堵。当发生在临水坡的水下塌坑，凡是不具备降低水位或水不太深的情况下，均可采用此法。使用草袋、麻袋或编织袋装粘土直接在水下堵实塌坑。必要时可再抛投粘性土，加以封堵和帮宽，以免从陷坑处形成渗水通道。

③ 填筑反滤料。塌坑发生在坝的背水坡，伴随发生管涌、渗水或漏洞，形成跌窝，除尽快对坝的迎水坡渗漏通道进行堵截外，对塌坑可采用此法抢护。具体做法：先将塌坑内松土或湿软土清除，然后在背水坡塌坑处，按导渗要求，铺设反滤层，进行抢护。

4）抢护塌坑险情应注意的事项。

① 在翻筑时，应按土质留足坡度，以免塌陷扩大，并要便于填筑。

② 抢护塌坑险情，应当查明原因，塌坑往往是一种表面现象，原因是内在的。因此，应针对不同原因，采取不同方法，备足料物，迅速抢护，在抢护过程中，必须密切注意上游水情及坝面是否出现裂缝或已出现裂缝是否在扩大等情况，以免发生重大事故。

（4）土坝裂缝抢护。土坝裂缝是常见的一种险情，有时也可能是其他险情的预兆，如滑坡裂缝，从裂缝开始，最后形成滑坡险情。裂缝按其出现的部位可分为表面裂缝、内部裂缝；按其走向可分为横向裂缝、纵向裂缝、龟纹裂缝；按其成因可分为不均匀沉陷裂缝、滑坡裂缝、干缩裂缝、振动裂缝。其中以横向裂缝和滑坡裂缝危害性较大。

1）裂缝产生的原因。主要原因是：

① 坝的基础地质情况不同，物理力学性质差异较大，基础地形变化，填土高低悬殊，压缩变形也不相同，坝身埋设涵管，相邻坝体土柱沉陷不一，均可引起不均匀沉陷裂缝；

② 坝身与输、泄水刚性建筑物接合处，由于结合不良，土坝压实质量差，或由于沉陷不均，引起裂缝；

③ 在坝身的施工中，当采取分段施工时，由于施工进度不平衡，填土高差过大，坡度过陡，未做好结合部位的处理，形成不均匀沉陷裂缝；

④ 在高水位渗流作用下，坝体湿陷不均，背水坡抗剪强度降低或临水坡水位骤降，均有可能引起滑坡性裂缝，特别是背水坡脚基础有软弱夹层时，更易发生；

⑤ 在施工中，由于质量控制不严，土料含水量大，引起干缩；

⑥ 在施工时，对土料选择控制不严，把淤土、硬土块上坝，碾压不实，新旧土结合部位未处理好，在渗流作用下，易出现各种裂缝；

⑦ 由于坝身存在隐患，如蚁穴、兽洞等，在渗流作用下，易出现各种裂缝；

⑧ 地震、振动等形成裂缝。总之，造成裂缝的原因往往不是单一的，常常是两种以上原因同时存在，其中有主有次。在抢护前，需要进行分析，针对不同的原因，采取有效的抢护措施。

2）裂缝险情抢护应注意事项。

① 对伴随有滑坡、塌陷险情出现的裂缝，应先抢护沉坡、塌陷险情，待脱险并趋于稳定后，必要时再按上述方法处理裂缝。

② 对不伴随滑坡、塌陷出现的裂缝险情，并已趋于稳定，可采用上述方法抢护。

③ 在采用开挖回填、横向隔断等方法，抢护裂缝险情时，必须密切注意上游水情和雨情的预报，并备足料物，抓住晴天，保证质量，突击完成。

（5）土坝滑坡抢护。坝体出现滑坡，主要是边坡失稳，土体的下滑力超过了抗滑力，造成了滑坡险情。开始在坝顶或坝坡上出现裂缝，随着裂缝的发展和加剧，最后形成滑坡。根据滑坡的范围，一般可分为坝身与基础一起滑动和坝身局部滑动两种。前者滑动面较深，裂缝上缘呈圆弧形，缝的上下边有错距，滑动体较大，坡脚附近地面往往被推挤外移、隆起，或沿地基软弱夹层滑动。对滑坡险情应进行及时抢护，以防危及坝身安全。

1）滑坡产生的原因。主要原因：

① 高水位持续时间长，在渗透水压力的作用下，浸润线升高，土体抗剪强度降低，渗透水压力和土重增大，可能导致背水坡失稳，特别是边坡过陡，更易引起滑坡；

② 坝基有淤泥层或液化沙层，未处理或处理不彻底；

③ 在土坝施工中，由于每层铺土太厚，碾压不实，或含水量不合要求，干容重未达到设计要求等，致使填筑土体的抗剪强度不能满足稳定要求；

④ 水中填土坝或水坠坝填筑进度快，形成过大的孔隙水压力，或局部含水量过高，或排水设施不良，形成集中软弱层等；

⑤ 土坝加高培厚,新旧土体之间结合不好,在渗水饱和后,形成软弱层;

⑥ 坝下游排水设施堵塞,浸润线抬高,浸润面增加,土体抗剪强度降低;

⑦ 高水位时,临水坡土体处于大部分饱和、抗剪强度低的状态下,当水位骤降,临水坡失去水体支持,加之坝体的反向渗压力和土体自重的作用,可能引起临水坝坡失稳滑动;

⑧ 持续特大暴雨或发生强烈地震、振动等,均有可能引起滑坡。

2)坝体滑坡的检查观测与分析判断。滑坡对坝的安全至关重要,除经常进行检查外,当处在以下情况时,更应严加监视:

① 水库初次蓄水时期;

② 高水位时期;

③ 水位骤降时期;

④ 持续特大暴雨时;

⑤ 发生强烈地震后。

当发生坝体有滑坡征兆时,应根据经常性的检查并结合观测资料,及时进行分析判断,一般可从以下几方面着手:

① 从裂缝的形状判断。滑动裂缝主要特征,主裂缝内面三内端有向边坡下部逐渐弯曲的趋势,两侧分布有众多的平行小缝,主缝上下侧有错动。

② 从裂缝的发展规律判断。滑动性裂缝初期发展缓慢,后期逐渐加快,而非滑动性裂缝则随时间延长而逐渐减慢。

③ 从坝顶位移观测的规律判断。当坝身在短时间出现持续而显著的位移时,特别是伴随着裂缝出现连续性的位移,而位移量又逐渐加大,边坡下部的水平移量大于边坡上部的水平位移量,边坡下部垂直位移向上。

④ 从浸润线观测资料分析判断。当库水位相近而测压管水位逐渐上升时。

⑤ 根据孔隙水压力观测成果判断。有孔隙水压力观测资料的土坝,当实测孔隙压力系数高于设计值时。

3)滑坡抢护措施。造成滑坡的原因是滑动力大于抗阻力,因此,滑坡抢护的原则是"上部削坡减载,下部固脚压重",即设法减少滑动力,增加抗阻力。对因渗流作用引起的滑坡,必须采取"前堵后排"的措施。上部减载是在滑坡体上部削缓边坡,下部压重是抛石(或土袋)固脚。坝的临水和背水滑坡都会危及坝身安全。在抢护时,一般以临水为主,背水坡为辅,临背并举。具体方法有:

① 固脚阻滑。在保证坝身有足够的挡水断面的前提下,将滑坡的主裂缝上部进行削坡,以减少下滑荷载。同时在滑动体坡脚外缘抛块石或沙袋等,作为临时压重固脚,以阻止继续滑动。

② 滤水土撑。如系背水坡局部滑动,滑坡土体较小,裂缝错位不大,可在其范围内全面抢筑导渗沟,导出滑坡体内渗水,降低浸润线,并采取间隔抢筑透水土撑,阻止继续滑坡。该法适用于背水坡排水不畅,范围较大,取土又较困难坝段。具体做法是:先将滑坡体的松土清理,然后在滑坡体上顺坡挖沟,至坡脚拟筑土撑的部位,沟内按反滤要求铺设土工织物或分层铺填砂石、梢料等反滤材料,并在其上做好覆盖保护。滤沟向下游挖纵向明沟,以利渗水排出。抢护方法同渗水抢险采用的导渗法。土撑可在导渗沟完成后抓紧抢筑,其尺寸应视险情和水情确定。一般每条土撑顺坝轴线方向长 10 m 左右,顶宽 5~8 m,边坡 1∶3~1∶5,

间距 8～10 m,撑顶应高出浸润线出逸点 0.5～2 m,土撑采用透水性较大的沙料,分层填夯实。如坝基处理不好或背水坡脚靠近老河道低洼地带,需先用块石或沙袋固基,或用沙性土填筑,其高度应高出渍水面 0.5～1 m。在两土撑之间,在滑坡体上顺坡做反滤沟,覆盖保护。在不破坏反滤沟的前提下,土撑与滤沟可以同时进行。

③ 滤水后戗。如系背水滑坡,险情严重,可在其范围内全面抢护导渗后戗,既能导出渗水,降低浸润线,又能加大坝的断面,可使险情趋于稳定。此法适用于断面单薄、边坡过陡、有滤水材料和取土较易处。具体做法与上述滤水土撑法相同。其区别在于滤水土撑法抢筑土撑是间隔抢筑,而滤水后戗则是全面连续抢筑,其长度应超过滑坡地段的两端各 5～8 m。当滑坡土层过于稀软不易做导滤沟时,也可用土工织物、砂石和梢料作反滤材料的反滤层代替,其具体做法与抢护渗水的反滤层法同。

4)滤水还坡。采用反滤结构,恢复坝的断面抢护滑坡的措施,称为滤水还坡。该法适用于坝的背水坡,主要是由于土料渗透系数偏小引起浸润线升高,排水不畅而形成的严重滑坡。具体方法有:

① 导渗沟滤水还坡。先在背水坡滑坡范围内作好导渗沟,其作法与上述滤水土撑的导渗沟做法相同。在导渗沟完成后,将滑坡顶部陡坡削成斜坡,并将导渗沟覆盖保护后,用沙性土分层填夯,做好还坡。

② 反滤层滤水还坡。该法与导渗沟滤水还坡法基本相同,仅将导渗沟改为反滤层。反滤层的做法与抢护渗水险情的反滤层做法相同。

③ 梢料(沙土)滤水还坡。当缺少砂石等反滤料时,采用此法,其做法与上述导渗沟和反滤层做法基本相同。如坝基处理不好,亦应先加固地基,然后将滑坡体的松土、软泥、草皮及杂物等进行清除,并将滑坡上部陡坎削成缓坡,然后按原坡度回填透水料。

5)临水截渗。在临水坡滑,采用抢筑粘性土戗截渗。当遇到背水坡严重滑坡,范围较广,在抢筑滤水土撑、滤水后戗及滤水还坡等工程的同时,而临水坡又有条件抢筑截渗措施时,可采用此法。其具体做法与抢护渗水采用的粘土截渗相同。

6)滑坡险情抢护应注意事项。

① 滑坡是土坝重大险情之一,一般发展较快,一旦发现,就要立即组织人力、物力进行抢护。如伴随有浑水漏洞、管涌、严重渗水以及再次发生滑坡等险情,应采取多种最有效的措施结合起来抢护。

② 在渗水严重的滑坡体上,要尽量避免大量抢护人员践踏,造成险情扩大。如坡脚泥泞,人上不去,可铺设土工织物、篷布、秸料、草袋等,少数人先上去工作。

③ 抛石固脚阻滑是抢护临水坡行之有效的方法。但一定要探清水下滑坡的位置,然后在滑坡体外缘进行抛石固脚,才能阻止滑坡土体继续滑动。严禁在滑动土体上抛石,这不但不能起到阻滑作用,反而加大了向下滑动力,会进一步使土体滑动。

④ 在滑坡抢护中,也不能采用打桩的办法来阻止土体滑动。因为桩的阻滑作用很小,不能抵挡滑坡体的巨大推力。而且打桩会使土体振动,抗剪强度进一步降低,将会促进滑坡险情进一步恶化。

⑤ 开挖导渗沟,尽可能挖至滑动面。如情况严重,时间紧迫,不能全部挖至滑裂面时,可将沟的上下两端挖至滑裂面,尽可能下端多挖,也能起到部分作用。导渗材料的顶部必须做好覆盖保护,防止滤层被堵塞,以利排水畅通。

⑥ 导渗沟开挖回填应从上而下，分段进行，切勿全面同时开挖，并保护好开挖边坡，以免引起坍塌。在开挖中，对于松土和稀泥土都应予以清除。

⑦ 在出现滑坡性裂缝时，不应采用灌浆方法处理。因为浆液的水分，将降低滑坡体与坝身之间抗滑力，对边坡稳定不利，而且灌浆压力也会加速滑坡体下滑。

⑧ 在滑坡抢护过程中，一定要确保人身安全。

（6）土坝管涌、流土的抢护。

1）管涌、流土产生的原因及特点。当水库高水位时，坝基中的渗透水流有可能导致坝下游坡脚附近发生管涌或流土。管涌是在一定的水力梯度的渗流作用下，沙砾土中的细颗粒在孔隙的孔道中发生移动，并被水流带出基础以外。流土是在粘性土或非粘性土中，渗透水流的水力梯度进一步增大，使坝基的局部土体表面隆起或大块土体松动而随渗水流失。

管涌、流土一般发生在背水坡脚附近地面上，多呈孔状出水口，冒出粘料或细沙。出水口孔径小的如蚁穴，大的可达几十厘米；少则出现一、两个，多则出现冒孔群，冒沙处形成"沙环"。有的出现为土块隆起、膨胀、浮动和断裂等现象。管涌险情随着库水位上升，高水位持续时间增长，涌水量和挟沙量相应增多，孔口不断扩大，如不及时抢护，任其发展，就有可能导致坝身局部坍陷，有溃坝的危险。

坝基出现管涌、流土的原因，一般是地基上面覆盖有弱透水层，下面有强透水层。在汛期高水位时，渗透坡降变陡，渗流流速加大。当渗透坡降大于地基表层弱透水层能许的渗透坡降时，即坝下游坡脚附近发生渗透破坏，形成管涌或流土，渗水将地层中的粉细沙颗料带出。

2）管涌、流土抢护措施。坝基管涌、流土的发生，其渗流入渗点一般在坝的临水面深水下的强透水层露头处，或上游防渗铺盖较薄，质量差，在高水头的作用下，穿透防渗设施而形成的。由于水深，很难在临水面进行处理，一般均在背水面进行抢险。其抢护原则，应以"反滤导渗，控制涌水，留有渗水出路"为原则。这样既可使粉细沙层不再被破坏，又可以降低渗水压力，使险情得以稳定。主要抢护方法有以下几种：

① 反滤压盖。在背水坝脚附近险情处，抢筑反滤压盖，制止地基土沙流失，以稳定险情。一般适用于管涌或流土处数较多，面积较大，并连成片，渗水涌沙比较严重的地方。根据反滤料的不同有土工织物反滤压盖、砂石反滤压盖、梢料反滤压盖等方法。具体做法与渗漏抢护相同。

（a）土工织物反滤压盖。此法用于铺设反滤料面积较大的情况。在清理地基时，应把一切带有尖、棱的石块和杂物清除干净，并加以平整。先铺一层土工织物，其上铺砂石透水料（厚 40～50 cm），最后压块石或沙袋一层。

（b）砂石反滤压盖。在砂石料充足的情况下，可以优先选用。在抢险前，先清理铺设范围内的杂物和软泥，对其中涌水涌沙较严重的出口用块石或砖块抛填，以消杀水势，同时在已清理好的大片有管涌或流土群的面积上，普遍盖压粗砂一层，厚约 20 cm，其上先后再铺小石子和大石子各一层，厚均约 20 cm，最后压盖块石一层，予以保护。

（c）梢料反滤压盖。在土工织物和砂石料缺少的地方，也可以就地取材，采用梢料反滤压盖，其清基要求、消杀渗水水势均与土工织物、砂石反滤压盖相同。在清理地基后，铺筑时，先铺细梢料，如麦秸、稻草等厚 10～15 cm，再铺粗梢料，如树枝等厚约 15～20 cm，粗细梢料共厚约30 cm,然后上铺席片或草垫等。这样层梢层席,视情况可只铺一层或连续数层,然后上面压盖块石或沙袋,以免梢料漂浮。必要时再盖压透水性大的沙土,修成梢料透水台。但梢层末端应露出平台脚外,以利渗水排出。总的厚度以能制止涌水带出细沙,浑水变清水,稳定险情为原则。

② 反滤围井。背水坡脚附近地面的管涌、流土数目不多、面积不大,或数目虽多,但未连成大面积,可以分片处理的情况下,可采用土工织物反滤围井、砂石反滤围井或梢料反滤围井等办法,制止涌水带沙,防止险情扩大。具体方法有:

(a)土工织物反滤围井。当上下游水头差较小时,可采用此法。在抢筑时,先将围井范围内一切带有尖、棱的石块和杂物清除,表面加以平整。先铺土工织物,然后在其上填筑沙袋或沙砾石透水料,周围用土袋垒砌,做成围井。围井高度以能使渗水不挟带泥沙从井冒出为度。围井范围以能围住管涌、流土出口和利于土工织物铺设为度。按出水口数量多少,分布范围,可以单独或多个围井,也可连片围成较大的井。

(b)砂石反滤围井。在抢筑时,其施工方法与土工织物反滤围井基本相同,只是用砂石反滤料代替土工织物。按反滤要求,分层抢铺粗砂、小石子和大石子,每层厚度约 20~30 cm。反滤围井完成后,如发现填料下沉,可继续补充滤料,直到稳定为止。砂石反滤围井筑好后,管涌、流土险情已经稳定,再在围井下端,用竹管或钢管穿过井壁,将围井内的水位适当排降,以免井内水位过高,导致围井附近再次发生管涌、流土和井壁倒塌,造成更大险情。

对小的管涌或流土群,也可用无底水桶和汽油桶等套在出水口处,在桶中抢填砂石反滤料,也能起到反滤围井的作用。

(c)梢料反滤围井。在土工织物和砂石料缺少的地方,一时难以运到,又急需抢护,也可就地采用梢料代替。细梢料采用麦秸、稻草等厚约 20~30 cm,粗梢料可采用树枝等厚约 30~40 cm。其填筑要求与砂石反滤围井相同。但在反滤梢料填好后,顶部要用沙袋或块石压牢,以免漂浮冲失。

③ 减压围井。在临背水头差较小,高水位持续时间短,出现管涌或流土的周围地表坚实、完整,渗透性较小,未遭破坏,出险处缺少土工织物和沙砾反滤材料的情况下,可在坝的背水坡脚附近险情处使用土袋抢筑围井等办法,抬高井内水位以减小临水和背水的水头差,降低渗透压力,减小水力坡降,制止渗透破坏,以稳定管涌、流土险情。具体方法有:无滤层围井、无滤层水桶、背水月堤等。

④ 透水压渗台。管涌或流土较多、范围较大,反滤料缺乏,但沙土料源比较丰富的地方,可在出险范围内将杂物清除,用透水性大的沙土修筑平台,以平衡渗压,延长渗径,减少水力坡降,并能导出渗水,防止涌水带沙,使险情趋于稳定。

⑤ 水下管涌抢护。在坝后、坑塘、排水沟或洼地等水下出现管涌时,可结合具体情况在管涌处采取填塘、水下反滤层、抬高坑塘和排水沟水位等办法进行抢护。

3)抢护管涌和流土应注意事项。

① 在坝的背水坡附近抢护时,切忌使用不透水的材料堵塞,以免截断排水出路,造成渗透坡降加大,使险情恶化。

② 坝的背水坡抢筑压浸台,不能使用粘土料,以免造成渗水无法排出,加剧险情。

③ 对无滤层减压井法的采用,必须具备减压围井法所提供的条件,同时由于井内水位

高,压力大,井壁要有足够的高度和强度,并应严密监视井壁周围地面是否有新的管涌出现。同时还应注意避免在险区附近挖坑取土。

④ 对严重的管涌、流土险情抢护,应以反滤围井为主,并优先选用沙石反滤围井,辅以其他措施。反滤盖重层及压台只能适用于渗水量和渗透流速较小的管涌,或普遍渗水的地区。

(7)土坝风浪破的抢护。由于风浪作用,使坝身土料或护坡被水冲击掏刷,遭受破坏。轻者把坝的临水坡冲刷破陡坎,造成塌陷险情,重者使坝身遭受严重破坏,甚至溃坝成灾。

1)风浪抢护的原则。风浪抢护原则:一是削减风浪冲击力;二是加强临水坡抗冲力。前者是利用漂浮物削减波浪的高度和冲击力,拒波浪于坝的临水坡以外的水面上,后者在临水坡利用防汛料物,经过加工铺压,保护临水坡,以增强抗冲能力。

2)风浪抢护的具体措施。

① 木排或竹排防浪。用木(竹)排锚定在距坝坡 10～40 m 的水面,以削减风浪冲击力,切忌让木(竹)排撞到坝坡。

② 挂树枝防浪。用枝叶繁茂的大树枝,梢部向下挂于坝内坡,上部系牢,下部坠压,以削减风浪冲击力,达到保护坝体不受冲刷的目的。但此法只适用于水库较小且风浪不很大的情况。

③ 挂枕防浪。用秸料或稻草等扎成直径 0.5～0.8 m 的枕,单排或连续几排挂于坝的内坡,以削减风浪冲击力。枕的中心卷入两根直径 5～7 cm 的竹缆或 3～4 cm 的麻绳做心子(俗称龙筋)。枕的纵向每隔 0.6～1.0 m,用 10～14 号铅线捆扎。在坝顶距临水坝肩 2～3 m 以外或在背水坡上,签钉 1.5～2.0 m 长的木桩,桩距 3～5 m。再用麻绳或竹缆把枕拴牢于桩上,绳缆长度以能适应枕随水面涨落而移动,绳缆亦随之收紧或松开为度,使枕可以防御各种水位的风浪。如枕位不稳定,可以在枕上适当拴坠块石或沙袋,使之能起到防消浪防冲为度。

④ 土工织物防浪。利用土工织物铺放在坝坡上,以抵抗波浪的破坏作用。

三、水闸常见险情及抢护技术

在汛期,堤上涵闸建筑物和堤防一样起挡水作用,但由于它的结构和建筑材料与土堤不同,所以在它与土堤、土基结合部位往往容易形成薄弱环节,在此易发生像管涌、漏洞等险情。这些险情发生的原因、抢护原则,基本上与在土堤上所发生的一致。如当涵闸与土堤连接处出现渗漏时,常采用临河堵塞、布篷堵漏、灌浆、背水导渗等方法抢护;当建在砂土地基上的涵闸发生闸基渗漏时,汛期常在下游采用反滤导渗,降低渗压等方法抢护;当涵闸洞身渗漏,仍可本着"上截下导"的原则进行抢护采用临河围堰、反滤围井等方法处理。但在涵闸出险时的抢护方法上则需适应建筑物的特点。

涵闸往往是防汛抢险中的薄弱环节。由于设计考虑不周、施工质量差、工程老化、水情的变化、维修养护不及时等原因,均可产生渗漏、冲刷、裂缝等险情。如不采取有效措施,都可能导致建筑物的毁坏。水闸常见的险情有:涵闸与土堤连接处渗漏、闸基渗漏、涵闸洞身渗漏、裂缝、淘刷;闸门事故;启闭机螺杆折断、闸门不能关闭等。现将涵闸常发生的管涌和漏洞等险情的抢护方法,分别介绍如下。

1. 水闸管涌险情的抢护

(1)闸内渠道，发生少数管涌的，可以按处理一般管涌孔的方法填反滤材料；在一般渠道内形成管涌孔群的，可以在出险渠段填反滤层。

(2)管涌孔如发生在闸底沿止水缝处，可以围筑倒滤井来处理。

(3)灌溉闸内有节制闸的，可以关闭节制闸，以抬高与临河闸间的渠道水位。无节制闸的，可在管涌孔下的排水渠道筑坝，以达到抬高渠道水位，平衡或降低渗水压力，稳定险情。不过单靠抬高水位稳定险情的效果不如填筑反滤井好，且筑坝工作量也大。

2. 水闸漏洞险情的抢护

(1)迎河堵漏。如漏洞口发生在水平或缓坡部位，抢护方法可参照漏洞部分介绍的方法进行。如洞口发生在建筑物直立部分，可用棉絮、柏油麻绳、桐油石灰内掺细麻绳或麻筋浸柏油等予以塞堵。缝隙宽的可以用木楔或木条嵌填。

(2)闸内漏洞口处进行反滤措施。如出现在八字墙与填土接合部位，不便围井的，可以填反滤料，并注意将漏水妥善导开，以免冲刷下面土坡。

当涵闸建物附近发生管涌或漏洞险情时，应注意检查闸身有无下挫，或由于闸基淘空引起不均沉陷，使闸底板折断，裂缝涌水等情况．如果发生这些情况已影响到闸身安全的严重程度，就应将漏洞、管涌险情妥善处理，并根据水情、险情在闸外抢筑围堰与正堤相接，靠它来挡水。

3. 闸门事故抢险

闸门事故类型主要有：启闭机螺杆折断，闸门不能关闭，闸门提不起来等。

(1)在涵洞没有泄漏的情况下发生螺杆折断时，可由潜水员下水探清闸门卡阻原因及螺杆断口位置，并用钢丝绳系住原闸门吊耳，利用卷扬机绕转钢丝绳开启闸门，待露出折断部位后进行拆除更换。

(2)当涵闸闸门发生事故，不能关闭或不能完全关闭，或闸门损坏大量漏水必须抢修时，应采用以下应急措施：

1)钢、木叠梁。如设有事故检修闸门门槽而无检修闸门时，可将临时调用的钢、木叠梁逐条放入门槽，如不能堵漏而又情况严重时，可再将土(砂)袋沉放在闸门前后，堵塞孔口。

2)钢筋网堵口。钢筋网用直径 10～14 mm 钢筋编织，间距不大于 20 cm。另选几根较粗的钢筋作为骨架。借以增加刚度。钢筋网一般为长方形或正方形，其长度和宽度均应大于进水口的两倍以上。沉堵前，先架浮桥作通道。在进水口前扎滔排并加以固定，然后在排上将钢筋网沉下。等盖住进口后，随即将预先准备的麻袋、草袋抛下，堵塞网格。若漏水量显著减少，即为沉堵成功。根据情况，如需止水闭气，可在土袋堆体上加抛散土。

3)钢筋混凝土管封堵。当闸门不能完全关闭时，采用直径大于闸门开度 20～30 cm，长度略小于孔净宽的钢筋混凝土管。管的外围包扎一层棉絮或棉毯，用铅丝捆紧，混凝土管内穿一根钢管，钢管两头各系一条绳索，沿闸门上游侧将钢筋混凝土管缓缓放下，在水平水压力作用于下将孔封堵，然后用土袋和散土闭气断流。

(3)水闸闸门提不起来的抢护。闸门因受压变形、闸门放歪、闸前有杂物淤塞或闸槽及启门轨道上有砖石杂物阻卡，导致闸门提不起来时，首先要查明原因，有针对性地采取如下措施：

1)清除闸门槽、启门轨道、闸门底部和两侧的淤塞杂物。

2）为启闭机、钢丝绳擦洗上油，为油压启门设备填足液压油或更换新油。

3）钢丝绳启闭的闸门，可先让启闭机倒转，把钢丝绳放松，再开机，这样启门时先空载卷钢丝绳，再带负荷（闸门），这样容易把闸门提起（因为启动能量是正常运转能量的 $4\sim6$ 倍）。

4）油压启闭机要先让油路空载运转，一切顺畅后再开始提闸。

5）平原渠道上的小型木板或砼闸门，可加装倒练（一般 $1\sim2$ 个）或绞磨，人力启门。

6）水库闸门因电压过低启动困难时，可用备用电源（柴油发电机等发电）提门；机械提门困难时，可用手摇提门；手摇也提不动时，可用水下电视或请潜水员到闸前探明闸门到底为什么提不起来，再有针对性地采取措施。

四、穿堤建筑物常见险情及抢护技术

1. 险情种类及探查方法

修建于堤防上的涵闸、管道等穿堤建筑物常见的险情有：建筑物与土堤接合部严重渗水或漏水；开敞式涵闸滑动失稳；闸顶漫溢；闸基严重渗漏或管涌；建筑物上下游冲刷或坍塌；建筑物裂缝或管道断裂等；闸门启闭设施障碍等。

（1）渗漏。首先进行外部观察，检查闸室或涵洞内有无渗水，并检查岸墙、护坡、与土堤结合部位有无冒水冒沙现象，有条件还应通过渗压管检测。建筑物与土堤结合部位严重渗水或漏水，要尽快查明进水口位置，探测方法一般有水面观察法、潜水探摸法、锥探法。

（2）冲刷。通过外部观察，查明闸上下有无回流等异常现象，护坡、岸墙等有无滑脱或蛰陷，与土堤结合面有无开裂；如有必要，还应按照预先布设好的平面网络坐标，进行测探检查，对比原来高程，分析得出结论；如有条件也可采用测探仪器直接进行探测。

（3）滑动。主要依据变位观测，分析各部位的变位规律和发展趋势，从而判断有无滑动、倾覆等险情。

2. 主要抢险方法

（1）与土堤结合部渗水及漏洞的抢险。渗漏抢险原则是临河隔渗，背河导渗，漏洞抢护原则是临水侧堵塞漏洞进水口。

1）堵塞漏洞进口。涵洞式水闸闸前临水堤坡上漏洞一般采用篷布覆盖；当漏洞尺寸不大，且水深在 2.5 m 以内时，宜采用草捆或棉絮堵塞；当漏洞口不大，水深在 2 m 以内，可用草泥网袋堵塞。

2）背河导渗反滤。根据料物情况可采用砂石反滤、土工织物滤层、柴草反滤。

3）中堵截渗。通常有开膛堵漏、喷浆截渗、灌浆阻渗等几种方式。

（2）涵闸滑动的抢险。抢险原则是增加摩阻力、减小滑动力。主要措施是：

1）加载增加摩阻力：适用于平面缓漫滑动险情的抢险，在闸墩等部位堆放块石、土袋或钢铁等重物，注意加载不得超过地基许可应力和加载部件允许承载限度。

2）下游堆重阻滑：适用于圆弧滑动和混合滑动两种险情抢护，在可能出现的滑动面下端，堆放土袋、块石等重物。

3）下游蓄水平压：在水闸下游一定范围内用土袋或土筑成围堤，充分壅高水位，减小水头差。

4）圈堤围堵：一般适用于闸前较宽滩地的情况，圈堤修筑高度通常与闸两侧堤防高度相同，圈堤临河侧可堆筑土袋，背水侧填筑土戗，或两侧堆土袋中间填土夯实。

(3)闸顶漫溢的抢险。涵洞式水闸埋设于堤内,防漫溢措施与堤防的防漫溢措施基本相同,对开敞式水闸防漫措施主要有以下几方面:

1)无胸墙的开敞式水闸。当闸孔跨度不大时,可焊一个平面钢架,钢架网格不大于0.3×0.3 m,将钢架吊入闸门槽内,放置于关闭的闸门顶上,然后在钢架前部的闸门顶部分层叠放土袋,迎水面放置土工膜布或篷布挡水。

2)有胸墙开敞式水闸。利用闸前工作桥在胸墙顶部堆放土袋,迎水面压放土工膜或篷布挡水。

(4)闸基渗水或管涌的抢险。抢险原则是上游截渗、下游导渗和蓄水平压减小水位差。主要措施有:

1)闸上游落淤阻渗。先关闭闸门,在渗漏进口处用船载粘土袋,由潜水员下水填堵进口,再加抛散粘土落淤封闭,或利用洪水挟带的泥沙,在闸前落淤阻渗。

2)闸下游管涌或冒水冒沙区修筑反滤围井。详见堤防管涌抢险中的反滤围井法。

3)游围堤蓄水平压。同堤防管涌抢险中的背水月堤法。

4)闸下游滤水导渗。当闸下游冒水冒沙面积较大或管涌。

(5)建筑物下游连接外坍塌的抢险。建筑物下游连接外坍塌的抢护原则是填塘固基。主要措施有:

1)抛设块石或砼块。护坡及翼墙基脚受到淘刷时,向冲刷坑内抛块石或砼块,抛石体可高出基面。

2)抛笼石或土袋。将铅丝笼石抛入冲刷坑,缺乏石块时可用土袋代替。

3)抛柳石枕。用柳石枕抛入冲刷坑填实。

(6)建筑物裂缝及止水破坏的抢险。对建筑物裂缝、止水破坏可能危及工程安全时,可用各种浆体堵漏,主要有防水速凝砂浆、环氧砂浆、丙凝水泥浆堵漏等。

(7)闸门失控的抢险。由于某种原因,闸门难以关闭挡水,或无检修门槽,可焊制框架,吊放在墩前,然后在框架前抛投土袋,直至高出水面。并在土袋前抛土使其闭气。

五、防洪抢险案例

【案例1】　　　　　　怀宁县川气东送穿泥塘沟河西堤管涌抢险

川气东送穿泥塘沟险情位于泥塘沟河西堤(皖河圩堤)石牌段上。2009年,该处曾发生过管涌险情,如图6-47所示。2010年7月8日,在距离原管涌5 m处新发生1处新的管涌,在10 m² 范围内有多处浑水渗出。险情发生以后,安庆市水利局、怀宁县政府、县防指立即组织人员对其进行抢护。采取了围井压渗等方式,压渗面积约200 m²,累计投入900人次,投入沙石料500 m³、车辆10台。至7月12日11时,险情已得到控制。

【案例2】　　　　　　　桐城市大沙河漫堤决口抢险

大沙河发源于岳西县境内,沿途流经潜山县黄柏山区,自沙河埠出山后流至尖刀嘴分为柏年河和人形河,后注入菜子湖。大沙河全长90.79 km,流域面积1 396 km²,沙河埠以下河道总长度74.64 km,其中尖刀嘴以下分为北支和南支。北支柏年河长32.56 km、南支人形河长30.89 km。大沙河上段主要为山区,洪水来势猛,自出山后的沙河埠开始进入圩区。圩堤多为砂基沙堤,防洪标准不足10年一遇。

2010年7月8日起,皖西大别山区、沿江江南、皖南山区普降大到暴雨,局部大暴雨、特大暴雨。受强降雨影响,桐城市大沙河水位快速上涨,7月11日上午10时45分至11时30分之间先后出现7处溃口。青草镇柏年河拦河坝处南堤堤防崩塌;新渡镇柏年河柏年大桥上500 m(凤凰村)石井段坍塌溃破,柏年大桥下200 m(伊洛村)叶老费圩段崩岸漫堤溃破;双港镇柏年河(南堤)白果大桥下300 m民畈村新河至洪老屋段漫堤溃破,柏年河(北堤)白果大桥下横山段漫堤溃破,福桥村周湖段漫堤溃破,徐杉村竹园小圩段漫堤溃破。

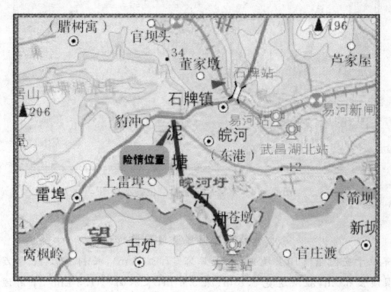

图6-47　塘沟河西堤管涌险情位置示意图

险情、灾情发生后,安庆市委、市政府主要负责人带领工程技术人员赴现场指挥,紧急成立现场抢险指挥部。武警安庆支队出动100名官兵参加应急抢险,集结200名武警。在抢险过程中,主动将8辆卡车和1辆推土机抛入崩塌处,以降低水流对堤岸的冲刷。同时采用抛石、打桩等措施进行固基,经过三天三夜决战,抢修了一条长180 m的临时拦水堤坝,完成了堵口任务。

【案例3】　　　　　　　　　东至县东湖圩管涌抢险

受强降雨影响,2010年7月19日黄溢河入湖口水位达17.50 m,东湖圩遭遇有记录以来最高洪水位。7月20日上午6时,东湖圩4+300处发生管涌险情,如图6-48所示,管涌点离堤脚30 m,6时40分,管涌由1个发展到5个,形成管涌群,最大管涌直径15 cm。张溪镇立即采取土工布、砂石压渗进行处理。7月21日5时,4+310处又发生3个管涌点,管涌直径15 cm;16时,4+320处再次出现3个管涌点,最大管涌直径20 cm,管涌范围扩大,险情进一步恶化。

面对极其复杂的险情,东至县防指组织技术人员现场紧急会商,研究制订抢险方案,采取构筑围堰抬高内水位、管涌点砂石压渗等办法进行抢险处理。本次抢险共投入挖掘机械7台、自卸车6台、抢险人员400人次,构筑围堰380 m,土方9 000 m³,编织袋2.5万条,砂石料2 200 t,土工布360 m²,彩条布3 200 m²,7月22日上午6时,围堰水位抬高1.8 m,险情得到有效控制。

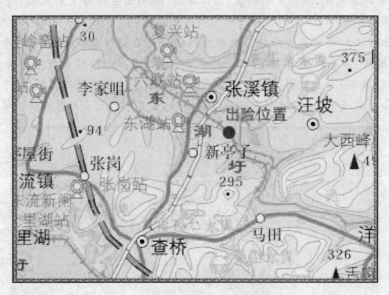

图 6 - 48　东湖圩管涌险情位置示意图

【案例 4】　　　　　　　建新水库坝堤滑坡抢险

建新水库位于安徽省青阳县境内,最大库容 17.3 万 m³,兴利库容 11.9 万 m³,最大坝高 20.6 m,坝顶长 83 m,溢洪道宽 8.8 m、深 5.4 m,来水面积 1.3 km²,下游连库为畈里水库,库容 17 万 m³,下游有村庄。

2010 年 7 月 13 日 6 时,该县杜村乡建新水库大坝外坡右坝端发现滑坡险情,7 时 30 分开始滑动,滑坡长 30 m,约 600 m²,当时库水位溢洪深 0.6 m。发现滑坡险情时,现场责任人立即会同技术人责任人研究抢险方案,组织抢险力量抢险,同时报县防指,县、乡领导、武警部队和水利技术人员及时赶到现场,迅速制订抢险方案进行抢险,一是迅速降低库水位;二是用防水塑料不覆盖滑坡段上部防止雨水渗入;三是用编织待装砂石料打三道滤水土撑,同时及时转移下游群众 900 人。当日 14 时 30 分左右,险情完全得到控制。

【案例 5】　　　　　含山县运漕镇杨柳圩下余站东滑坡抢险

2010 年 7 月 20 日 8 时,含山县运漕镇杨柳圩下余站东约 120 m 堤脚处,因渗漏出现滑坡险情,如图 6-49 所示,总长度 80 m 以上,其中滑坡长约 12 m,同时出现横向裂缝 3 条,深约 70~80 m;当时外河水位 10.96 m。杨柳圩保护面积 59.57 km²,圩内耕地为 0.213 万 hm²,圩内涉及人口约 4.04 万人,圩内有 1 个社区、8 个村委会、193 个自然村、11 所小学。险情一旦扩大,后果不堪设想。

险情发生以后,含山县防指立即派出技术人员赴现场指导抢险工作,共同制定处置措施。确定:开沟导渗,开挖导渗沟 32 条,同时抛石固脚。漕运镇党委、政府组织实施,累计投入抢险人力 140 余人参加抢险;抢险投入石子 16 m³、黄沙 4 m³、块石 120 m³;运输船舶 1 艘已投入抢险经费 4 万余元。截至 20 日 17 时,通过抢险,险情得到控制。

图 6-49　杨柳圩下余站东滑坡险情位置示意图

【案例6】　　　　桐城市柏年河新民堰右岸堤防漫溢、崩塌抢险

2010 年 7 月 10 日 6 时至 11 日 14 时，大沙河沙河埠站以上平均降雨量 207 mm，其中最大杨家河站 265 mm。大沙河沙河埠站 7 月 11 日 8 时出现洪峰水位 49.46 m，相应流量 2 190 m³/s，为有记录以来第 3 位，最大流量约 15 年一遇。由于降雨强度大，安庆市下辖的桐城市大沙河、柏年河水位上涨快，7 月 11 日 11 时许，新民堰右岸启闭机支架倒塌、箱涵进水，受水流强烈冲刷，部分堤防发生漫溢、崩塌等险情，如图 6-50 所示。

图 6-50　柏年河新民堰右岸堤防漫溢、崩塌险情位置示意图

抢险过程中，防汛抢险人员将 8 辆卡车和 1 辆推土机抛入崩塌处，以降低水流对堤岸的

冲刷。同时采用抛石、打桩等措施进行固基。7月12日上午,该处崩塌已基本得到控制。7月14日,长约150 m,顶宽1.5 m,高2.0 m的新堤填筑完成。因抢险及时、有效,大大延缓了崩塌时间,堤防崩塌时河道水位已低于圩内地面。

【案例7】 <u>无为县严桥镇湖塘圩渗漏塌方抢险</u>

　　2010年7月12日8时,无为县严桥镇湖塘圩永安河东河段因水位较高,发生200 m长渗漏险情,如图6-51所示,同时内坡出现少量塌方。12日17时,堤防塌方长度从4 m扩展到200 m左右,险情有所发展。

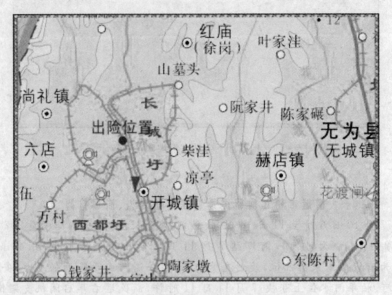

图6-51　湖塘圩渗漏塌方险情位置示意图

　　险情发生以后,无为县防指立即派出技术人员赴现场指导抢险工作,共同制定处置措施。确定对渗漏塌方的堤段外婆采用下外障阻渗,内坡开沟导渗排水,并在内坡脚采用打桩和抛石固基措施控制塌方发展。至13日10时,通过抢险,湖塘圩渗漏塌方险情得到控制。

【案例8】 <u>滁河大同圩渗水、滑坡抢险</u>

　　滁州市南谯区大同圩耕地面积0.11万 hm^2,圩内居住人口约7 000人,龚庄堤段堤防高度6.0 m,顶宽约6.0 m,堤后有水塘,塘深1.5~2.0 m,在滁河高水位运行时极易产生滑坡等险情。2008年8月3日5时30分左右,滁河干堤大同圩龚庄段堤防出现渗水、滑坡险情,3日18时滑坡险情进一步扩大,滑坡长度约200 m,滑坡体土方约1.5万 m^3。经初步分析,滑坡险情发生的主要原因是:受强降雨影响,滁河水位较高,龚庄段背水坡紧临深塘(塘深1.5~2 m),该段无压渗平台,地基为较深的淤泥质土(深度有6 m左右),加之堤身压实度较低,原堤防散浸、渗漏较为严重。土体在高水位浸泡下,造成渗透破坏引起深层滑坡。滑坡险情发生后采用打桩方案,用挖掘机铲头静压操作,人为增加了滑动体的重量,使滑动进一步加剧。

　　险情发生后,省委、省政府高度重视。8月3日,安徽省防指会同市、县防指现场采取的抢险措施主要包括:一是在堤后做导渗;二是在堤脚做5~6 m宽的抛石压重导渗体;三是在导渗体后做土戗;四是适度压缩裹河口闸流量,尽可能降低水位。

为进一步巩固抢险成果,确保滁河再次涨水后大同圩安全,经专家组会商,采取以下加固措施:

(1)滑坡体范围内全线覆盖防雨帆布,防止再次出现降雨时雨水渗入。

(2)备足防汛抢险物料,其中砂石 1 000 m³、块石 300 m³、编织袋 1.5 万条,麻袋 1 万条,木桩 10 m³。

(3)对滑坡体后深塘实施填塘固基,具体为:堤后正对滑坡体段深塘修筑 12 m 宽简易防汛道路,确保再次出现险情时防汛施工机械的出入;顺堤向填塘宽度 20 m,原滑坡体范围内全部平顺填齐。

至 8 月 16 日,上述加固措施全部完成。

大同圩龚庄段抢险累计投入材料:碎石 4 140 m³、土方 3.82 万 m³、块石 1 200 m³;麻袋 10 万条、草袋 12 万条、化纤袋 10 万条、木材 20 m³、花雨布 30 卷、防雨帆布 54 块、铅丝 3 t。其中修路及填塘固基:路长 0.8 km,土方 2.4 万 m³、石子 2 500 m³、块石 1 000 m³。

【案例 9】　　　　　监利长江干堤三支角管涌抢险

监利长江干堤三支角在 1998 年 8 月 14 日,外江水位 35.41 m 时,在桩号 574+800 距堤内脚 60~90 m 的水塘内出现 27 个管涌,其中孔径 0.3 m 的 3 孔、0.12 m 的 11 孔、0.05 m 的 13 孔,涌砂量为 0.1~0.5 m³,立即采用三级导滤堆处理。8 月 21 日,外江水位上涨到 36.3 m,在桩号(575+100)~(575+140)距堤内脚 80 m 的鱼塘内出现 10 个管涌孔,其中孔径 1.2 m,0.8 m 各一个,其余 8 孔均为 0.1~0.3 m。经水下探模,所有管涌孔均位于原鱼塘无水时所挖的一条不规则的深沟内。为此,向管涌孔内紧急抛块石(厚 0.2 m)、卵石和碎石(厚 0.2 m),再铺纱窗布,后填粗砂 0.2 m,再铺一层纱窗布,填卵石、碎石各 0.2 m,形成三级导滤堆,并沿鱼塘四周抢筑围堰,最大直径 3 m,引江水反压、抬高塘水位 1 m。在 400 m² 出险范围内平铺反滤料完成后,险情基本得到控制。

以上两例是 98 防汛期间长江中下游干堤比较典型的出险和抢险案例。我们可以作出如下评论:

(1)在堤后水潭和其他人工取土坑,由于表层的弱透水土层被减薄,往往成为出险率最高的地方。应备足抢险物料,严加防范。

(2)对这类险情的抢护,只能排,不能堵。因为管涌的邻近区域都承受着相同的水压力,土层已接近临界安全状态。如果堵死,新的管涌必然接通而起,使险情无法消除。而排的方法除了保土性能外,可以起局部降压作用。

(3)案例中采用了局部导滤降压与大范围围井贮水反压相结合的办法。主要是因为外江水位一直在升高、管涌数量增多、险情加重的缘故,这种方法用简易快速的手段对较大范围的临界状态的土层增加了压重,又保留了局部的排水反滤,是一种成功的经验。

(4)纱窗布有效孔径约为 1.5 mm,透水性大于$(A×10^{-1})$cm/s,可保护 0.5 mm 粒径以上土料,在案例中使用效果良好。可见在抢护类似险情中土工织物的规格与一般反滤材料的设计不同,应做专门研究。

【案例 10】　　监利县长江干堤上车湾内服坡和严重散浸抢险

1998 年 8 月 8 日 8 时 10 分,在上车湾桩号(618+850)~(618+865)长 15 m 范围内,堤内脚以上垂高 2.5 m 发生脱坡,吊坎高 0.4~0.5 m;在桩号(618+850)~(619+250)长 400 m

范围内,堤顶以下垂高 1 m 以下堤内坡严重散浸,当时外江水位为 37.65 m。抢险方法:一是在内脱坡处用袋土做透水土撑,填矿砂 0.1 m,碎石 0.1 m,内脱坡险情基本稳定;二是用袋土外帮截渗,外帮长 50 m,面宽 5 m,高出水面 0.5 m,并在外帮上铺油布防浪;三是在 400 长严重散浸段开沟导渗,沟宽 0.3 m,内填二级砂石料,将渗水导出,险情基本得到控制。

【案例 11】　　　　　　　　　湖北省牌洲合镇垸溃口

1998 年 7 月 31 日上午,嘉鱼县牌洲湾合镇境内中堡村魏码头距堤脚 40 m 处发生管涌险情,先后采用围井导滤蓄水反压措施,轮护至 8 月 1 日 3 时,险情基本得到控制,但仍出少量砂。8 时,管涌又在原险情附近发生,再组织抢护,但险情仍继续转移。持续到晚 8 时 30 分左右,堤身出现 1～2 m 的缺口,并迅速发展到 100 余 m 宽,导致合镇垸溃决。

评论:本案例缺乏详细资料,初步分析为近堤段砂基流土破坏导致溃口,对于短时间内原险情邻近部位不断涌现管涌点的砂基,应进行大范围的枪护,因为现象已表明,附近土层承受的压力,均已达到临界状态,应同时得到加固。而牌洲湾溃口很可能因处理范围太小,顾此失彼而导致失败。

【案例 12】　　　　　　　　　湖南安造垸溃口

安造垸由安造、安尤两垸组成,三面环水,其西线有书院洲堤段。1998 年 7 月 24 日 20 时,此处洪峰水位为 40.44 m,超历史最高水位 0.72 m。在 19 时 30 分,书院洲棉纺厂堤段挡土墙后两小屋交界处,有一直径 20 cm 的废铁管冒浑水,并带有泥沙。20 时 50 分,挖开铁管后多处冒水,且流量较大,险情发展较快。虽奋力抢险,但险情仍未得到控制。21 时 15 分,堤身出现长约 20 m 的整体塌陷,塌陷高度为 1.5 m,漫水深 0.2 m。在塌陷缺口漫水初期,防汛人员曾用防汛袋装土抢堵,但由于底部通道漏水量很大,又遇特大暴雨,加之供电因设施破坏而中断,交通不便,抢险器材难以到位等原因,枪险未能奏效,22 时 30 分,该院溃决,溃口长度达到 79 m,深 5～12 m。

7 月 25 日～8 月 1 日,采用土方 21.5 万 m³、彩条布 4 万 m²、防汛编织袋 20 万条、塑膜 6 t、油布 120 床,在原书院洲隔堤抢修了一条高 4 m、顶宽 2.5 m 的子堤,并加筑了内平台和土撑,保住了安尤垸的安全。

评论:这一事例所暴露的问题几乎是 98 汛期城区出大险的堤段所共有的通病:堤后存在着过近的建筑物,造成查险死角;无充足的防汛物料;无通畅的抢险通道;废弃水井、水管等易于与强透水层连通,土层抗渗性较差的地方无人重视、无人检查,待出险抢护时已无法控制,最终造成重大损失。这个教训是不能忘记的。另外,该事例也再次表明,用袋装土枪筑子堤速度快、效率高,在汛期十分实用。

【案例 13】　　　　　　钱粮湖农场采桑湖大堤裂缝

1998 年 7 月 20 日,采桑湖大堤桩号(32+000)～(32+090)、高程 35.8 m 处堤内肩出现 1 cm 左右裂缝。7 月 18 日,滑坡开始发展,裂缝最宽 0.1 m,垂直下沉 0.2 m,长度发展到 600 m,其中滑坡最严重的段长达 93 m。采取的方法为:在滑坡体覆盖土工织物,防止雨水灌入加剧险情;对滑坡体开沟(沟距 20 m 一条,沟宽 1.0 m 左右,沟深以见水为度),以达到导渗减载、平压阻滑的效果;开挖土方则用来作平压土撑,对 93 m 严重滑坡段每隔 15 m 作一土撑;在滑坡体中下部作类似于减压井的砂井,穿过滑裂面;禁止非防汛车辆通行,并加强观测。经处理后险情基本控制。

评论:这一事例采用的主要方法是:土工织物防雨,下游坡以沟和井排水减压,以及土撑抗滑,取得了良好的效果。

【案例 14】　　洪湖市长江干堤王家潭由裂缝引起的内脱坡

1998 年 8 月 20 日 23 时 20 分,洪湖段长江水位 34.08 m。在王家潭堤段内坡 33.27 m 处发现一道明显裂缝,宽 1~2 cm,并向外渗水,不到 1 h,裂缝形成吊坎,坎高 0.2~0.3 m,宽 2~8 cm,吊坎长 68 m 桩号(485+400)~(485+508),坎内有大量明水流动;吊坎部分与两边的裂缝合计长度 182 m,缝宽 1~2 cm,深 1 m、以上,滑挫现象不明显,堤内无水潭。抢护方法:一是迅速排除挫裂面积水,加长加宽导渗沟使之加速排水;二是用袋土抢筑外帮,截修和抢修透水内平台及土撑。外帮长 380 m,面宽 8~10 m,堤顶平;透水内平台长 160 m,土撑 4 个。险情基本得到控制。

评论:该例表明,大规模裂缝有时是滑坡的先兆,后果十分严重。这一案例采用了袋土外帮培漏、内筑透水平台、加大导渗沟排水、土撑抗滑的综合措施,方法得当,抢救及时,取得了良好的效果。

【案例 15】　　黑龙江省库里泡水库防浪抢险

黑龙江省库里泡水库,系平原水库,主坝长 5.4 km,为无护坡的粘土均质坝。1988 年汛期,水库风浪吹程达 7.8 km,浪高 2.0 m 以上,对坝体造成严重威胁,在总结以前防汛抢险经验的基础上,采用了非织造土工织物上压袋土的临时防浪抢险措施后,被保护堤段情况良好,没有淘刷现象。黑龙江根据多次抢护使用的经验认为:无论采用什么办法,都要作好反滤层,否则难以奏效。对于防汛抢险,非织造土工织物滤层不受施工条件限制,铺好后即可抵御风浪淘刷。

【案例 16】　　新济洲崩岸抢护

1998 年 8 月 3 日,在安徽与江苏交界处的长江新济洲河段的新济洲头西侧堤防发生崩岸,长 30 m,混凝土护坡出现裂缝,长 100 多 m,挡浪墙外倾,堤前有一道长约 300 m 的冲槽。抢险时在迎水坡用土工织物覆盖,上压装石子的织造土工织物袋,堤顶填缝密实,冲槽抛石护脚。用整块土工织物覆盖迎水坡后,再压上石袋,这种抢险方法,使崩岸和裂缝都没有扩大。

【案例 17】　　湖北省汉川市汉北河堤民乐闸闸门变形漏水

1998 年 8 月 8 日,在 18 时 20 分,民乐闸在超历史最高洪水位 0.63 m 时,闸门出现漏水,且漏水量逐渐加大并形成水柱射流,水雾弥漫,闸门桁架支撑突然失稳,双悬臂式结构闸门左右两侧变形脱槽,闸门中间顶部整体扭曲变形,造成汉北河洪水向内渠冲泄,估计初始流量 120 m³/s。

险情发生后,立即组织力量在闸外以沉船、汽车等进行封堵,截至 8 月 9 日凌晨,已沉船 5 艘,汽车 91 辆及块石、预制板等大量器材,但险情仍未得到控制,进水量仍急剧增大,两侧闸门断裂加剧,最终使两侧闸门各宽 4.5 m 闸孔全断面过流,宽 14 m 的中孔闸门周边射水量同步加大。12 时左右,实测流量为 450 m³/s,流速 4 m/s 左右,闸前后水位差仍在 5 m 以上。外抛堵闸抢护工作不得不暂停,并另研究确定了下述抢险方案:

(1)以确保闸身安全为主,防止发生倒闸事故,在出水口(即内渠)建筑物底部边缘抛填钢筋石笼,消刹水能,防止掏空底部,至 8 月 9 日已抛石笼 2 000 余个。

(2)研究和寻求上游抢堵最佳方案,积极筹集封堵物料,调集部队1 000人。

(3)启用刁汉湖蓄洪区和调洪区。汉川泵站和分水泵全力抢排。

(4)用防汛袋土加高加固东干渠和民乐干渠东堤,确保城关和汉川电厂安全。制订闸门全部冲走后内湖洪水调度方案。

8月10日采用3 000个钢筋铁丝网石笼进行抛堵,形成透水战堤,再抛石形成坡面。然后依次抛防汛袋土堵水。11日16时正式开始抛笼堵口,24 h共抛石笼1.700 m³。石笼高出水面平闸顶公路,进水流量大量减少。当时上下游水头差也有3 m多,流量93.5 m³/s,流速仅为0.35 m/s,决定不再进行抛填。封堵工作基本按预定方案完成。

民乐闸抢险共组织劳力4.2万人次,耗用载重汽车95辆、船只4艘、粮食741.5 t、铅丝笼3 000个、钢丝笼2 200个、预制板2 045块、块石5 000 m³、防汛袋及草袋13万条。

【案例18】　　　　湖北省新洲县举水汪套堤涵洞抢险

1997年7月10日凌晨,湖北省新洲县举水(内河)汪套堤底部有一涵洞门被洪水冲开。该涵洞是自来水厂取水用的穿堤建筑物,出险时举水河水位超过街道地面4～5 m,堤坝是宽8 m的沥青路面。涵洞门被冲开后,河面上形成直径1 m大小的游涡,过洞流量为2～3 m³/s,流速为2.6～3.8 m/s,洞口两侧土体迅速垮塌,形成约20 m宽的外脱坡。当地群众乘船打木桩数次均失败。后用重约90 kg的小麦包抛投也都穿洞而过,但探明了洞口。随后用铅丝将三包粮食捆在一起抛填,堵塞洞口,但当抢险物料用完时,漏水洞仍没有被完全堵住,外坡继续坍塌,洞口出水量又增大到2～3 m³/s。最终将油布拖到河边,其一侧在堤上。另一侧在船上。把粮包、砂袋、土袋待都堆在油布两侧边上,让油布和压重一起沉入水底,沉第一块时效果不好;沉第二块时把压重堆放在油布中间,沉下后,洞口出水量立即减小到小于1 m³/s,水面漩涡也消失。此后又在迎水面筑起了一道长30 m、高10 m的新堤,并在背水坡洞口做了反滤围井,以土工织物土袋修复已坍塌的堤身,才算排除了险情。

【案例19】　　　　　　东至县广丰圩杨墩站抢险

东至县广丰圩杨墩站建于1959年。1995年改建为2孔(3 m×3.5 m)钢筋混凝土涵洞,洞身长65 m,底高程9.0 m。1995年9月18日动工,1996年5月28日穿堤涵,大堤回填,新泵房基本完成。

1996年8月14日凌晨,杨墩站新站汇流水箱处向上冒沙冒水,冒水孔直径约5 cm,且逐渐增大;6时30分,江堤、启闭机、涵箱、机房开始下沉,当时外江水位16.84 m,站前水位11.7 m,水头差5.14 m;7时,江堤连同涵箱整体塌陷1.0 m,堤身多处裂缝,启闭机房明显倾斜;12时,堤顶下陷3.5～4.0 m,沉陷段堤防上口宽30 m,下口宽8 m,裂缝影响范围65 m。启闭机台、机房、竖井等严重倾斜,压力涵箱接头止水拉断。由于两孔闸有一孔开启高达2.7 m,江水呈漩涡,裹着泥沙,向堤内倒灌,堤内出现3个较大的水柱,水柱出水高度达1 m左右,总流量约60 m³/s,形势十分危急,如图6-52所示。

1. 抢险方案

根据该站周围的地形特点,决定在堤内引水渠内建新坝,做成长170 m、宽40 m左右的养水盆。8月14日23时,二道坝第一次堵口开始合龙,当缺口已堵至4 m左右宽时,由于上游水位抬高后,流速加大,打下的桩断裂,堵口失败。失败的主要原因是:准备仓促,备料不足,抢险物料较轻,且堵坝的断面过小,依靠桩支撑,难以奏效。第二次堵口:采用打桩堵口,

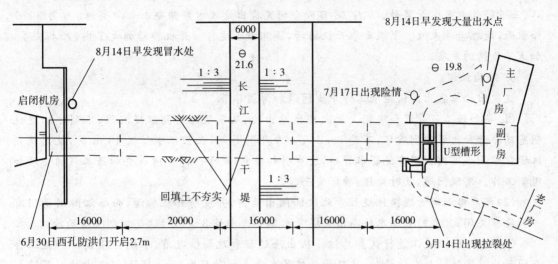

图 6-52 广丰圩杨墩站出险位置示意图

打桩时只看到未合龙前水深，没考虑堵口后水深近 8～9 m，水的推力很大，桩不可能承受很大推力，因此打桩方案很快冲垮。

第三次合龙吸取了前两次失败的教训，堵口开始，抢险指挥部在东、西坝各组成了由部队和武警战士组成的抢险突击队，为尽快形成合龙物料的支撑骨架，先抛下 500 多块预制板，然后推下去钢筋笼 40 个，效果明显。为配合下游合龙，上游闸门先后关下 1.70 m。19日 10 时，二道堤合龙成功。随后立即进行闭气工程，闭气工程程序为：先抛 3 m 宽袋装碎石和散装碎石，后抛 7 m 袋装土，最后抛 10 m 散装土。8 月 27 日，闭气工程全部完成，抢险成功，保住了长江大堤。

抢险耗费主要物资：麻、草袋 66 万条、块石 7 800 t、石子 6 000 t、黄沙 4 200 t、水泥预制楼板 2 181 块、雨布 183 块等，抢险经费约 1 000 万元。

2. 出险原因分析

(1)设计方面。洞身长 65 m，分四节，中间有三条分缝。2 孔孔径 3 m×3.5 m，地基为细砂。该涵洞横断面较大，填土高差大，地基为细砂土，这些不利因素均增加了分缝止水设计和施工困难。设计除要保证止水可靠外，还要应有减小分缝不均匀沉陷的措施。为防止分缝错位，破坏止水，设计应考虑在分缝处设外套环。而该涵未设外套环不妥。其次，该涵地基为细砂，地基未做任何处理不妥。

(2)施工方面。工程位置堤顶高程 21.5 m，地面高程 14.5 m 左右。涵底高程 9 m，开挖面高程 8.0 m。施工期外江水位较高，开挖深度较大，地基又为细砂，种种不利条件对施工期如何确保地基不破坏，是很困难的。但施工单位无任何确保安全的技术措施。当开挖到高程 10.0 m 时（外河水位 11.0 m）地基出现流沙无法开挖，不得不采取简易临时措施。由于长江水位下降，才勉强开挖至 8.0 m。但地基是否破坏很难断言。即使地基轻度破坏，也会导致建筑物沉陷加大。另外止水施工如何保证整体性，施工单位无经验，也无技术措施保证。施工期分缝冒砂，证明止水不完整。汛期出险由洞内先流出细砂，说明分缝先破坏。

(3)防汛方面。6 月 25 日进洞查险（当时江水位 12.9 m 左右，洞内水深约 20～30 cm）发现东涵洞第一节分缝处有少量细砂。6 月 27 日组织多人再次进洞查险，又发现西涵洞第

二、三道缝处也有少量黑砂。6月28日开会研究提出处理方案并要求立即实施。6月30日降暴雨,处理措施未做。上级要求开机排涝,涵洞投入运行。开机排涝加大了内、外水头差,加速了险情的发展。

3. 经验教训

这次出险暴露出防洪抢险工作中少问题和薄弱环节。

(1)要加强工程管理和观测。此次杨墩站出险,从发现险情到江堤沉陷,不到2 h,这说明基础渗透和接触冲刷破坏,不是1~2天。今年6月间;在长江水位仅13 m时,就发现在江堤背水面渠道内出现多处冒水冒砂,没有引起注意,疏于防范。所以要加强工程的管理和观测工作。发现问题,及时处理,确保安全。

(2)要严格涵闸管理操作规程。此次涵闸出险前,并没有开机排涝,而临江防洪闸门有一孔没有关闭,且当时长江水位高出大堤背水侧渠道水位3~4 m,这是加剧险情的原因。

(3)要对设计、施工进行认真总结。从出险过程和现场情况看,不能排除设计和施工存在问题的可能性。如在设计时,建筑物基础基本上在细砂层上,防渗是如何考虑的?箱涵与堤身结合处,有没有截渗措施?施工又是如何进行的,工程质量是否能得到保证?杨墩排灌站1995年9月开始进行改扩建,到今年8月出险,仅仅一年的时间。工程没有验收,就出现大堤沉陷、进水闸倾斜的重大事故,应该对设计、施工进行认真总结。

(4)抢险要先制订预案,不能仓促上阵。这次出险,暴露出抢险工作事先没有预案,准备不足。出险后,手忙脚乱,仓促上阵,致使第一、第二次抢险均告失败,造成一定损失,也加大了险情。其次,这次抢险从江堤到抢险现场,只有两条人行道路,汽车不能直达现场。从安庆市运来的抢险料物,均卸在江堤坡上,然后由人工运进到抢险现场,再加上组织不力,致使运输速度很慢。第三,料物准备不足,这也是前两次堵口失败的主要原因之一。所以,要进一步加强抢险现场的组织和指挥,科学地使用人力,制订和落实抢险及防守责任制,改进现场的混乱局面,爱护和珍惜兵力。同时加强防汛抢险物料和器材的管理。

【案例20】　　　　　　　　2003年淮河抗洪典型案例

2003年,淮河发生了新中国成立以来仅次于1954年的第二位流域性大洪水。在国家防总决策指挥和沿淮各级政府、防汛抗旱指挥部精心组织下,科学调度,广大军民团结奋战、顽强拼搏,确保了沿淮城市和交通干线的安全。淮河干支流堤防无一溃决、水库无一垮坝,最大限度地减轻了洪涝灾害损失,夺取了淮河防汛抗洪救灾的重大胜利。淮河抗洪的胜利体现了应急管理制度的极大成效,按照预案的统一安排和部署,各级政府和有关部门分工协作,社会各界积极响应,共同谱写了又一曲科学、有效防洪的凯歌。

1. 汛情和工程险情

2003年淮河共出现三次大的洪水过程。

6月底至7月上旬,淮河发生第一次洪水过程,干流全线超过警戒水位,中游王家坝至鲁台子河段水位超过保证水位,正阳关至吴家渡河段水位超过1991年最高水位0.03~0.57 m,其中正阳关水位平历史最高水位、鲁台子至淮南河段水位超过历史最高水位0.31~0.35 m。淮河干流王家坝以下河段洪峰流量全线超过1991年。

7月中旬,淮河发生了第二次洪水过程,为当年最大洪水。淮河干流息县以下河段全线超过警戒水位,润河集至鲁台子河段水位超过保证水位,润河集至淮南河段及洪泽湖水位超过1991年最高水位0.04~0.51 m,其中正阳关至淮南河段水位超过历史最高水位0.15~

0.51 m。淮河干流润河集至鲁台子河段洪峰流量均超过 1991 年。

7 月下旬洪水为第三次过程。这次洪水淮河干流息县至鲁台子河段水位超过警戒水位，但均低于保证水位。王家坝至鲁台子河段洪峰水位明显小于第一、第二次洪水。

由于淮河干支流堤防多为砂基砂堤，经过长时间、高水位的浸泡，部分堤防仍然出现了一些较大险情和一般险情，但这些险情都及时得到有效控制。据统计，淮河干支流堤防累计出现较大险情 400 处，一般险情 1 747 处。

2. 指挥体系及应急准备

2003 年，淮河防汛工作动手早、准备充分。汛前 6 月 1 日，淮河防汛总指挥部成立，与沿淮各省、市（地）、县各级政府设立的防汛抗旱指挥部，形成了淮河流域防汛抗旱应急指挥体系，为 2003 年淮河流域防汛实施统一指挥、统一调度提供了有力的组织保障。

4 月 4 日，回良玉副总理主持召开国家防总 2003 年第一次全体会议，对全国防汛抗旱工作做出部署，5 月底回良玉副总理带队检查了淮河流域的防汛工作。沿淮各省也分别召开会议，贯彻落实国家防总会议精神，部署防汛工作，组织开展了防汛检查，从防大汛、抗大洪要求出发，落实各项汛措施，在组织、工程、预案、队伍、物料等方面做了充分准备。淮河流域各省、市、县汛前都修订完善了防洪预案，各类防洪工程都有规范的调度规程。重点对沿淮 22 个行蓄洪区的调度运用预案进行了补充修订，完善了调度运用程序、安全撤离与组织、报警与通信、安置措施、生活保障、卫生防疫等内容。

汛前，国家防总向社会公布了大江大河、病险水库、重要城市、主要蓄滞洪区防汛行政责任人名单。沿淮各地逐级签订防汛责任书，并在主要媒体上公布了重点防洪工程的防汛责任人，接受全社会的监督。

3. 预防和预警

汛期，各级气象、水文部门加强了对当地灾害性天气的监测和预报，并将结果及时报送有关防汛抗旱指挥机构。淮河发生洪水时，水文部门加密了测验时段，及时将重要站点的水情报到国家、流域防总和省防指，为防汛抗旱指挥机构适时指挥决策提供依据。

淮河出现警戒水位以上洪水时，沿淮各级堤防管理单位加强工程监测，并及时将堤防、涵闸、泵站等工程设施的运行情况报上级工程管理部门和同级防汛抗旱指挥机构。

各级防汛抗旱指挥机构收集动态灾情，全面掌握受灾情况，并及时向同级政府和上级防汛抗旱指挥机构报告。对人员伤亡和较大财产损失的灾情，迅速报到国家防总，为抗灾救灾提供准确依据。

4. 应急响应

进入汛期后，各级防汛抗旱指挥机构实行 24 小时值班制度，全程跟踪雨情、水情、工情、旱情、灾情。2003 年 6 月，淮河洪水发生后，国家防总、淮河防总和地方各级防汛指挥部根据不同阶段的汛情，启动了相应的应急响应程序。

（1）分级响应

国家防总总指挥、副总指挥多次主持会商，防总成员单位派员参加会商。国家防总加强值班力量，密切监视汛情、旱情和工情的发展变化，做好汛情、旱情预测预报，做好重点工程的调度，并派出工作组、专家组赴一线指导防汛抗旱。国家防总其他成员单位按照职责分工，开展了有关工作。

淮河流域防汛指挥机构密切监视汛情、旱情发展变化，做好洪水预测预报，派出工作组、专家组,支援地方抗洪抢险、抗旱,组织领导流域防汛抗洪工作,为国家防总提供调度参谋意见。

安徽、江苏省防汛抗旱指挥部依照《防洪法》的规定,先后宣布淮河进入紧急防汛期。江苏、安徽、河南省防汛抗旱指挥部负责同志主持会商,安排防汛抗旱工作,按照权限调度水利、防洪工程,根据预案组织加强防守巡查,及时控制险情。

江苏、安徽、河南省各地防汛抗旱指挥机构按照批准的防洪预案和防汛责任制的要求,组织专业和群众防汛队伍巡堤查险,严密布防。

（2）应急调度

国家防总和各级防汛指挥部加强会商,及时分析雨情、水情、工情和灾情,系统地考虑淮河防洪工程运用时机和运用方案,提早研究,及时部署。在发挥整个淮河防洪工程体系的防洪作用的思想指导下,分步骤、分阶段地实施重点工程的调度,局部调度服从服务于整体调度,重点工程的调度在整个防洪体系调度的大框架下有效地进行,取得了很好的效果。通过整个淮河防洪体系的调度,使洪水始终处于可控状态,做到了"拦、分、蓄、滞、排"合理安排,实现了对洪水的科学有效管理。

1）充分发挥水库的拦洪错峰作用。河南、安徽两省的鲇鱼山、响洪甸等18座大型水库在2003年防洪调度中共拦蓄洪水20.2亿 m^3,直接减免农田受淹32.5万 hm^2,减免受灾人口87万人。

2）运用茨淮新河、怀洪新河分泄洪水。茨淮新河三次开闸行洪,降低干流正阳关水位0.3 m。怀洪新河四次开闸分洪,最大降低干流蚌埠河段水位0.5 m,为确保淮北大堤和蚌埠城市圈的安全发挥了重要作用。

3）适时运用行蓄洪区蓄滞洪水。7月2日晚,国家防总决定运用蒙洼蓄洪区蓄洪,在淮河第一次洪峰到达王家坝前3.5 h,开启王家坝闸向蒙洼蓄洪区分洪,将29.30 m以上高水位持续时间缩短24 h。7月11日,在淮河干流第二次洪峰到达王家坝之前,再次开启王家坝闸分洪。蒙洼蓄洪区两次共蓄洪5.5亿 m^3,有效地减轻了中游的防洪压力。随着汛情的发展,又先后启用了洛河洼、上六坊堤、下六坊堤、石姚段、唐垛湖、荆山湖、城东湖、邱家湖等行蓄洪区,有效地遏制了中下游水位上涨势头,确保了淮干堤防的安全。

4）加大下游洪水排泄,减轻中游和洪泽湖防守压力。6月28日在洪泽湖水位低于汛限水位情况下提前运用入江水道预泄,腾库迎洪。洪水发生后,加强湖区防洪工程联调,充分利用入江水道、入海水道、分淮入沂和灌溉总渠加快泄洪,有效控制了洪泽湖水位,大大减轻了淮河干流和洪泽湖大堤的防洪压力。特别是启用了6月28日刚刚竣工的入海水道,结束了淮河800年来没有独立通海水道的历史,7月4日在洪泽湖水位仅13.07 m时提前启用泄洪,共泄洪33天,累计下泄洪量44亿 m^3,实际降低洪泽湖最高水位0.4 m。据测算,如果没有入海水道排洪入海洪泽湖周边300多个圩区将被迫行洪,影响110多万人和13.3万多 hm^2 耕地。

（3）抢险救灾

由于淮河干支流堤防多为砂基砂堤,经过长时间、高水位的浸泡,部分堤防仍然出现了一些较大险情和一般险情,这些险情都及时得到有效控制,确保了淮北大堤、洪泽湖大堤、蚌埠与淮南城市圈堤等重要堤防、大中型水库、交通干线的防洪安全,而且干支流堤防无一决口,水库无一垮坝,有效地减轻了灾害损失。

在2003年的抗洪工作中,各级政府始终把受灾群众的生命安全放在首位,及时转移准备运用和可能运用的行蓄洪区、生产圩和低洼易涝地区的群众全部提前转移。沿淮三省共转移安置207万人。各级政府对转移出来的群众作了妥善安置,保证受灾群众有房住、有饭吃、有干净水喝、有衣穿、有医治。整个人员转移快速有序,做到无一人伤亡,财产损失也减少到最低程度。

(4)医疗救助

各级人民政府和防汛抗旱指挥机构高度重视人员安全,调集和储备必要的防护器材、消毒药品、备用电源和抢救伤员必备的器械等,以备随时应用。组织卫生部门加强受影响地区的疾病和突发公共卫生事件监测、报告工作,落实各项防病措施,并派出医疗小分队,对伤病人员和受灾群众进行紧急救护。

(5)中央慰问及派工作组

党中央、国务院高度重视淮河流域的防汛救灾工作。胡锦涛总书记、温家宝总理、曾庆红副主席、回良玉副总理等中央领导同志多次对防汛救灾工作作出重要指示或深入第一线检查指导工作。7月8日,胡锦涛总书记对淮河防汛抗洪工作做出重要批示:"各级党政和部门负责同志要继续加强领导,靠前指挥,依靠群众,科学调度,周密安排,为迎战可能发生的更大洪水做好准备,夺取防汛抗洪救灾的胜利。"温家宝总理、曾庆红副主席、回良玉副总理分赴苏皖抗洪一线,慰问干部群众,指导抗洪救灾工作。

(6)新闻报道

国家防总与中央电视台、新华社等新闻媒体的配合,实时把握舆论导向,及时、准确、全面地报道汛情和抗洪抢险动态。从7月5日至15日,在淮河防汛抗洪的关键时期,中央电视台午间《新闻30分》节目中直播当日汛情,把党中央、国务院对防汛抗洪和救灾工作的关怀和重视,国家防总的部署决策,各级政府实施有效社会管理的措施和效果,各级防汛指挥部的科学调度,以及防洪工程在抗御洪水中的巨大作用,广大军民团结奋战、顽强拼搏的抗洪精神等全面、客观、迅速地进行了报道。

5. 应急保障

淮河防汛期间,中央部门按照职责分工,密切配合,积极采取措施,全力做好防汛抗洪救灾工作。洪水刚发生,国家防总商财政部紧急下拨了一批防汛救灾经费。随着灾情的发展,民政部启动了应急救灾工作,进入紧急应对状态;财政部深入淮河流域检查防汛工作,灾情发生后及早对蓄滞洪区运用补偿工作作了安排;国家发改委及早对淮河流域灾后重建作了部署;铁道部急事急办、特事特办,开通绿色通道,向灾区抢运抢险救灾物资;农业部多次专题研究部署灾区农业生产自救工作,并派出四个工作组赴灾区指导救灾工作;卫生防疫部门启动救灾防疫预案,迅速向灾区调运药品,并派出医疗小分队赶赴灾区巡诊;中国气象局加强预测预报,主动及时提供重要气象信息。各有关部委按照职责分工,全力以赴投入抗洪抢险救灾。在抗洪抢险的关键时刻,解放军、武警部队承担了大量急难险重的任务,发挥了突击队作用。解放军、武警部队共出动12万人次,救助群众76万多人。国家防总和水利部多次组成工作组赶赴抗洪一线指导地方做好抗洪救灾工作。这一系列工作有条不紊地开展,充分体现了政府的有效管理和处理应急突发事件能力的提高。

在抗洪抢险工作中,各级防汛责任人认真履行职责,切实担负起指挥防汛抗洪和救灾的重任,靠前指挥,现场解决问题。安徽省有20名省级领导干部,203名市级干部,1071名县

级干部,3 199名专业技术人员奋战在抗洪抢险第一线;江苏省有1 062名县以上领导干部,
8 015名专业技术人员坚持在抗洪抢险第一线;河南省有52名县级以上领导干部,组织带领
群众抗洪抢险。

6. 经验启示

淮河防汛抗洪工作,认真实践了"三个代表"重要思想,弘扬了'98抗洪精神,从战略思
想到具体措施都发生了许多新的变化,体现了现代防洪的理念。初步实践了由与洪水抗争
转到主动防御和疏导上来,由控制洪水转到洪水管理上来。统一指挥,优化调度,有效管理,
科学防控,整个淮河防洪进程呈现了从容应对、忙而不乱、有序推进的新特点。主要启示有:

第一,人与自然和谐相处是现代治水新思路的核心。完全消除洪水危害是人类无法做
到的,人类必须在防洪中学会与洪水共处,按自然规律办事,限制洪水危害的范围和程度,给
洪水以出路和滞蓄的空间。第二,完整的工程体系是防洪的基础。应下大力使大江大河的
防洪工程尽快达到规划的设计标准,把防洪工程建设与水土保持、河湖疏浚、生态保护相结
合,综合考虑、科学布局、统筹兼顾,以发挥防洪工程的整体效益。第三,逐步实现防洪管理
的规范化。淮河抗洪救灾的一个突出特点,就是强化了政府的有效管理,在注重防洪应急管
理的同时,要切实加强日常防洪工作的规范化管理,在法律、法规框架下,逐步构建防洪规范
化管理体系。第四,提高调度决策的科学水平。加快国家防汛抗旱指挥系统建设,加快防汛
抗旱现代化建设,尽快建立科学的调度决策体系,是近期防洪工作的重中之重。第五,建立
有效的社会保障体系。政府要在加强河道、湖泊、蓄滞洪区、洪泛区、堤防保护区管理的同
时,及早建立完善的投入机制、利益补偿机制,推行洪水保险制度等,以法律法规、经济、行政
等手段加强管理,建立有效的社会保障体系。第六,必须建立完善的预案体系。在国家防汛
抗旱应急预案的总体框架下,编制完善防御洪水、洪水调度、抗洪抢险、救灾应急保障等一系
列预案,更好地指导和实施防汛抗洪救灾每个环节的应急工作。

尽管2003年淮河洪水量级大于1991年,汛情重于1991年,但灾情轻于1991年,抗灾
投入少于1991年,灾害造成的损失小于1991年。行蓄洪区比1991年少启用8个,洪水淹
没范围减少40%。科学调度、有效管理是2003年淮河防洪救灾的突出特点,也标志着我国
政府应对自然灾害的科学决策和有效的应急管理工作迈上一个新台阶。

复习思考题:

1. 简述当前我国防洪抢险的方针。

2. 防汛抢险物料的选择原则是什么?

3. 防汛抢险物料的运输特点有哪些?

4. 简述修建堤防工程的目的和作用。

5. 防洪抢险工作的主要内容有哪些?

6. 防洪抢险中堤防和土坝观察检查的主要内容有哪些?

7. 堤防抢险中,漫溢险情产生的原因和抢护原则是什么?

8. 堤坝发生散浸险情的原因有哪些?

9. 堤坝散浸险情的抢护方法有哪些?

10. 堤坝发生管涌险情的原因有哪些?

11. 堤坝发生管涌险情的抢护原则和方法有哪些?

12. 对于堤坝发生的漏洞险情,探找漏洞的方法有哪些?

13. 简述崩岸的成因。

14. 简述堤防裂缝产生的原因及抢险原则和措施。

15. 简述跌窝形成的原因。

16. 漫溢的主要抢险措施有哪些?

17. 简述穿堤建筑物上、下游出现险情的原因,管涌发生的原因及抢险原则和措施。

18. 简述双坝进占的条件和进堵方法。

19. 简述接触冲刷险情产生的原因。

20. 漏洞产生的原因及抢险措施有哪些?

21. 简述堤防滑坡产生的原因及抢险原则和措施。

22. 简述水库常见险情及抢护方法。

项目七　防汛抢险材料、装备及新技术

> **学习目标：**
> 1. 了解防汛抢险材料、装备及新技术应用概况；
> 2. 了解常见防汛抢险材料特点及防汛物资储备管理办法；
> 3. 了解土工合成材料类型及特点，掌握其在防汛抢险中的应用。
>
> **学习重点：**
> 1. 土工合成材料在防汛抢险中的应用；
> 2. 防汛抢险新技术应用概况及趋势。

一、防汛抢险材料及装备

防汛物资一般包括：砂石材料、木材与竹材、编织物料、梢料、土工合成物料、绑扎材料、油料、防汛照明设备、救生设备、应急堵口材料、爆破材料等。

中央级防汛物资储备包括编织袋、覆膜编织布、防管涌土工滤垫、围井围板、快速膨胀堵漏袋、橡胶子堤、吸水速凝挡水子堤、钢丝网兜、铅丝网片、橡皮舟、冲锋舟、嵌入组合式防汛抢险舟（艇）、救生衣、管涌检测仪、液压抛石机、抢险照明车、应急灯、打桩机、汽柴油发动机、救生器材等。省级防汛物资主要有砂石材料、编织物料、土工合成物料、绑扎材料、防汛照明设备、救生设备、应急堵口材料（块石、钢筋笼、混凝土预制块、正四面体）、抢险机械。市县自储物资主要有砂石料、木材与竹材、编织物料、土工合成物料等。如中央防汛抗旱物资储备兰州仓库有 20 种：包括冲锋舟、抢险舟、钢丝网兜、土工布、帐篷、投光照明灯、便携查险灯、照明车等；省级防汛抗旱物资主要有 27 种：包括铅丝网片、装配围井、全方位自动升降灯、便携查险灯、野战给养单元、救生衣、帐篷、发电机组、编织袋、冲锋舟、抢险舟、炊事挂车等。

常用的土沙石料、苇料秸料、编织袋、草袋、麻袋、铅丝、麻绳、尼龙绳，锹、镐、斧、锯、丝钳等各类工具物料；电话、对讲机、手机、电台等通信器材；雨衣、雨鞋、救生衣、救生圈等防雨和救生设备；卡车、推土机、吊车等抢险及运输车辆机具。备好电线、灯泡、探照灯、应急灯、柴油发电机及手电等照明设备，以备夜间抢险照明。移动照明车近年已在防汛抗洪中得到应用，它能适应各种恶劣的气候和环境，为突发事件和防汛抢险救灾的现场提供照明。

根据《中央防汛抗旱物资储备管理办法》（财农〔2011〕329 号），中央物资属国家专项储备物资，必须"专物专用"。未经国家防总批准，任何单位和个人不得动用。水利部负责储备管理。中央物资用于大江大河（湖）及其重要支流、重要防洪设施抗洪抢险、防汛救灾的需要。防汛救灾需要的物资，首先由地方储备的防汛物资自行解决。确因遭受严重水旱灾害需要调用中央物资的，应由省、自治区、直辖市防汛抗旱指挥部向国家防总提出申请，经批准后调用。

二、防汛抢险新技术

在近年全国抗洪抢险、抗旱新技术新产品演示展示会上，水下地形测量、水下焊接、固堤打桩、机械装袋运土、机械抛投柳石枕、反滤围井抢护管涌和机械铺设防渗软体排、渗漏探测、应急挡水子堤、螺旋锚植桩构筑钢木土石组合坝、机械抛石护岸、现场信息采集等十余项抗洪抢险新技术、新产品进行了集中演示,高效率、高质量的施工,简单、实用、灵活的操作,快速、准确的探测成果,显示出科技对提高抗洪抢险能力的巨大作用,表明我国抗洪抢险的技术和手段有了可喜的进步。

1. 管涌破坏抢护新技术——装配式围井

汛期管涌破坏是一种常见险情,多年来各地在堤坝管涌破坏的抢护实践中积累了丰富的经验,主要措施是在管涌发生处构筑围井和反滤层,传统的抢护技术大致可分为围井反滤法,反滤铺盖法和透水压渗法。围井反滤法一般用于背水地面出现数目不多,面积较小的大小管涌,以及数目虽多但未连成大面积且能分片处理的管涌群。根据所用导渗材料的不同,又可分为围井砂石反滤、围井梢料反滤、围井土工织物反滤和无滤反压法(养水盆法)。反滤铺盖法主要用于管涌较多并连成一片的管涌群。目前常采用的反滤铺盖有土工织物反滤铺盖,砂石反滤铺盖和梢料反滤铺盖。透水压渗法就是在管涌发生的范围内先清除软泥、杂物,对较严重的管涌口用砂石或块石填塞,待水势消杀后,再用透水性大的砂土修筑平台,以平衡渗水压力,增加渗径长度,减小渗透坡降,且能导渗滤水,阻止土粒消失,使险情得到控制。

近年来,堤坝管涌渗漏探测系统对管涌渗漏的探测分辨率高,定位准确;速度快,抗干扰能力强,操作简单,适应不同类型的堤坝与基础,适应不同的水流和气象条件,可广泛应用于江河、水库的地方防护、养护工程,为汛期紧急抢险和灾后治理提供科学决策依据。抢护管涌破坏的新技术也在淮河、长江鄱阳湖的防汛抢险中得到应用,并取得了较好效果。新技术在围井的构筑和反滤层的设置上突破发传统观念,采用装配式围井,不仅适于抢护单个管涌,也适于抢护管涌群。

装配式围井主要由单元围板、固定件、排水系统和止水系统4部分组成。围井大小可根据管涌险情的实际情况和抢险要求组装,一般为管涌孔口直径的8~10倍,围井内水深由排水系统调节。

单元围板是装配式围井的主要组成部分,由挡水板、加筋角铁和连接件组成。单元围板的宽度为1.0 m,高度为1.0 m、1.2 m和1.5 m,对应的重量分别为16.0 kg、17.5 kg和19.5 kg。固定件的主要作用是连接和固定单元围板,为ϕ21 mm的钢管,其长度为2.0 m、1.7 m和1.5 m,分别用于1.5 m、1.2 m和1.0 m的围井。抢险施工时,将钢管插入单元围板上的连接孔,并用重锤将其夯入地下,以固定围井。排水系统由带堵头排水管件构成。主要作用为调节围井内的水位。如围井内水位过高,则打开堵头排除围井内多余的水,如需抬高围井内的水位,则关闭堵头,使围井内水位达到适当高度,然后保持稳定。多余的水不宜排放在装配式围井周围,应通过连接软管排放至适当位置。单元围板间的止水系统采用复合土工膜,用于防止单元围板间漏水。

与传统的围井构筑方式相比,装配式围井安装简捷、效果好、省工省力,能大大提高抢险速度,节省抢险时间,并降低抢险强度。抢险主要过程为:

(1)确定装配式围井的安装位置。以管涌孔口处为中心,根据预先设定的围井大小(直径),确定围井的安装位置。

(2)开设沟槽。可使用开槽机或铁铲开设一条沟槽,深20~30 cm。

(3)根据预算设定的单元围板全部置于沟槽中,实现相互之间的良好连接,并用锤将连接插杆夯于地下。

（4）将单元围板上的止水复合土工膜依次用压条及螺丝固定在相邻一块单元围板上。

（5）用土将单元围板内外的沟槽进行回填，并保证较少的渗漏量。如遇到砂质土壤，可在沟槽内放置一些防渗膜。

（6）检查验收。防汛装配式围井作为抢护堤防管涌破坏的一种新技术和新器具，适用于大部分发生在堤后地面上的管涌和管涌群，施工简便，大大降低了劳动强度，提高了抢险的速度。具备独特的优势，有较大的推广应用价值。

2. 充水式布囊

目前，堤坝防风浪及防漫溢抢护方法众多，通常由取材方便而定，多用竹木、化纤袋、土工织物、泥石等，这些工程物质储存与运输、施工费用惊人，况且还存在抢护速度难于满足险情需要。近期新用充水式布囊防水防浪。囊体上设有一可以密封的填充接口，在纵横两个方向上均没有加强盘及可根据需要充气、充水，串接缝、囊与堤坝顶面接触缝以及囊与囊之间层叠缝隙均由自身压力密封。

当用于防浪时，将上下两个布囊为一组并好后置于堤坝临水坡，再将各级布囊串接形成一条整带后，分别对各囊充水充气，下布囊充水，上布囊充气，使各级布囊一个沉于水下，一个浮于水面上，然后锚定，实现防浪。

当用于防漫溢时，先将布囊置于堤坝靠临水坡顶面，串接成带后再逐个充水，锚定后实现挡水。遇布囊周长尺寸不够时，则可重叠或并列使用。

充水式布囊子堤能反复多次使用，储运方便。

3. 便携式防汛抢险打桩机

便携式防汛抢险打桩机专门用于抗洪抢险、加固堤防、维护江河湖塘的堤岸。它的应用取代了以前人力夯打的作业方式，减轻了人力作业的劳动强度，提高打桩效率，实现了防汛抢险打桩的机械化。如河南省郑州市黄河河务局开发研制的便携式打桩机是一种新型的专门用于防汛抢险的打桩机械。主要特点是结构简单、重量轻、便于携带。它替代了人力打桩的作业方式，能减轻劳动强度，提高工作效率，达到轻便、快捷、高效的目的。便携式打桩机由主机和动力装置两部分组成。主机激振器的输入和动力装置的输出通过软轴连接，主机两人即可操作。由于主机和动力装置分离，工作时动力装置可放置于地上。在洪水中作业时，动力装置可由作业人员背负工作。该机动力装置以小型二冲程汽油机做动力源，通过传动软轴，驱动主机的激振器。主机机架的下部设置有夹桩器夹持木桩，上部设置有锤砧。激振器在动力驱动下作上下振动，带动夹桩器和木桩一起振动，与此同时激振器下部的锤头快速冲击主机架上部的锤砧，并将冲击能传递给木桩，使桩尖挤压上层，提高木桩克服桩尖顶端阻力的能力，从而实现快速沉桩。

4. 组合装袋机

组合装袋机可自动将堆积于地面上的物料装到编织袋中，具有自选化、机械化程度高、省时、省力等优点，可用于堤防、河道工程抢险，每小时装袋 1 200 袋。大洪水情况下，抢修堤防子堤，抢堵漏洞，需大量土袋时更能发挥速度快、效率高、节省劳力，减轻劳动强度的优势，一台组合装袋机每台班装袋量相当于 125 人一天的工作量。

土袋装运机采用机械传动原理，分自动上土、装袋、爬坡运输三部分，具有自动化程度高、效率高、适应性强的特点，每分钟可运送土袋 10 袋以上。最大运输距离可达 100 m

左右。

5. 土工合成材料

土工合成材料品种繁多，防汛中应用最广的有下列几种：

(1)土工膜。由聚乙烯(PE)、聚氯乙烯(PVC)等制成的基本不透水片材，与土工织物结合形成各种复合土工膜，可用作隔水层或挡水软体排。

(2)土工织物。分为有纺土工织物和无纺土工织物两大类，由聚合物的聚丙烯(PP)、聚酯纤维(PET)或扁丝等织成或铺成，为透水材料。

(3)土工网。由聚丙烯、高密度聚乙烯(HDPE)等压制成板后，再经冲孔，然后通过单向或双向拉伸而成的带方孔或长孔的、具有高拉伸强度和较高拉伸模量的加筋片材，它可以用于填土加筋。

除此之外，还有各种加工制成品，为了防汛需要，将上述材料加工成专用制品：

1)土工管袋。高强有纺土工织物缝制成的类似于土枕的长管袋，直径一般在 1.0 m 以上乃至 5 m，长度 10～100 m，靠泵入江河泥沙，通过管壁排水，管内泥沙固结，形成连续堤身，可以用作护岸或形成围堤或围堰。

2)软体排。用大面积的土工织物缝制成的单片排或双片排，单片排可在周边连接混凝土块作压重。

3)防汛袋。用经表面加糙的有纺织物缝制成的袋体，其中可以填充土石料，操作方便，大小宜便于个人搬动。

4)土枕。即长土袋，一般直径在 0.4～1.0 m 之间，长度不限，可用作压载，稳定性优于土袋。

5)石笼。以土工网或土工格栅缝制成的类似于铅丝笼的空管，内填充石块作护岸。

6)吸水速凝子捻。以有纺土工织物缝制成的有一定形状要求的管袋体，其中装有高效保水材料 SAP 充水后几分钟内即吸水膨胀形成塑性胶冻体，能自立用作防水子捻。

7)防汛土工滤垫。防汛土工滤垫的结构根据堤坝管涌险情的机理研制，由以下 5 部分组成：

① 底层减压层：主要是控制水势，削减挟沙水流部分流速水头，降低被保护土地渗透压力坡降，从而减小管涌挟沙水流的冲蚀作用。底层减压层为土工席垫，由改性聚乙烯加热熔化后通过喷嘴挤压出的纤维叠置在一起，溶结而成三维立体多孔材料。当管涌挟沙水流进入席垫，由于受席垫纤维的阻挠，加速水流内部质点的掺混，集中水流迅速扩散，产生较均匀的竖向水流和平面水流运动，从而降低了管涌挟沙水流的流速水头。单块尺寸为 1 m×1 m×0.01 m(长×宽×高)，置于滤垫的下部，直接与地表土相接触。

② 中层过滤层：主要起"保土排砂"作为，采用特制的土工织物。单块尺寸为 1.4 m×1.4 m(长×宽)，具有一定的厚度，渗透系统和有效孔径。

③ 上层保护层：采用土工席垫，单块尺寸为 1.0 m×1.0 m×0.01 m(长×宽×高)，具有较高的抗压、抗拉强度，作用是保护中层过滤层在使用过程中特性不发生变化。

④ 组合件：将减压层、过滤层及保护层组合成复合体，使每层发挥其各自的作用，由于中间过滤层为特制的针刺土工织物，故具有明显的压缩性，为保证其特性指标不受上覆荷重影响而改变，在组合过程中采取了适当措施。

⑤ 连接件：当单块滤垫不能满足抢护大面积管涌群要求时，可将若干块滤垫拼装成滤

垫铺盖。此时第二块滤垫置于第一块滤垫伸出的土工织物上,再用连接件(特制塑料扣)加以固定。

　　与传统的反滤料相比,防汛土工滤垫重量轻,连接简单、快捷、效果好,不存在淤堵失效等风险。抢险的主要过程为:①确定滤垫的规格和安装位置。首先根据发生管涌的土质确定滤垫的规格,然后以管涌孔口的大小确定滤垫的安装范围。②清理现场。在管涌出口周围清除树木、块石等杂物,使其尽量平整,无较大坑洼。③铺设滤垫。先在管涌出口处放置第一块滤垫的四边叠置4块滤垫,并用连结件(特制塑料扣)加以固定。④在叠置滤垫的同时,施加上负荷重。可用装砂石防汛袋或块石均匀堆放在滤垫的连接处和管渗涌孔处。⑤检查验收。⑥观测抢护效果。

　　8)软体排。如由长江科学院与华中科技大学等单位经过科技攻关,提出了一套抢护堤身渗漏险情的实用技术和新产品－土工合成材料防渗漏软体排及其水下铺设机具。土工合成材料防渗漏软体排由排布和扁带式压载枕袋组成,如图7－1所示,解决了水下铺设过程中软体排漂浮的技术问题,使一次性铺设软体排面积达到80 m^2,为抢护堤身渗漏险情赢得了时间,具有很强的针对性。

图7-1　土工合成材料软体排及其配载

　　铺设机具由以下几个部分组成,如图7-2所示,行走式铺设机、铺设架、控制柜及蓄电池,这些都能很方便地装载在一辆小型卡车上,单件可用手工装卸。铺设机具解决了水下密

图7-2　水下铺设机具

封的技术难题,实现了水下的机械铺设,降低了传统抢险中靠人力抢护的危险性。土工合成材料软体排及其水下铺设机具铺设水深可达 6 m,铺设软体排宽度 4 m,铺设长度 20 m,并可适当调整延长。采用直流电源方式供电,减少了抢险中对当地电源的要求。

6. 挡水应急子堤

采用多种规格的组装式快速挡水子堤拦挡洪水,同时用膨胀截流袋堵塞渗漏充水式橡胶子堤和板坝式子堤在软硬堤基上均可挡水。具有储运方便、组装快速、重复使用、保护环境等特点。充水式橡胶子堤由若干橡胶水囊单体和防渗护坦组成,水囊充水后形成重力坝主体,包裹覆盖住水囊和原堤坝上的护坦起挡水、防渗作用。板坝式子堤是一种快速组装式子堤,由支撑框架、支撑板、挡水防渗布等组成,适用于软硬质堤基。设计挡水高度,软基上为 0.65~1 m,硬基上为 1.2 m。该子堤的优点是:使用寿命长,现场作业快。膨胀截流袋堵漏,该产品遇水后体积快速膨胀,重量快速增加,2~3 分钟膨胀达最大体积,可达原重量、体积的 80~100 倍,可广泛用于防洪抢险、堤防堵漏、漫溢抢护、堤坝加高等,具有体积小、重量轻、堵漏快、效果好的特点。

复习思考题:

1. 防汛抢险材料有哪些类型?
2. 防汛抢险装备有哪些类型? 有哪些新的防汛抢险装备?
3. 防汛抢险新技术有哪些?
4. 防汛物资储备分几级?
5. 简述土工合成材料类型及特点。在防汛抢险中有哪些具体应用?

附录1　《城市防洪规划编制大纲》(修订稿)

目　录

第三节　调度规划和管理经费

第九章　环境影响评价

第十章　投资估算

第十一章　经济评价

第一节　费用

第二节　效益

第三节　经济评价

第十二章　规划实施意见和建议

附录、附图

专题报告和附件

【前言】规划编制简况

【提要】规划主要内容

第一章　城市概况

第一节　自然概况

城市的地理位置和面积;

所在地区的地形、地貌、地质、土壤和气候等自然概况;

市区及周边地区内影响城市防洪治涝安全的主要江、河、湖、海等的分布、演变情况、水文特征。

第二节　社会经济概况

城市发展沿革;

现状行政区划、人口、耕地,固定资产、国民生产总值等社会经济简况;

在国家、地区国民经济中的地位和作用;

城市社会经济发展状况,城市总规划。

第二章　防洪、治涝现状和存在问题

第一节　洪涝灾害

以往洪、涝、潮灾害简况;

历史上主要洪涝年份的雨情、水情和灾情,对城市发展的影响。

第二节　防洪治涝现状

影响城市防洪治涝安全的有关河道、湖泊、水库、蓄滞洪区等的情况;

防洪、治涝、排水、防潮工程设施和非工程措施建设情况;

城市防洪、治涝、排水、防潮的现状能力和标准,历史大洪水再现时可能出现的水情和灾害。

第三节　存在问题

第三章　规划目标和原则

第一节　规划依据

有关江河流域、地区的防洪规划概况和对该城市的防洪、治涝岸坡;

城市总体规划对城市防洪、治涝的要求和相关的规划内容;

有关法律、法规和规程、规范。

选定的防洪工程设施规划方案;

超标准洪水的对策和措施。

第二节 防洪工程措施

地质勘探、实验资料,主要防洪工程设施的工程地质和水文地质条件,地质基本烈度;

新建、改建、扩建和加高、加固的防洪工程设施,分洪口门以及配套、补偿工程设施等的选址;

堤线走向和河道治导线等的拟定;

工程等级和设计标准;

主要防洪工程设施的参数和控制运用规定;

初拟防洪库容、挡潮闸、分洪道、堤防、河道整治工程和护岸等工程设施的设计方案;

根据《防洪法》初步拟定的规划保留区范围;

工程量和主要建筑物材料估算;

挖压占地和影响的人口等,补偿措施。

第三节 清障规划

河道、河口和行洪区行洪、排涝障碍情况调查;

清障原则和措施;

清障规划;

洲滩开发利用规划和管理。

第六章 治涝工程设施规划

第一节 治涝规划方案

城市排水管网和排涝系统;

治涝对策研究;

治涝分区和排涝任务;

可采用的截流、滞蓄、自排、提排等治涝措施研究、治涝规划方案的拟定;

规划方案的洪涝、涝潮遭遇,涝水滞蓄、调节,设计排涝水位、排涝河道设计水面线等分析计算;

治涝规划方案的分析、论证和比选;

选定的治涝工程设施规划方案。

第二节 治涝工程设施

主要治涝工程设施的工程地质、水文地质条件,地震基本烈度等;

新建、改建、扩建和加高、加固的排水管网、治涝工程设施以及配套和补偿工程设施等的选址;

排涝河道治理方案和堤线的选择;

工程等级和设计标准;

主要排水、治涝工程设施的参数和控制运用规定;

初拟的主要排水、治涝工程设施的设计方案;

工程量和主要建筑材料估算;

挖压占地和影响的人口等,补偿措施。

第七章　非工程设施规划

第一节　防洪、治涝指挥系统

系统现状和存在问题；

通信网络；

防洪、治涝指挥系统；

预警预报系统；

决策支持系统。

第二节　防洪、治涝预案

不同量级洪水、暴雨的预防对策和措施；

撤退、转移、安置方案；

防汛、治涝、抢险、救灾组织。

第三节　防灾、减灾

洪水风险图；

不同量级洪水、暴雨灾情评估；

减灾措施；

防洪基金和洪水保险等。

第八章　管理规划

第一节　管理体制和机构设置

管理体制；

管理机构设置和任务，管理人员编制。

第二节　管理设施

水文观测设施；

主要工程设施，建筑物的观测设施；

运行管理维护设施。

第三节　调度规划和管理经费

主要工程设施调度运用规程；

运行、管理、维修所需经费及来源。

第九章　环境影响评价

城市环境现状；

规划方案改善对环境的有利影响；

规划方案对环境可能带来的不利影响；

缓解和补偿对环境不利影响的措施与建议；

规划方案对环境影响的初步评价。

第十章　投资估算

投资估算的依据和方法；

规划方案投资估算；

投资分摊和资金筹措意见；

第十一章　经济评价

第一节　费用

工程设施投资;

运行、管理、维护费用。

第二节　效益

减免洪、涝灾害损失和减少防汛费用等经济效益的分析估算;

规划方案的社会效益和改善生态、环境的效益分析。

第三节　经济评价

经济评价方法;

经济分析计算;

规划方案经济合理性评价。

第十二章　规划实施意见和建议

规划实施意见;

问题和建议。

附录、附图

重要的城市社会经济等基础资料;

城市防洪、治涝规划方案和主要工程设施技术经济特征;

现状和规划的城市防洪、治涝工程设施和排水管网分布图;

河道、堤防纵横断面图等重要规划图;

主要工程设施设计图;

根据《防洪法》初步拟定的规划保留区范围图。

专题报告和附件

重要的专题报告和实验报告;

有关的重要文件、资料。

附录 2　城市防洪应急预案编制大纲

（国家防汛抗旱指挥部办公室二〇〇六年二月）

目　录

1　总则

1.1　编制目的

做好城市洪涝、山洪、台风暴潮等灾害事件的防范与处置工作,保证城市抗洪抢险救灾工作高效有序进行,最大限度地减少人员伤亡和灾害损失,保障城市经济社会安全稳定和可持续发展。

1.2　编制依据

《防洪法》、《水法》、《防汛条例》等国家有关法律法规;国家制定的有关方针政策;国务院《国家突发公共事件总体应急预案》、《国家防汛抗旱应急预案》;流域规划及城市防洪规划等专业规划;已批准的防洪调度方案、流域防洪预案及上一级或同级人民政府和有关部门制订的防洪预案等。

1.3　适用范围

适用于自然或人为因素导致的城市市区内洪水(含江河洪水、冰凌洪水以及山洪等)、暴雨渍涝、台风暴潮等灾害事件的防御和处置。

1.4　工作原则

贯彻以人为本的方针和行政首长负责制;坚持以防为主、防抢结合;坚持因地制宜、突出重点;坚持统一领导、统一指挥、统一调度;坚持服从大局、分工合作、各司其职;坚持公众参与、军民联防;坚持工程与非工程措施相结合等原则。

2　城市概况

2.1　自然地理

城市地理位置,地形与地貌特点,城区高程范围,气象水文特征;城市水系与河道、水库、湖泊等情况。

2.2　社会经济

城区现状总人口、非农业人口、国内生产总值、固定资产、重要交通干线、重要基础设施等。

2.3　洪涝风险分析

暴雨、洪水、风暴潮主要特征、洪水传播时间、城市主要暴雨洪水成因与地区组成,主要致灾暴雨洪水来源及量级、发生频率,城市历史洪水。主要控制站不同频率洪水水位或高潮位、流量。洪水、暴雨渍涝、台风暴潮可能致灾影响淹没范围及风险分析,洪涝风险图。

2.4　洪涝防御体系

城市防洪体系(堤防、水库、湖泊、蓄滞洪区、分洪道等)与城区除涝排水设施(泵站、涵闸等),城市防洪、除涝排水、防台风暴潮现状能力或防御标准。

城市防洪、除涝排水、防台风暴潮的薄弱环节,重要工程险段及病险涵闸,桥梁及河道违章建筑的阻水情况。

2.5　重点防护对象

党政机关要地、部队驻地、城市经济中心、电台、电视台等重点部门和重点单位,地铁、地下商场、人防工程等重要地下设施,供水、供电、供气、供热等生命线工程设施,重要有毒害污染物生产或仓储地,城区易积水交通干道及危房稠密居民区等。

3 组织体系与职责

3.1 指挥机构

城市人民政府防汛指挥机构负责处置城市防洪应急事务,并明确其主要职责。

3.2 成员单位职责

明确防汛指挥机构成员单位的主要职责,力求责任明确,分工合理,避免职能交叉。

3.3 办事机构

明确防汛指挥机构的办事机构及其主要职责。

4 预防与预警

4.1 预防预警信息

分类明确城市气象、水文、防洪与排涝工程险情、洪涝灾情信息的具体报送内容、负责报送单位、报送时限等,形成规范的信息报告制度。

4.2 预警级别划分

根据城市洪水(含江河洪水、冰凌洪水以及山洪等)、暴雨渍涝、台风暴潮等灾害事件的严重程度,合理划分预警级别(通常由重到轻分为 I、II、III、IV 四级,分别用红、橙、黄、蓝色表示),确定向社会发布的警示标志。

4.3 预防预警行动

4.3.1 预防预警准备:包括思想、组织、工程、预案、物料和通信准备,防汛检查及日常管理,与相关行业应急预案的协调等。

4.3.2 江河洪水预警行动:不同预警级别下江河洪水、防洪工程险情等预警信息的更新、发布、通报等具体要求。

4.3.3 山洪灾害预警行动:不同预警级别下与山洪灾害有关的暴雨、洪水、工程险情等预警信息的更新、发布、通报等具体要求;建立水利、国土资源、气象等部门的预警信息共享和部门联动机制等。

4.3.4 暴雨渍涝预警行动:不同预警级别下暴雨渍涝、排涝工程险情等预警信息的更新、发布、通报等具体要求。

4.3.5 台风暴潮灾害预警行动:不同预警级别下与台风暴潮有关的台风暴潮信息、防洪排涝工程险情等预警信息的更新、发布、通报等具体要求。

4.4 主要防御方案

4.4.1 江河洪水防御方案:根据城市所在的江河防洪预案及相应的洪水调度方案,制订城市市区不同量级江河洪水的防御对策、措施和处理方案,相应的洪水调度方案(如水库、蓄滞洪区、分洪设施的调度运用)等。其中超标准洪水的防御方案应明确社会动员、临时分蓄洪、群众转移安置等具体措施。

此外,还应针对冰凌洪水以及由于堤防决口、水闸垮塌、水库溃坝等造成的突发性洪水,制订相应的洪水防御方案。

4.4.2 山洪灾害防御方案:根据山洪灾害的发生与发展规律,制订不同量级暴雨及其地区组合条件下,山洪灾害专防与群防相结合的防御对策、措施和处理方案。

4.4.3　暴雨渍涝防御方案:制订不同量级暴雨及其地区组合条件下,城市市区渍涝的防御对策、措施和处理方案,包括应急排水、交通临时管制与疏导、工程抢修以及重要保护对象的防雨排涝方案等。

4.4.4　台风暴潮防御方案:制订不同量级台风暴潮条件下,城市应对台风暴潮的防御对策、措施和处理方案,如人员转移的通知与落实、危旧建筑物和重要设施的防护等。

5　应急响应

5.1　应急响应的总体要求

明确城市发生洪水、山洪灾害、暴雨渍涝、台风暴潮等灾害事件时应急响应行动的分级总数(通常由重到轻分为 Ⅰ、Ⅱ、Ⅲ、Ⅳ 四级),市人民政府及其防汛指挥机构应急响应行动的总体要求,以及应急响应发布单位等。

5.2　应急响应分级与行动

明确应急响应行动的分级标准及对应的主要行动要求。

5.3　主要应急响应措施

5.3.1　江河洪水:明确不同量级江河洪水条件下的主要应急响应措施,包括蓄滞洪区运用的准备和批准权限、进入紧急防汛期的条件和发布权限等。

5.3.2　堤防决口、水闸垮塌、水库溃坝:明确出现前期征兆及发生险情后的紧急上报规定和应采取的处理措施等。

5.3.3　山洪灾害:明确发生山洪灾害时的主要应急响应措施,包括发布山洪警报的标准及责任单位、人员转移的主要原则、人员紧急抢救与救援等。

5.3.4　暴雨渍涝:明确发生暴雨渍涝时的主要应急响应措施,包括工程调度和设置临时排涝设备的要求及责任单位、发布城市涝水限排指令的权限等。

5.3.5　台风暴潮:明确发生台风暴潮时的主要应急响应措施,如台风暴潮监测与警报发布、人员与物资转移、海上作业保护与搜救、重要保护对象的防护与抢险等。

5.4　应急响应的组织工作

5.4.1　信息报送、处理:明确汛情、工情、险情、灾情(含大面积停电、停水,重大疫情等次生衍生灾害)等信息报送、处理与反馈以及发布的原则和主要要求。

5.4.2　指挥和调度:明确应对灾害的指挥和调度措施,以及发生重大灾害时派赴工作组(含专家组)的要求等。

5.4.3　群众转移和安全:明确群众转移的原则和工作程序,以及相应的安全与生活保障措施等。

5.4.4　抢险与救灾:明确险情和灾情监控、抢护和救援的指导原则、工作程序和总体要求。

5.4.5　安全防护和医疗救护:明确确保抢险人员自身安全和受威胁群众人身安全的各项防护与医疗救护措施。

5.4.6　社会力量动员与参与:明确对重点地区或部位实施紧急控制以及动员社会力量的条件、权限和要求等。

5.5　应急响应结束

明确应急响应结束的条件和发布程序。

6　应急保障

6.1　通信与信息保障

明确确保预案执行过程中通信与信息畅通的主要保障措施,如党政军领导机关、现场指挥及其他重要场所的应急通讯保障方案,信息数据库建设与网络共享等。

6.2　抢险与救援保障

明确抢险救援装备、技术力量、队伍(含专业与非专业队伍)、专家组在管理和启动等方面的保障措施,包括各类工程、供水、供电、供气、供热等基础设施,房屋建筑,交通干线抢险,抢修以及人员救护等。

6.3　供电与运输保障

明确对抗洪抢险、抢排积涝、救灾现场等供电与运输的主要保障措施、责任单位等。

6.4　治安与医疗保障

明确灾区治安管理、疾病防治、防疫消毒、抢救伤员等保障要求。

6.5　物资与资金保障

明确防汛物资储备管理、调拨程序与调运方式、防汛经费的安排、特大防汛经费的申请等保障措施。

6.6　社会动员保障

明确防汛指挥机构动员社会力量投入防汛、支持抗灾救灾和灾后重建工作的保障措施。

6.7　宣传、培训和演习

明确城市防洪排涝宣传、市民防洪减灾教育、技术人员培训、防汛减灾演习等保障措施。

7　后期处置

7.1　灾后救助

明确政府各有关部门及相关单位救灾工作的要求与职责。

7.2　抢险物资补充

明确如何根据防汛抢险物资消耗情况,及时补充抢险物资的具体要求。

7.3　水毁工程修复

明确水利、供水、交通、电力、通信等工程或设施水毁修复的资金来源、时限等具体要求。

7.4　灾后重建

明确相关工程或设施的灾后重建标准、指导原则和实施措施等具体要求。

7.5　保险与补偿

明确保险与补偿的适用条件、承办机构职责和任务、工作原则、工作流程等。

7.6　调查与总结

明确调查与总结的适用条件、承办单位、时限要求和审核程序等。

8　附则

8.1　名词术语定义　　对需要诠释的名词术语,给出准确的定义。

8.2　预案管理与更新　　明确预案管理和更新的具体要求。

8.3　奖励与责任追究

明确预案执行过程中相关奖励与责任追究的具体规定。

8.4　预案解释部门　　8.5　预案实施时间

附　录

1　附图

根据城市实际情况和工作需要,选择绘制相关附图,如:城市防洪应急预案启动工作流程图,城市防洪排涝工程布置图,主要病险工程分布图,城市洪涝风险图,城区暴雨渍涝点分布图,城市超标准洪水预案实施图等。

2　附表

根据城市实际情况和工作需要,选择编写相关附表,如:城市防洪排涝基本情况表,城市防洪工程与除涝排水设施基本情况表,城市防洪相关部门职责分工表等。

3　附件

相关部门、单位的城市防洪应急单项预案。

参 考 文 献

[1] 段文忠．河道治理与防洪工程[M]．武汉：湖北科学技术出版社，2000．

[2] 郭维东．河道整治[M]．沈阳：东北大学出版社，2003．

[3] 张俊华．河道整治及堤防管理[M]．郑州：黄河水利出版社，1998．

[4] 夏岑岭．城市防洪－理论与实践[M]．合肥：安徽科学技术出版社，2001．

[5] 王金亭．城市防洪[M]．郑州：黄河水利出版社，2008．

[6] 黄民生．城市内河污染治理与生态修复理论、方法与实践[M]．北京：科学出版社，2010．

[7] 季永兴，刘水芹，张勇．城市河道整治中生态型护坡结构探讨[J]．水土保持研究，2001，8(4)：25－28．

[8] 田硕．城市河道护岸规划设计中的生态模式[J]．中国水利，2006，(20)：13－16．

[9] 左华．桂林环城水系整治及生态修复－生态护岸工程[J]．桂林工学院学报，2005，25(4)：437－441．

[10] 周怀东，杜霞，李怡庭等(译)．多自然型河流建设的施工方法及要点[M]．北京：中国水利水电出版社，2003．

[11] 苏利英(译)，胡洪营(校)．滨水地区水设施规划与设计[M]．北京：中国建筑工业出版社，2005．

[12] 戴尔米勒．美国的生物护岸工程[J]．水利水电快报，2000，(12)：8－10．

[13] 王新军，罗继润．城市河道综合整治中生态护岸建设初探[J]．复旦大学学报(自然科学版)，2006，45(1)：120－126．

[14] 汪洋，周明耀，赵瑞龙，等．城镇河道生态护坡技术的研究现状与展望[J]．中国水土保持科学，2005，3(1)：88－92．

[15] 罗春玲．桂林城市化水文效应分析[J]．人民珠江．2005(1)：60－62．

[16] 张胜利．黄土高原地区长输管道水工保护[M]．北京：石油工业出版社，2009．

[17] 钟春欣，张玮．传统型护岸与生态型护岸[J]．红水河，2006，25(4)：136－139．

[18] 黄奕龙．日本河流生态护岸技术及其对深圳的启示[J]．中国农村水利水电，2009，(10)：106－108．

[19] 韩军胜，李敏达，马强．石笼在生态治河中的应用[J]．甘肃水利水电技术，2005，41(3)：281－282．

[20] 徐国宾，任晓枫．几种新型护岸工程技术浅析[J]．人民黄河，2004，26(8)：3－4．

[21] 晋存田．基于SWMM的北京市暴雨洪水模拟分析[D]．北京：北京工业大学，2009．

[22] 倪伟新，胡亚林，刘汉宇，等．国家防汛抗旱指挥系统工程建设综述[J]．水利信息化，2010，(02)：62－66．

[23] 钟春欣，张玮．基于河道治理的河流生态修复河岸植被缓冲带与河岸带管理[J]．水利水电科技进展，2004，24(3)：12－14．

[24] 孙大勇，黄时峰．浅谈生态景观型河道横断面形式[J]．水利科技，2005，(1)：31－33．

[25] 居江. 河道生态护坡模式与示范应用[J]. 北京水利,2003(6):28－29.

[26] 应聪慧,韩玉玲. 浅论植物措施在河道整治中的应用[J]. 浙江水利科技,2005,9(5):49－50.

[27] 夏继红,严忠民. 浅论城市河道的生态护坡[J]. 中国水土保持,2003(3):9－10.

[28] 张建春,彭补拙. 河岸带研究及其退化生态系统的恢复与重建[J]. 生态学报,2003,23(1):56－62.

[29] 王海潮,陈建刚. 城市雨洪模型应用现状及对比分析[J]. 水利水电技术,2011,42(11):10－13.

[30] 周卫民,陈柏荣,章喆,等. 防汛与抢险技术[M]. 郑州:黄河水利出版社,2010.

[31] 水利部黄河水利委员会,黄河防汛总指挥部办公室. 防汛抢险技术[M]. 郑州:黄河水利出版社,2000.

[32] 牛运光. 防汛与抢险[M]. 北京:中国水利水电出版社,2003.

[33] 张智. 城镇防洪与雨洪利用[M]. 北京:中国建筑工程出版社,2000.

[34] 中华人民共和国水利部. 2011年全国水利发展统计公报[M]. 北京:中国水利水电出版社,2012.

[35] 中华人民共和国水利部,中华人民共和国国家统计局. 第一次全国水利普查公报[M]. 北京:中国水利水电出版社,2013.

[36] 中华人民共和国国家标准(GB/T50805－2012). 城市防洪工程设计规范. 2012.

[37] 中华人民共和国国家标准(GB/T50286－98). 堤防工程设计规范. 2006.

[38] 中华人民共和国国家标准(GB 50318－2000). 城市排水工程规划规范. 2000.